现代 JavaScript库开发

原理、技术与实战

颜海镜　侯策　著

电子工业出版社
Publishing House of Electronics Industry
北京·BEIJING

内 容 简 介

开发 JavaScript 库是入门前端领域的重要一步。本书旨在帮助前端开发者掌握现代 JavaScript 库的开发技术，让每个人都可以开源自己的现代 JavaScript 库。本书系统介绍了现代 JavaScript 库开发涉及的技术、原理和最佳实践，以及将库开源后如何做好维护工作。在最佳实战部分，本书选取了 9 个典型库作为案例，展示开发流程，代码清晰、完善。

本书既适合对现代 JavaScript 库开发及开源感兴趣的前端开发者阅读，也适合想要学习前端项目开发技术的初学者阅读。

未经许可，不得以任何方式复制或抄袭本书之部分或全部内容。
版权所有，侵权必究。

图书在版编目（CIP）数据

现代 JavaScript 库开发：原理、技术与实战 / 颜海镜，侯策著. —北京：电子工业出版社，2023.1
ISBN 978-7-121-44512-5

Ⅰ．①现… Ⅱ．①颜… ②侯… Ⅲ．①JAVA 语言－程序设计 Ⅳ．①TP312.8

中国版本图书馆 CIP 数据核字（2022）第 208913 号

责任编辑：孙奇俏　　　　　　特约编辑：田学清
印　　刷：北京雁林吉兆印刷有限公司
装　　订：北京雁林吉兆印刷有限公司
出版发行：电子工业出版社
　　　　　北京市海淀区万寿路 173 信箱　　　　邮编：100036
开　　本：787×980　　1/16　　印张：22.75　　字数：437 千字
版　　次：2023 年 1 月第 1 版
印　　次：2023 年 2 月第 2 次印刷
定　　价：108.00 元

凡所购买电子工业出版社图书有缺损问题，请向购买书店调换。若书店售缺，请与本社发行部联系，联系及邮购电话：（010）88254888，88258888。
质量投诉请发邮件至 zlts@phei.com.cn，盗版侵权举报请发邮件至 dbqq@phei.com.cn。
本书咨询联系方式：（010）51260888-819，faq@phei.com.cn。

推荐序 1

我和海镜、侯策认识很久了，他们之前写的那本《React 状态管理与同构实战》是新手入门 React 的好书，我非常喜欢。

海镜不仅是大厂工程师、技术博主，还是开源爱好者。他开源了很多 JavaScript 库，如 zepto.fullpage、template.js 等。他搞的 jsmini 可圈可点，尤其难能可贵的是，他还编写了 jslib-base——一个可以帮助开发者编写 JavaScript 库的工具库，这个库的特性涵盖了库开发的各个方面，非常实用。

我对海镜很熟悉，对他做的事也比较熟悉，所以当我得知他正在写这本书的时候，我是非常开心且放心的。开心是因为，目前前端领域和 Node.js 领域都缺少这样的专精内容，我在《狼书》里是写过如何开发 JavaScript 库的，但限于篇幅未能深入介绍，这本书弥补了我的遗憾。放心是因为，他一直是一线的、热爱开源的前端专家，无论是能力、眼界、判断力还是协作能力，都非常不错，鉴于他之前所写的那本《React 状态管理与同构实战》的情况，我相信他能够将 JavaScript 库开发技术讲清楚。

事实上，本书的初稿也确实和我想的一样，章节分布清楚，内容详略得当，基本覆盖了所有读者想要看到的知识点，甚至还有扩展。

很多人在学习编写代码时都很迷茫，对此，我给的建议是：每天看 10 个 npm 模块（JavaScript 库）。对于学习大前端（含 Node.js）相关技术时感到迷茫的人来说，学习 JavaScript 库是消除迷茫的最好方式。当你不知道如何做时，可以通过学习 JavaScript 库积累对以后实际开发有益处的技能。与其不知道学什么，不如先通过学习 JavaScript 库每天积累几个技巧。只要坚持每天积累几个库开发技巧，并累计学习一万小时，你的个人编程能力一定会有质的飞跃。

当你掌握了很多开发技巧后，就会慢慢地想要自己去实现 JavaScript 库，这是一个创造的过程，也是一个自我实现的过程，这个过程非常容易带给人成就感。你编写的 JavaScript 库，可能是 React 这样的大框架或 Vite 这样的大型构建工具，也可能是 is-number、debug 这样的小模块。对于个人成长来说，无论模块大小，都能使人进步。当然，如果你编写的 JavaScript 库能够获得更多开发者和使用者的认可，那将是更值得开心的事。

以上就是我对开发和开源 JavaScript 库的简单理解，其实，我个人也是这样一步一步走过来的。

海镜和侯策写的这本书从多个维度介绍了 JavaScript 库开发和开源的技巧及注意事项，并列举了几个非常典型的库辅以实战，内容非常实用。希望大家能够通过这本书掌握更多的 JavaScript 库开发技巧，并通过刻意练习自我提高，成为自己想成为的人——技术大牛！

——Node.js 布道者、《狼书》系列图书作者

桑世龙（狼叔）

推荐序 2

我们普遍觉得，在团队里负责开发和维护基础库的工程师都是"高手"。毕竟，能位于团队上游的人总会有种莫名的"优越感"。

编写一个 JavaScript 库很难吗？不就是先把一段通用的代码抽离出来，再按照某种范式封装一下嘛！其实，要想真正回答这个问题，你可能需要先想想以下问题：

- 为什么有些人写的库大受欢迎，而有些人写的库却没人使用？
- 你为什么愿意使用某个库，你到底看重它什么？
- 流行的库有什么共同点？
- 所谓写"好"一个库，到底要符合什么条件？
- 你有过"踩坑"经历吗，当时是什么心情？
- 别人为什么愿意为你的项目贡献代码？
- 怎么让自己写的库日后不成为"债"？

如果你只是在自己的项目中抽离一些可复用的代码并将其封装成一个库，这个库可能只适用于比较单一的应用场景。但如果你希望更多的人也能用到这个库，那就要好好设计一番了。

你要考虑稳定性、可维护性、安全性，编写一些攻击性测试用例，还要注重代码的可读性、易理解性。如果想扩大影响力，希望更多人参与项目维护，你必须重视库的架构设计、接口设计、文档撰写、注释情况、代码风格等。不仅如此，你所用的工具也必须是当前最主流、最酷的。你要为库的使用者提供开发、调试、测试、构建和提交等多方面的顺滑体验。如果你能把上述一切都做得很到位，那么别人一定能从中学到很多东西，也就愿意为你的项目贡献代码了。团队内部的技术共建也是类似的，并非为了彰显什么，而是为了技术交流和价值共创。

近些年，我看到越来越多的国人投身开源社区，成为一些知名项目的维护者和贡献者，也产生了一批优秀的国产开源项目。我相信未来的前端领域中会涌现出更多像 Vue.js、Ant Design 这样具有国际影响力的库和框架。

通过代码与工程师交流能加速自身成长，进而创造个人价值。作为一名开发者，不能只是开源库的使用者，要成为贡献者，甚至创造者。

《现代 JavaScript 库开发：原理、技术与实战》这本书将会影响一些人，使他们从开源库的使用者变成创造者。这本书构建了一条栈道，沿着它走下去，你会走进一个新世界。它也能启发另一批有经验的人，进一步完备自己的知识体系。书中涉及的开发工具未来也许会过期，但其中的开发思路、工程化的专业做法永远不会过时。书中介绍的工具和技术也都是当前最主流的，能成为主流说明具有一定的先进性，如果你能透过工具表面的用法进一步去追究其背后的哲学，你将会有更多的收获。

本书的实操性很强，边阅读边动手写代码，你会有更深的体会。市面上比较成熟的工具和库都是经过长期打磨形成的，其中很多设计细节只有在使用时才能感受到。当你自己开发一个库时，这些都是你灵感的源泉。

前面也提到，你编写一个库是希望更多人能用到它，并非标榜自己。就像做产品要考虑用户体验一样，库的作者要时刻考虑使用者的体验，要时刻提醒自己站在使用者的角度进行设计。所有恰到好处的设计都是打磨出来的，也是独具匠心的。一个库其实也是一个技术产品，如果你能够做好它，其价值将远远超越解决问题本身。愿大家能从这本书中获得设计和开发 JavaScript 库的价值。

——蚂蚁集团 OceanBase 部门体验技术团队负责人

克军

推荐语

每个前端工程师都想开发自己的框架或库，然而大部分开发者在繁杂的业务代码中都在使用别人的框架或库，不知道如何进一步提升自己，因而在更新换代如此之快的前端领域感到迷茫。本书教你如何从零开始创建自己的库，如何突破技术瓶颈。

——Deno 核心代码贡献者、vscode-deno 作者　迷渡（justjavac）

现代软件开发越来越复杂，也越来越离不开对其他库的依赖。虽然这本书的主题是设计与实现库，但读完之后会发现，书中那些使代码更加健壮可靠、使开发流程更加方便轻松的知识，无论是否用于开发一个库，都会对我们很有帮助。作为程序员，我们时刻站在众多巨人的肩膀上，是时候阅读这本书，让自己成为一个巨人了。

——Apache Member、Apache ECharts 项目管理委员会主席　羡辙

在大厂里，我们一般不建议在生产环境中重复造轮子，因此有些开发者觉得会使用成熟的库就够了，但这其实是一种误解。在前端领域，学习的层次有两个：一个是以使用者的角度去掌握知识和技能，用心的话能融汇贯通；而更深的层次是从根本原理上彻底理解知识和技能，不仅做到融汇贯通，更能达到根据当前应用场景"创造"最优解的境界。这是工匠和大师的区别，达到第二个层次无疑能让你的前端工程师之路走得更远。学习和掌握根本原理的一个较为简单的办法就是临摹和实践，这也是本书选择的道路。通过跟随作者的思路由浅入深地进行实践，你能切身体会到开源库的创作精髓，这种临摹和实践无疑会帮你扎实基础，让你在不知不觉间有所收获，得到提高。

——稀土掘金社区负责人　月影

前端标准化 API 有着非常明显的发展缓慢的问题，因此需要开源生态来弥补。近年来，越来越多的企业开始有自研或修改库的需求，前端库开发和工程工具开发也成了前端日常工作中的重要部分。具有这方面经验的工程师较为稀缺，可参考的资料也零零散散。非常高兴看到具有实际经验的工程师愿意抽出大量精力去完成一本系统介绍前端库开发的书。

——极客时间《重学前端》专栏作者　程劭非（winter）

非常幸运可以提前读到这本书的样稿，收获很大。作者在书中说"人人都可以开发自己的 JavaScript 库"，确实如此。作者从多年开源项目维护和开发者的视角，讲解了现代 JavaScript 库开发的方方面面。对每一位憧憬着拥有自己开源项目的开发者来说，本书是非常难得的阅读材料，可以让你快速上手，也可以消除你的种种疑虑。

——《JavaScript 高级程序设计》《JavaScript 权威指南》译者　李松峰

近几年，npm 成为全球最大的公共库托管平台，大量高质量的 JavaScript 库的涌现很好地支持了互联网上大量 Web 应用的蓬勃发展。随着前端技术的发展，开发一个 JavaScript 库也面临很多挑战，比如，如何处理好它的兼容性，选择何种打包策略和发布方式，如何做好后期的运营和维护工作，等等。作者从自己的从业经历出发，对上面的问题给出了自己的想法，希望能给读者带来一些启发。

——字节跳动工程师　李玉北

JavaScript 库开发是重要但却又容易被忽视的知识领域。早期，开发 JavaScript 库并不需要很多知识和工具，但随着社区的发展、模块系统和规范的迭代、TypeScript 的崛起、Monorepo 的流行等，相应的问题随之而生，社区中也出现了很多应对这类问题的工具。同时，对于前端开发者来说，适时补充这方面的知识是非常有必要的。在社区中较少能看到关于 JavaScript 库开发的书，本书正好可以弥补这一空缺。本书包含大量基于实践总结出来的 JavaScript 库开发知识，每个点都踩在了社区前沿，能看出作者在这一领域拥有丰富的经验，相信读者能通过阅读这本书收获价值。

——Umi 作者　云谦

在开始学习前端知识时，你会找到两种参考资料：一种是"红宝书"和"犀牛书"，非常系统化，专注于基础知识，是前端领域的大部头；还有一种是视频教程和博客文章，教你从零开始写一个页面、三天开发一个网站等，囫囵吞枣但非常实用。而在 GitHub、Stack Overflow 和开源社区里，那些迷人的提交记录、issues 讨论，那些有趣的 README 和 npm 轮子，以及各种漂亮的 badges 和命令行工具，才让我流连忘返。这本《现代 JavaScript 库开发：原理、技术与实战》正是引领你进入这个世界的敲门砖。

——Ant Design 开源项目成员　偏右

虽然本书涉及的知识点繁多，但是作者从纷乱的应用技术中找到了"库开发"这个主轴并一以贯之，历繁难而见简明，便如"库"的本意一般，尽在于对那些复杂技术进行封装与隔离。我希望读者能从书中读出秩序，而秩序的构建也正是包与组件技术的核心。

——《JavaScript 语言精髓与编程实践》作者　周爱民

我自己也做一些开源项目，不过大多不温不火、低于预期。看了这本书，我才意识到自己还有很多可以提高的地方。

——《CSS 世界》《CSS 新世界》作者　张鑫旭

非常高兴能为本书做推荐，也非常感叹海镜能持之以恒地输出自己的知识和经验。海镜用十年磨一剑的精神讲述了一个"人人都可以开发自己的现代 JavaScript 库"的故事。本书围绕如何开发和开源一个现代 JavaScript 库，结合 JavaScript 库的设计与安全最佳实践，将从 0 到 1 的过程娓娓道来。更重要的是，书中还精选了大量典型库，带领读者一起领略不同类型库的设计思路。希望本书能够帮助更多有志于开发和开源 JavaScript 库的工程师插上梦的翅膀，远航未来。

——美团外卖终端负责人　杜瑶

要想利用所学到的前端技能把自己的想法变成一个有板有眼的开源项目，这本书也许会帮你开个好头。

——Vue.js 核心团队成员　赵锦江

JavaScript 并不是一门完美的语言，它的流行并不在于它自身的质量，而是得益于它的低门槛及其庞大的社区生态。本书将介绍需求逻辑编码之外的内容，如构建、测试、开源、运营维护等，教大家如何开发和运营一个高质量的库——库本身的代码并不是全部。

——Node.js Core Collaborator、字节跳动基础架构团队架构师　死月

不知不觉，参与前端开源已经十多年了，这些年里，我用过无数"轮子"，见证过无数"轮子"的兴衰，也维护过近百个"轮子"，深知其中的不易。前端类库在工程化方面的变化非常快，要写好一个类库，需要做的"现代化"准备也越来越复杂，对编程语言、代码风格、测试覆盖率、配套工具等都有不少要求。虽然这未尝不是一件好事，但对新人而言，上手门槛高了不少。

这本书总结了作者的经验，应该能帮大家了解现代化类库有哪些配置要求，从而能快速地跨过上手门槛。当然也不能尽信书，很多做法还在快速迭代和演进中，建议读者亲自实践，从中找出适合自己的方法，不断优化和改良。我期待着国内有越来越多的前端后浪们能参与到开源的浪潮中，快速成长，一起见证前端工业化的演进。

——EggJS 核心开发者　天猪

在 GitHub 上，JavaScript 一直是最受欢迎的的编程语言之一。许多前端工程师都把自己的代码放在了 GitHub 里，但这和做一个好的开源产品还是有区别的。这本书非常全面且细致地介绍了如何从代码、文档、社区、维护等方面打造一个属于自己的开源前端库，能够帮助读者理解一个现代的开源产品是如何研发与运维的，非常值得前端工程师阅读。

——百度前端工程师　祖明

随着前端技术的迅猛发展，如今要开发高质量的前端库，除了要有过硬的技术，还要具备运营开源项目的工程经验，包括构建、测试、维护、开源、编写文档等。参与建设优秀开源项目可以帮助程序员培养良好的工作习惯，保持优雅。这是一本不可多得的技术好书，作者基于十年工作经验，凝练出现代 JavaScript 库开发相关知识点，娓娓道来，非常值得学习。

——巧子科技创始人　张云龙

近年来，前端开源库领域一直在不断演进，能开发出被广泛使用的前端开源库是很多前端开发者的终极追求。作者在该领域有十多年的积累，这本书汇集了作者的宝贵经验，从构建、测试、开源、维护、安全等方面全方位讲述了现代 Javascript 库的设计方法，是一本不可多得的好书。

——腾讯 AlloyTeam 创始人　于涛

在年复一年的大量编程实践中，面向业务、工具、服务的各种功能提炼，最后都可以发布为一个叫作"JavaScript 库"的产物，这也是编程高手的必经之路。本书几乎是库开发的 SOP 标准指南，每个步骤的实施过程都精心设计，非常实用，强烈推荐大家一口气读完。

——前端早早聊大会创始人　Scott

本书通过从零开发一个 JavaScript 库，引导大家理解现代工程化方案生命周期涵盖哪些内容，以及如何以实战的方式去完善这些内容。最后，本书还站在读者的角度叙述了未来技术的发展方向，是一本不可多得的实战之书。

——《从零开始搭建前端监控平台》《小白实战大前端》作者　陈辰

强烈推荐，本书本质上为如何成长为高阶前端开发者提供了一套精准的行为指南！

——《前端外刊评论》主编　寸志

开源项目是一个系统工程，需要维护者掌握需求分析、代码编写、质量控制、工程化、持续迭代等项目全生命周期的知识。本书作者作为一名开源老兵，事无巨细地介绍了维护一个开源项目所需的知识。对于想要提高项目掌控力的工程师来说，这是一本不可多得的好书。

——《React 设计原理》作者　卡颂

开发 JavaScript 应用和开发 JavaScript 库就像雷锋和雷锋塔的关系。我见过很多经验丰富的应用开发者，其编写的第一个 JavaScript 开源库或多或少都存在不符合开源开发准则的问题，这些问题主要集中在测试、维护、构建环境等方面。如果想真正地拥抱开源，本书是不可多得的实战参考资料。

——新浪移动前端开发专家　付强（小爝）

本书是一本偏实战的书。对于 JavaScript 库开发，从最初的想法到编写第一行代码，最后到发布上线和后期维护，作者都给出了解决方案。本书最吸引我的地方在于，作者给出了思考和决策的过程，让读者不仅能够学习 JavaScript 库开发知识，还能拓宽自己的技术视野。

——百度前资深研发专家、Feed 前端负责人　王永青（三水清）

挖新的开源软件坑，或者重新造轮子，都是我职业生涯中的宝贵经验。你可以在这本书中学到如何去创建一个现代 JavaScript 库，以及如何将它推向开源世界，你将获得一系列最佳实践。

——Thoughtworks 技术专家、《前端架构：从入门到微前端》作者　黄峰达（Phodal）

前　　言

十年磨一剑

十年，弹指一挥间。

回首过去十年，我一直致力于开源库的开发和维护，一路走来，我也从这个领域的"小白"慢慢成长为"专家"。这十年，支撑我坚持在库开发领域耕耘的原因是热爱分享，我特别希望能把自己做的东西分享给别人，分享的内容既可以是课程、博客文章，也可以是代码。在我看来，一份分享出去的代码片段，就是一个开源库。

十年来，前端技术推陈出新，新的开源库如雨后春笋般涌现，相信大部分读者都曾从这些开源库中受益。平日里，我们更多关注的是库的使用，很少关注库开发技术。其实，JavaScript 库开发技术在这十年中也经历了快速发展，其中基于新的技术标准开发而成的库，我将其称为"现代 JavaScript 库"。

由于前端技术发展迅速，如今开发一个现代 JavaScript 库并不容易，其中涉及非常多的知识、工具和经验。比如，库如何兼容日益复杂的前端环境，库如何使用打包工具，库的单元测试如何做，等等。正因为这种复杂性，目前 npm 上的开源库并不都是现代 JavaScript 库，很多开源库还在使用十几年前的相对比较原始的技术。

除了依赖开发技术，将一个库开源还需要很多准备工作。一个库开源后的运营和维护也涉及很多知识。由于缺乏经验，很多库开源后并没有被推广开来。

总之，开发和开源一个现代 JavaScript 库并非易事，上述困难阻碍了很多读者开发自己的 JavaScript 库，我也曾被这些困难深深折磨过。经过十年的摸爬滚打，我不禁想：如果能有一个师傅手把手教我该多好，那我当初能少走多少弯路！基于此，我终于下定决心写一本现代 JavaScript 库开发领域的图书，将自己十年的经验总结沉淀，希望能够手把手教各位读者快速掌握现代 JavaScript 库开发技术。

人人都可以开发自己的 JavaScript 库

有人可能会问，为什么要学习 JavaScript 库开发技术呢？学会开发 JavaScript 库有什么好处呢？其实，开发 JavaScript 库能够带来非常多的好处。

我现身说法，开发和开源库不仅可以帮助他人解决问题，也能给自己带来很多成长。开发库的特殊要求，极大提升了我的技术深度；开发库涉及的技术非常多，极大拓宽了我的知识面；开源库使我融入了开源社区，在那里获得了很多技术之外的东西。总之，开发和开源现代 JavaScript 库可以带来非常大的收获，我希望每一个前端开发者都不要错过这个机会。

其实，我有一个愿望，那就是，人人都可以开发自己的 JavaScript 库。

再小的个体也应该有机会在社区中发声，社区不应该只要月亮的光辉，漫天繁星同样是美好世界的重要组成，只要我们愿意，每个人都可以开发属于自己的 JavaScript 库。

每一个前端开发者都身处两个世界，即业务世界和开源世界。大部分人熟悉业务世界，但对开源世界了解不多。所谓"技多不压身"，多了解开源世界，融入开源世界，你一定会有更多收获。

本书内容

本书主要涵盖三部分内容，可以满足读者不同阶段的学习诉求。

第 1～第 5 章介绍如何开发和开源一个现代 JavaScript 库，这部分内容可以帮助读者快速达成库开发目标。

第 6～第 7 章介绍现代 JavaScript 库的设计最佳实践和安全最佳实践，这部分内容可以极大提高读者开发 JavaScript 库的质量。

第 8～第 11 章为实战部分，本书精选了 9 个典型库作为案例，带领读者了解不同类型的 JavaScript 库的开发要点。

其中，每章的内容分别如下。

第 1 章 从零开发一个 JavaScript 库

想要开发自己的 JavaScript 库，往往面临的最大挑战是不知道如何开始，不知道要做什么，不知道怎么做。本章将介绍如何找到适合自己的开发方向，并通过一个例子介绍如何从零开始开发一个 JavaScript 库。

第 2 章 构建

前端技术飞速发展，符合最新技术标准的 JavaScript 库就是现代 JavaScript 库。本章将介绍现代 JavaScript 库需要适配的模块系统和运行环境，开发库需要用到的打包方案，以及如何解决 JavaScript 库的兼容性问题。

第 3 章 测试

JavaScript 库对于质量的要求很高，因此，完备的单元测试是质量的保证。但给库添加恰到好处的单元测试并不简单。本章将介绍如何搭建测试环境、设计测试用例、验证测试覆盖率，以及如何在浏览器环境中运行单元测试等。

第 4 章 开源

写好代码和单元测试还不能直接开源，要想发布一个标准库，还有很多工作要做。本章将介绍如何将 JavaScript 库开源，包括协议选择、文档撰写、发布到 GitHub 和 npm 上，以及如何查看开源后的数据等。

第 5 章 维护

将 JavaScript 库对外发布只是开源的第一步，开源后的运营和维护是使一个库保持持久生命力的关键。本章将介绍如何维护开源的 JavaScript 库，包括如何和社区协作，如何确立协作规范，如何建立持续集成和开源库的常用分支模型等。

第 6 章 设计更好的 JavaScript 库

和业务开发不同，JavaScript 库一旦发布，就难以进行不兼容改动，因此，良好的设计很重要。站在巨人的肩膀上学习前人的优秀经验可以做到事半功倍。本章将介绍 JavaScript 开源库的最佳实践，这些实践可以帮助我们设计更好的 JavaScript 库。

第 7 章 安全防护

大部分开发者都缺乏 JavaScript 库安全防护方面的经验。我们常听说 JavaScript

库爆出安全问题，其中有些问题可以采取防护措施解决，而有些问题则让人防不胜防，那么，该如何避免这些问题呢？本章将从多个方面介绍 JavaScript 库的安全知识和注意事项。

第 8 章　抽象标准库

在开发不同的 JavaScript 库时会用到一些公共功能，这些功能也可以抽象为开源库，我将其称作底层库。学习底层库是开发 JavaScript 库的基础，因此尤为重要。本章精选 6 个底层库开发案例进行实战讲解，以帮助读者夯实基础。

第 9 章　命令行工具

在开发一个新的 JavaScript 库时要进行初始化，为了避免每次都从零开始进行初始化，可以开发一款命令行工具，通过一条命令快速完成初始化工作。本章将介绍如何设计和实现一款用于快速初始化的命令行工具。

第 10 章　工具库实战

每个项目中都存在一些公共工具函数，如果有多个项目，则可以将这部分工具函数抽象出来，做成供项目内部使用的工具函数库。本章将介绍业务项目中的工具函数库解决方案，包括工具库的搭建、开发、落地推广和数据统计。

第 11 章　前端模板库实战

前端模板库是一个复杂度中等的 JavaScript 库，和前面介绍的工具库有很大区别，是学习 JavaScript 库开发的推荐项目。本章将介绍前端模板库的设计和实现，以及前端模板库的生态工具开发，包括 webpack 插件开发和 VS Code 插件开发。

第 12 章　未来之路

温故而知新，本章将全面总结全书内容，并介绍 JavaScript 社区中一些新的生态和工具，帮助读者回顾本书内容，对自己所学情况进行总结。

致谢

本书写作过程中得到了很多同事和朋友的帮助，在本书完成之际，我在此表达真挚的感谢。

特别感谢侯策老师参与了本书部分章节的创作和校对，这是我和侯策老师合作的第二本书，他是我的良师益友，我们一起维护了 jslib-base 和 jsmini 库。

特别感谢羡辙老师对本书进行了认真的校对，并提出了很多宝贵意见，这些指导意见使本书的质量得到了保证。羡辙老师在开源领域的影响力远胜于我，她获得了 GitHub 授予的 2020—2021 年度 Star Awards 荣誉。

特别感谢 justjavac（迷渡）老师为本书做了校对工作，使本书的质量得到了保证。justjavac 老师在开源领域经验丰富，维护了很多优秀的开源项目，目前他专注于 Deno 的研发与推广。

特别感谢狼叔在百忙之中为本书写了推荐序，早在本书写作初期，狼叔就提出了很多宝贵意见，基于此，我推翻了之前不够完善的内容，这才有了如今的内容。

特别感谢我的同事陶沙，和她一起工作非常愉快，本书的 ESLint 部分来源于她的想法，基于此，我才能将这些内容传播给各位读者。

特别感谢克军、月影、程劭非（winter）、李松峰、李玉北、云谦、偏右、周爱民、张鑫旭、杜瑶、赵锦江、死月、天猪、祖明、张云龙、于涛、Scott、陈辰、寸志、卡颂、付强（小爝）、王永青（三水清）、黄峰达（Phodal）等老师在百忙之中阅读本书，并为本书撰写推荐语，这使得更多人知道了这本书，这是我的幸运，也是每一位读者的幸运。

还要感谢本书的责任编辑孙奇俏老师和其他为本书付出辛苦的编辑老师，这已不是我与孙老师的第一次合作，她的专业能力始终让我钦佩。

最后，真诚感谢我的家人，他们包容了我有时无法给予陪伴，在背后一直默默支持和鼓励我，愿将此书献给他们。

读者服务

微信扫码回复：44512
- 获得本书配套代码资源。
- 加入本书读者交流群，与作者互动。
- 获取【百场业界大咖直播合集】(持续更新)，仅需1元。

目　　录

第 1 章　从零开发一个 JavaScript 库 1
1.1　如何开始 1
1.2　编写代码 2
1.3　本章小结 5

第 2 章　构建 6
2.1　模块化解析 6
2.1.1　什么是模块 7
2.1.2　原始模块 7
2.1.3　AMD 8
2.1.4　CommonJS 9
2.1.5　UMD 9
2.1.6　ES Module 10
2.2　技术体系解析 11
2.2.1　传统体系 12
2.2.2　Node.js 体系 13
2.2.3　工具化体系 14
2.3　打包方案 17
2.3.1　选择打包工具 18
2.3.2　打包步骤 19
2.3.3　添加 banner 23
2.3.4　按需加载 24

2.4 兼容方案 26
2.4.1 确定兼容环境 26
2.4.2 ECMAScript 5 兼容方案 28
2.4.3 ECMAScript 2015 兼容方案 30
2.5 完整方案 33
2.6 本章小结 35

第 3 章 测试 36
3.1 第一个单元测试 36
3.2 设计测试用例 39
3.2.1 设计思路 39
3.2.2 编写代码 40
3.3 验证测试覆盖率 42
3.3.1 代码覆盖率 42
3.3.2 源代码覆盖率 44
3.3.3 校验覆盖率 46
3.4 浏览器环境测试 48
3.4.1 模拟浏览器环境 48
3.4.2 真实浏览器测试 49
3.4.3 自动化测试 51
3.5 本章小结 53

第 4 章 开源 54
4.1 选择开源协议 54
4.2 完善文档 56
4.2.1 README 57
4.2.2 待办清单 59
4.2.3 变更日志 59
4.2.4 API 文档 60
4.3 发布 61
4.3.1 发布到 GitHub 上 61
4.3.2 发布到 npm 上 62

		4.3.3	下载安装包	66
	4.4	统计数据		66
		4.4.1	GitHub 数据	66
		4.4.2	npm 数据	67
		4.4.3	自定义数据	69
	4.5	本章小结		70

第 5 章 维护 71

	5.1	社区协作		71
		5.1.1	社区反馈	72
		5.1.2	社区协作	76
		5.1.3	社区运营	77
	5.2	规范先行		79
		5.2.1	编辑器	79
		5.2.2	格式化	82
		5.2.3	代码 Lint	88
		5.2.4	提交信息	96
	5.3	持续集成		102
		5.3.1	GitHub Actions	103
		5.3.2	CircleCI	111
		5.3.3	Travis CI	114
	5.4	分支模型		115
		5.4.1	主分支	115
		5.4.2	功能分支	116
		5.4.3	故障分支	119
		5.4.4	Pull request	120
		5.4.5	标签与历史	121
	5.5	本章小结		123

第 6 章 设计更好的 JavaScript 库 124

	6.1	设计更好的函数		124
		6.1.1	函数命名	124

	6.1.2 参数个数	125
	6.1.3 可选参数	126
	6.1.4 返回值	126
6.2	提高健壮性	127
	6.2.1 参数防御	127
	6.2.2 副作用处理	129
	6.2.3 异常捕获	130
6.3	解决浏览器兼容性问题	131
	6.3.1 String	132
	6.3.2 Array	132
	6.3.3 Object	134
6.4	支持 TypeScript	134
6.5	本章小结	137

第 7 章 安全防护 138

7.1	防护意外	138
	7.1.1 最小功能设计	138
	7.1.2 最小参数设计	140
	7.1.3 冻结对象	141
7.2	避免原型入侵	142
	7.2.1 面向对象基础知识	142
	7.2.2 原型之路	143
	7.2.3 原型入侵	145
7.3	原型污染事件	147
	7.3.1 漏洞原因	148
	7.3.2 详解原型污染	148
	7.3.3 防范原型污染	151
	7.3.4 JSON.parse 补充	152
7.4	依赖的安全性问题	152
	7.4.1 库的选择	153
	7.4.2 正确区分依赖	154
	7.4.3 版本问题	156

  7.4.4 依赖过期 157
  7.4.5 安全检查 158
7.5 本章小结 160

第 8 章 抽象标准库

8.1 类型判断 161
  8.1.1 背景知识 161
  8.1.2 抽象库 166
8.2 函数工具 169
  8.2.1 once 170
  8.2.2 curry 170
  8.2.3 pipe 171
  8.2.4 compose 172
8.3 数据拷贝 174
  8.3.1 背景知识 174
  8.3.2 最简单的深拷贝 176
  8.3.3 一行代码的深拷贝 178
  8.3.4 破解递归爆栈 178
  8.3.5 破解循环引用 180
  8.3.6 性能对比 183
8.4 相等性判断 187
  8.4.1 背景知识 187
  8.4.2 抽象库 195
8.5 参数扩展 200
  8.5.1 背景知识 200
  8.5.2 抽象库 202
8.6 深层数据 205
  8.6.1 背景知识 205
  8.6.2 抽象库 209
8.7 本章小结 214

第 9 章　命令行工具 215

9.1　系统设计 215
9.2　标准命令行工具 217
9.3　交互界面 225
9.4　初始化功能 234
9.4.1　代码架构 236
9.4.2　公共逻辑 237
9.4.3　模块设计 242
9.5　命令行颜色 249
9.6　进度条 251
9.7　发布 256
9.8　本章小结 257

第 10 章　工具库实战 258

10.1　问题背景 258
10.2　代码实现 260
10.2.1　字符串操作 260
10.2.2　数组操作 262
10.2.3　对象操作 265
10.2.4　URL 参数处理 268
10.3　搭建文档 269
10.4　ESLint 插件 274
10.4.1　type-typeof-limit 276
10.4.2　type-instanceof-limit 281
10.4.3　no-same-function 282
10.4.4　recommended 284
10.4.5　发布 285
10.5　数据统计 285
10.5.1　统计接入项目 285
10.5.2　下载量 286
10.5.3　包和函数被引用的次数 287
10.6　本章小结 292

第 11 章 前端模板库实战 293

11.1 系统搭建 293
11.1.1 背景知识 293
11.1.2 搭建项目 295
11.2 解析器 300
11.3 即时编译器 305
11.4 预编译器 309
11.5 webpack 插件 317
11.6 VS Code 插件 323
11.7 发布 329
11.8 本章小结 330

第 12 章 未来之路 331

12.1 全景图 331
12.1.1 知识全景图 331
12.1.2 技术全景图 332
12.2 下一代技术 333
12.2.1 TypeScript 333
12.2.2 Deno 334
12.2.3 SWC 334
12.2.4 esbuild 335
12.2.5 Vite 335
12.3 本章小结 336

第 1 章
从零开发一个 JavaScript 库

"合抱之木,生于毫末;九层之台,起于累土。"学习库开发技术不是一蹴而就的,同样地,开发一个 JavaScript 库也要一步一步来。本章让我们回到起点,从源头引导读者如何开始,寻找开发的灵感,从零开发一个 JavaScript 库。本章的内容都是前端项目中常见的知识。

好了,快开始我们的冒险之旅吧!

1.1 如何开始

我们面临的第一个难题就是如何开始。目前,虽然我们已经有了开发一个库的想法,但是想要真正实现一个库,需要完成从想法到目标,从目标到设计,从设计到编码的流程,如图 1-1 所示。

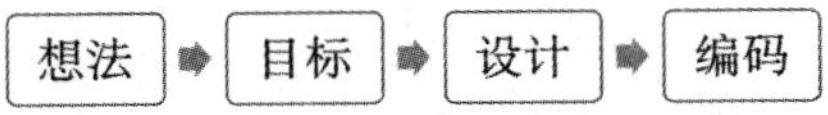

想法 ➡ 目标 ➡ 设计 ➡ 编码

图 1-1

那么如何确定要开发一个什么库呢？比较简单的方式就是从项目中寻找灵感。可以将项目中的一些功能进行抽象设计，提取通用逻辑，并进行一些额外处理，形成一个公共库的原型；而一般项目中会存在一些公共函数、公共组件等，这些就是开发库时最好的灵感来源。还可以从开源项目中寻找灵感，如果我们觉得一个库不能满足我们的需求，或者用起来很不方便，此时就可以尝试开发一个更好的开源库。

有时候，我们的脑海中会闪现很好的想法，但是如果当时没有时间，或者执行力比较差，很可能最后就不了了之了。因此，建议的做法是迅速记录下想法，并经常回顾自己的想法清单，从中挑选合适的目标来实现。

接下来说一下常见的误区。切忌好高骛远，由于个人的精力有限，因此不建议选择类似组件库这种大型项目。建议开发一些小而美、功能专一的库，特别是在开始时，要从小的工具库入手，以免半途而废，打击积极性。

为了让读者快速学习到开发一个库的完整过程，本书的第一个例子选择开发一个小的工具函数库。深拷贝是 JavaScript 中常用的功能，也是前端面试中的高频问题，并且其实现并不复杂。所以，本书的第一个例子将目标确定为开发一个深拷贝工具库。

1.2 编写代码

既然已经确定了目标，那么接下来就是编码实现了。在开始之前，先来介绍清楚深拷贝的含义。JavaScript 中有 8 种基本数据类型，分别是 undefined、null、number、string、boolean、symbol[①]、object 和 bigint，其中，前 6 种数据类型的数据在进行赋值操作时都是值拷贝。

值拷贝发生后，两个变量之间就没有任何关联了。示例如下：

```
let a = 1;
let b = a;

a = 2; // 对变量 a 的修改不会影响到变量 b

console.log(a); // 输出 2
console.log(b); // 输出 1
```

---

① symbol 是 ECMAScript 2015 引入的新数据类型。

而对象类型的数据在进行赋值操作时会发生引用拷贝，此时两个变量会指向相同的数据，对其中一个变量进行操作会影响到另一个变量。有时候，对象类型数据的这种赋值行为并不是我们期望的，特别是当将对象类型数据作为参数传递时，这经常是引起 Bug 的罪魁祸首。

下面看一个例子，在该示例中，对变量 a 进行修改会影响到变量 b。代码如下：

```
let a = { c: 1 };
let b = a;

a.c = 2; // 对变量 a 的修改会影响到变量 b

console.log(a.c); // 输出 2
console.log(b.c); // 输出 2
```

对引用类型数据进行完整复制的过程，称为深拷贝。我们将提供一个函数来完成深拷贝的功能。函数的设计如下，函数名为"clone"，其接收一个待拷贝的参数 data，并返回 data 的深拷贝值。

```
function clone(data) {}
```

接下来，思考该如何实现上述函数。其实可以将一个对象类型数据看作数据结构中的树结构，如将下面的对象展开后，和树结构一致。

```
let a = { b: { c: 1, d: 2 } };
```

其中，a 是根节点，引用类型对象 b 是中间节点，值类型属性 c 和 d 是叶子节点，如图 1-2 所示。

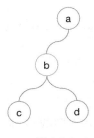

图 1-2

这样就将深拷贝问题转化为了树的遍历问题，遍历树常用的方法是深度优先遍历，一般使用递归实现。以下是实现深拷贝函数 clone 的示例代码：

```
function clone(source) {
  const t = type(source);
  if (t !== 'object' && t !== 'array') {
    return source;
  }

  let target;

  if (t === 'object') {
    target = {};
    for (let i in source) {
      if (source.hasOwnProperty(i)) {
        target[i] = clone(source[i]); // 注意这里
      }
    }
  } else {
    target = [];
    for (let i = 0; i < source.length; i++) {
      target[i] = clone(source[i]); // 注意这里
    }
  }

  return target;
}
```

通过上面的 type 函数可以获取数据的类型[①]，下面是其简易实现，通过 Object 类中的 toString 方法可以获取数据的内部类型信息。

```
Object.prototype.toString.call([]); // "[object Array]"
Object.prototype.toString.call({}); // "[object Object]"

function type(data) {
  return Object.prototype.toString.call(data).slice(8, -1).toLowerCase();
}

type({}); // object
type([]); // array
```

下面使用刚刚实现的深拷贝工具库中的 clone 函数来试验本节开始时的例子，可以看到对变量 a 的修改不会影响到变量 b。

---

① 这里先知道这样用就可以了，第 8 章将深入介绍这个问题。

```
let a = { c: 1 };
let b = clone(a); // 深拷贝

a.c = 2; // 对变量 a 的修改不会影响到变量 b

console.log(a.c); // 输出 2
console.log(b.c); // 输出 1
```

1.3 本章小结

本章介绍了从零开发 JavaScript 库的流程和基本方法，至此，我们的第一个 JavaScript 库已经完成了第一个版本[①]。但是，当把这个库的代码分享给其他人时，会面临下面的问题：

- 小 A 使用了 CommonJS 模块，不知道该如何引用这个库。
- 小 B 说这个库的代码在 IE 浏览器中会报错。

请读者独立思考出现上面问题的原因，下一章将会介绍如何解决这些问题。

---

① 此时，这个库还有很多优化空间，如栈溢出问题、死循环问题等，第 8 章将会介绍如何优化这些问题。

第 2 章 构建

虽然在 ECMAScript 2015[①]发布后，前端规范快速更新，但是整个前端生态仍难以快速转换。因此，JavaScript 库的使用者可能有不同的客户端环境，使用不同的技术体系，但其更希望使用稳定成熟的技术。而库的开发者则更希望使用新技术，毕竟开发 JavaScript 库的目的是为更多的用户提供便利。

那么如何调和库的开发者和库的使用者之间对新旧技术期待不同的矛盾呢？推荐的做法是引入构建流程。本章将介绍 JavaScript 库的构建体系，它和我们项目中的构建原理类似，但是使用的技术和方案有所不同。

从本章开始，我们即将进入很多人可能不太熟悉的知识领域，但相信大家会有更多收获。

2.1 模块化解析

ECMAScript 2015 带来了原生的模块规范，而在此之前，JavaScript 并没有统一

[①] ECMAScript 是 JavaScript 语言规范，在 2015 年发布了第 6 个版本，因此，ECMAScript 2015 也被称作 ECMAScript 6。

的模块规范。对于大型项目来说，模块是必不可少的，于是 JavaScript 社区进行了很多探索，其中有一些影响力较大的模块规范（如 AMD 和 CommonJS），目前还在被广泛使用。本节将为读者介绍 JavaScript 模块，以便后续提供通用模块方案。

2.1.1 什么是模块

随着程序规模的扩大，以及引入各种第三方库，共享全局作用域会带来很多问题。首先是命名冲突问题，为了解决命名冲突问题，主流编程语言都提供了语言层面的方案，举例如下：

- C 语言中的宏编译。
- C++ 语言中的命名空间。
- Python 语言中的模块。
- Java 语言中的包。
- PHP 语言中的命名空间。

JavaScript 社区则选择了模块方案。一个合格的模块方案需要满足以下特性：

- 独立性——能够独立完成某个功能，隔绝外部环境的影响。
- 完整性——能够完成某个特定功能。
- 可依赖——可以依赖其他模块。
- 被依赖——可以被其他模块依赖。

简而言之，模块就是一个独立的空间，能引用其他模块，也能被其他模块引用。

2.1.2 原始模块

如果仅从定义层面来看，一个函数即可称为一个模块，而我们早就开始使用这种模块了。示例代码如下：

```
// 最简单的函数，可以称作一个模块
function add(x, y) {
  return x + y;
}
```

在 ECMAScript 2015 之前，只有函数能够创建作用域。下面是 JavaScript 社区中原始模块的定义代码：

```
(function (mod, $) {
  function clone(source) {
    // 此处省略代码
  }

  mod.clone = clone;
})((window.clone = window.clone || {}), jQuery);
```

上面的 mod 模块不会被重复定义，依赖通过函数参数注入。这种实现其实并不完美，仍然需要手动维护依赖的顺序，典型的场景就是其中的 jQuery 必须先于代码被引用，否则会报告引用错误。随着模块数量的增加，这种问题很快会变得不可维护，这显然不是我们想要的。

一般的库都会提供对这种模块的支持，因为这种模块可以直接通过 script 标签引入，使用 script 标签引入库的方式依然存在使用场景，如古老的前端系统、简单的活动页面、简单的测试页面等。

2.1.3 AMD

AMD 是一种异步模块加载规范，专为浏览器端设计，其全称是 Asynchronous Module Definition，中文名称是异步模块定义。AMD 规范中定义模块的方式如下：

```
define(id?, dependencies?, factory);
```

浏览器并不支持 AMD 模块，在浏览器端，需要借助 RequireJS 才能加载 AMD 模块。RequireJS 是使用最广泛的 AMD 模块加载器，但目前的新系统基本不再使用 RequireJS，因为大部分库都会提供对 AMD 模块的支持。

给深拷贝库添加对 AMD 模块的支持，示例代码如下：

```
// 匿名，无依赖模块，文件名就是模块名
define(function () {
  function clone(source) {
    // 此处省略代码
  }

  return clone;
});
```

上面的代码定义了一个匿名 AMD 模块，假设代码位于 clone.js 文件中，那么在

index.js 文件中可以像下面代码这样使用上面代码定义的模块：

```
define(['clone'], function (clone) {
  const a = { a: 1 };
  const b = clone(b); // 使用 clone 函数
});
```

2.1.4 CommonJS

CommonJS 是一种同步模块加载规范，目前主要用于 Node.js 环境中[①]。CommonJS 规范中定义模块的方式如下：

```
define(function (require, exports, module) {
  // 此处省略代码
});
```

在 Node.js 中，外面的 define 包裹函数是系统自动生成的，不需要开发者自己书写。下面是深拷贝库支持 CommonJS 模块的示例代码：

```
// 匿名，无依赖模块，文件名就是模块名
function clone(source) {
  // 此处省略代码
}

module.exports = clone;
```

在 Node.js 环境下，假设上面的代码位于 clone.js 文件中，那么在 index.js 文件中可以像下面代码这样使用上面代码定义的模块：

```
const clone = require('./clone.js');
const a = { a: 1 };
const b = clone(a); // 使用 clone 函数
```

2.1.5 UMD

UMD 是一种通用模块加载规范，其全称是 Universal Module Definition，中文名称是通用模块定义。UMD 想要解决的问题和其名称所传递的意思是一致的，它并不是一种新的规范，而是对前面介绍的 3 种模块规范（原始模块、AMD、CommonJS）

---

① Sea.js 使用的也是类 CommonJS 规范，本节的示例也能兼容 Sea.js 环境。

的整合，支持 UMD 规范的库可以在任何模块环境中工作。

使用 UMD 规范改写深拷贝库的示例代码如下：

```javascript
(function (root, factory) {
  var clone = factory(root);
  if (typeof define === 'function' && define.amd) {
    // AMD
    define('clone', function () {
      return clone;
    });
  } else if (typeof exports === 'object') {
    // CommonJS
    module.exports = clone;
  } else {
    // 原始模块
    var _clone = root.clone;

    clone.noConflict = function () {
      if (root.clone === clone) {
        root.clone = _clone;
      }

      return clone;
    };
    root.clone = clone;
  }
})(this, function (root) {
  function clone(source) {
    // 此处省略代码
  }
  return clone;
});
```

由上述代码可以看到，UMD 规范只是对不同模块规范的简单整合，稍微不同的是，代码中给原始模块增加了 noConflict 方法，使用 noConflict 方法可以解决全局名称冲突的问题。

2.1.6　ES Module

ECMAScript 2015 带来了原生的模块系统——ES Module。目前，部分浏览器已经支持直接使用 ES Module，而不兼容的浏览器则可以通过构建工具来使用。

ES Module 的语法更加简单，只需要在函数前面加上关键字 export 即可。示例代码如下：

```
export function clone(source) {
  // 此处省略代码
}
```

假设上面的代码位于 clone.js 文件中，那么在 index.js 文件中可以像下面代码这样引用 clone.js 文件中的 clone 函数：

```
import { clone } from './clone.js';
const a = { a: 1 };
const b = clone(b); // 使用 clone 函数
```

本节介绍了多种前端模块，对于开源库来说，为了满足各种模块使用者的需求，需要对每种模块提供支持。开源库可以提供两个入口文件，这两个入口文件及其支持的模块如表 2-1 所示。

表 2-1

入 口 文 件	支持的模块
index.js	原始模块、AMD 模块、CommonJS 模块、UMD 模块
index.esm.js	ES Module

2.2 技术体系解析

2009 年是前端技术体系发展的分水岭，以前是"刀耕火种"的时代，而 Node.js 的发布推动了前端技术体系的快速发展，前端从此迈入工具化时代。本节将介绍开源库需要支持的不同技术体系，以及在不同技术体系下库开发技术的变迁。

在开始之前先来看一个场景：深拷贝库中有一个 type 函数，用来获取数据的类型，现在假设还有一个库也要用到这个函数，所以我们决定将其单独抽象为一个库，现在就有了两个库，其中 clone 库会依赖 type 库，如图 2-1 所示。

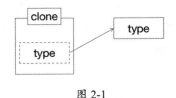

图 2-1

一般一个 JavaScript 库都会依赖另外一些库，真实的 JavaScript 库的依赖关系会更复杂。图 2-2 所示为 template.js 库的依赖关系分析图[①]，可以看到，template.js 库直接或间接地依赖了 7 个库。

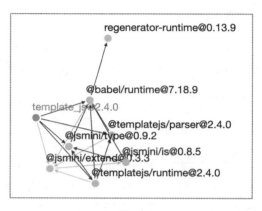

图 2-2

下面介绍在不同的技术体系下依赖关系的不同解决方案。

2.2.1 传统体系

在传统体系中，一般通过在 HTML 文件中使用 script 标签来引入 JavaScript 文件，这种体系下的每个库都需要提供一个 .js 格式的文件。下面是传统体系下的项目目录结构示例：

```
.
├── index.html
└── lib
    ├── clone.js
    └── type.js
```

在传统体系下，如果想使用一个库，就必须在使用之前手动引入要用到的库及其依赖的库。例如，如果想使用 clone 库，就必须在引入 clone 库之前先引入 type 库，否则就会报错，示例代码如下：

```
<!-- index.html -->
<script src="lib/type.js"></script>
<script src="lib/clone.js"></script>
```

[①] 依赖关系分析图由开源工具 anvaka 提供。

```
<script>
  let a = { c: 1 };
  let b = clone(a); // 深拷贝
</script>
```

随着库规模的扩大，将依赖关系交给库的使用者手动维护对库的使用者非常不友好，因为要提供包含全部代码的入口文件，所以在这种体系下，大部分库都不会依赖很多其他的库。

兼容传统体系的库，需要将所有代码及其依赖的库的代码合并成一个文件。但也存在例外情况，例如，jQuery 插件必须依赖 jQuery 才能运行，React 插件必须依赖 React 才能运行，这种情况下可以将 jQuery 或 React 的引入交给插件的使用者来实现。

2.2.2　Node.js 体系

Node.js 的模块系统遵守前面提到的 CommonJS 规范，Node.js 有内置的依赖解析系统，如果要依赖一个模块，则可以像下面代码这样使用 require 系统函数直接引用文件：

```
const clone = require('./clone.js');
```

在使用 require 函数引用文件时，被引用文件的路径需遵循一套复杂的规则，引用支持相对路径、绝对路径和第三方包，如果忽略后缀，则会被当作 Node.js 的模块去解析。

Node.js 模块目录下需要有一个 package.json 文件，用于定义模块的一些属性。如果想要新建模块，则可以使用 Node.js 提供的 npm 工具快速初始化。通过下面的命令可以在 lib 目录下新建并初始化 clone 模块：

```
$ mkdir clone
$ cd clone
$ npm init
```

npm 会提示填写模块的信息，这里不做修改，一直保持默认设置即可，执行后会生成一个 package.json 文件，该文件包含的字段如下：

```
{
  "name": "clone",
  "version": "1.0.0",
```

```
  "description": "",
  "main": "index.js"
}
```

这里主要关注 main 字段，其定义的是当前模块对应的逻辑入口文件，当该模块被其他模块引用时，Node.js 会找到 main 字段对应的文件。

通过同样的操作完成对 type 模块的初始化。此时，项目的目录结构如下：

```
.
├── index.js
└── lib
    ├── clone
    │   ├── index.js
    │   └── package.json
    └── type
        ├── index.js
        └── package.json
```

通过以下代码可以在 index.js 文件中直接引入 clone 模块，Node.js 会自动完成模块解析，并加载好依赖项。

```
const clone = require('./lib/clone');

let a = { c: 1 };
let b = clone(a); // 深拷贝
```

在 Node.js 体系下，库只需要提供对 CommonJS 模块或 UMD 模块的支持即可，对依赖的库不需要进行特殊处理。

2.2.3 工具化体系

随着前端工程化的发展，前端构建工具目前已经成为中大型项目的标配。构建工具的典型代表是 webpack，webpack 支持 CommonJS 规范。

如果想要使用 webpack，则需要先安装 webpack，安装命令如下：

```
$ npm init -y # 在当前目录下初始化 package.json 文件
$ npm install webpack webpack-cli --save-dev # 安装 webpack
```

在项目的根目录下添加 webpack.config.js 文件，并在该文件中添加如下配置代码，其含义是将当前目录下的 index.js 文件打包输出为 dist/index.js 文件。

```
const path = require('path');

module.exports = {
  entry: './index.js',
  output: {
    filename: 'index.js',
    path: path.resolve(__dirname, 'dist'),
  },
};
```

然后执行下面的命令:

```
$ npx webpack
```

如果输出结果如图 2-3 所示，就表示完成了打包工作。

```
→ webpack git:(master) × npx webpack
[webpack-cli] Compilation finished
asset index.js 543 bytes [emitted] [minimized] (name: main)
./index.js 195 bytes [built] [code generated]
./lib/clone/index.js 581 bytes [built] [code generated]
./lib/type/index.js 115 bytes [built] [code generated]
webpack 5.4.0 compiled successfully in 236 ms
```

图 2-3

接下来，添加一个 index.html 文件，引用打包输出的 dist/index.js 文件即可。

至此，项目的完整目录结构如下:

```
.
├── dist
│   └── index.js
├── index.html
├── index.js
├── lib
│   ├── clone
│   │   ├── index.js
│   │   └── package.json
│   └── type
│       ├── index.js
│       └── package.json
├── package.json
└── webpack.config.js
```

最开始，构建工具仅支持 CommonJS 规范，随着 ECMAScript 2015 的发布，

rollup.js 最先支持 ES Module，现在主流的构建工具均已支持 ES Module。

打包工具在加载一个库时，需要知道这个库是支持 CommonJS 模块的还是支持 ES Module 的，构建工具给的方案是扩展一个新的入口字段，开源库可以通过设置这个字段来标识自己是否支持 ES Module。由于历史原因，这个字段有两个命名，分别是 module 和 jsnext，目前比较主流的是 module 字段，也可以两个都设置，只需要在库的 package.json 文件中增加字段名 module 和 jsnext，并设置为 ES Module 文件的路径即可。示例代码如下：

```
{
  "main": "index.js",
  "module": "index.esm.js",
  "jsnext": "index.esm.js"
}
```

在 webpack 中，可以通过配置 mainFields 来支持优先使用 module 字段，只需要在 webpack.config.js 文件中添加如下的配置代码即可：

```
module.exports = {
  //...
  resolve: {
    mainFields: ['module', 'main'],
  },
};
```

index.js 文件提供对 CommonJS 模块的支持，示例代码如下：

```
function clone(source) {
  // 此处省略代码
}
module.exports = clone;
```

index.esm.js 文件提供对 ES Module 的支持，示例代码如下。可以看到，支持 ES Module 的写法更加简洁。

```
export function clone(source) {
  // 此处省略代码
}
```

对于库的使用者来说，不用关心 ES Module 规范和 CommonJS 规范之间的区别，只需要像下面代码这样引用即可：

```
const clone = require('clone');
```

打包工具会优先查看依赖的库是否支持 ES Module[①]，如果不支持，则会遵循 CommonJS 规范。

综上所述，在这种体系下，开源库需要同时提供对 ES Module 和 CommonJS 模块的支持，对其依赖的库不需要进行特殊处理。

本节介绍了 3 种技术体系，开源库需要对每种技术体系都提供支持，推荐提供的模块规范和依赖库的处理逻辑如表 2-2 所示。

表 2-2

技 术 体 系	模 块 规 范	依赖库的处理逻辑
传统体系	原始模块	依赖打包
Node.js 体系	CommonJS	无须处理
工具化体系	ES Module + CommonJS	无须处理

2.3 打包方案

前面介绍了在不同的模块规范和不同的前端技术体系下，库的适配原理。这部分内容细致又琐碎，使用手动适配的方式会相当麻烦，那么有没有更好的办法呢？目前，比较好的办法就是使用打包工具自动完成打包工作。本节将介绍打包工具的选择原则及实际应用。

根据前两节的内容，开源库需要支持浏览器、打包工具和 Node.js 环境，以及不同的模块规范，所以需要提供不同的入口文件，如表 2-3 所示。

表 2-3

	浏览器（script、AMD、CMD）	打包工具（webpack、rollup.js）	Node.js
入口文件	index.aio.js	index.esm.js	index.js
模块规范	UMD	ES Module	CommonJS
自身依赖	打包	打包	打包
第三方依赖	打包	不打包	不打包

[①] 此结论来源于 rollup.js 文档。

2.3.1 选择打包工具

既然已经确定了目标，那么接下来就需要选择一款合适的打包工具。JavaScript 社区大多选择 webpack 和 rollup.js 作为库的打包工具，webpack 是现在非常流行的打包工具，而 rollup.js 则被称作下一代打包工具，推荐使用 rollup.js 作为库的打包工具。

为什么不使用我们更熟悉的 webpack 呢？我们通过具体示例来对比 webpack 和 rollup.js。假设有两个文件：index.js 和 bar.js。

bar.js 文件对外暴露一个 bar 函数，代码如下：

```
export default function bar() {
  console.log('bar');
}
```

index.js 文件引用 bar.js 文件，代码如下：

```
import bar from './bar';
bar();
```

下面的代码是 webpack 打包输出的内容，index.js 和 bar.js 文件的内容在打包内容的最下面，起始处省略的 100 行代码其实是 webpack 生成的简易模块系统代码。webpack 方案的问题在于会生成很多冗余代码，这对于业务代码来说问题不大，但是对于库来说就不太友好了。

```
/******/
(function (modules) {
  // 此处省略 webpack 生成的 100 行代码
})([
 /* 0 */
 function (module, __webpack_exports__, __webpack_require__) {
   'use strict';
   Object.defineProperty(__webpack_exports__, '__esModule', {
     value: true,
   });
   /* harmony import */
   var __WEBPACK_IMPORTED_MODULE_0__bar__ = __webpack_require__(1);
   Object(__WEBPACK_IMPORTED_MODULE_0__bar__['a' /* default */])();
 },
 /* 1 */
 function (module, __webpack_exports__, __webpack_require__) {
   'use strict';
   /* harmony export (immutable) */
```

```
    __webpack_exports__['a'] = bar;

    function bar() {
      console.log('bar');
    }
  },
]);
```

> **注意**：上面的代码基于 webpack 3，而 webpack 4 中增加了 scope hoisting 特性，支持将多个模块合并到一个匿名函数中。

下面的代码是 rollup.js 打包输出的内容，可以看到模块完全消失了。那么 rollup.js 如何解决模块之间的依赖问题呢？对于打包的代码，rollup.js 巧妙地通过将被依赖的模块放在依赖模块前面的方法来解决模块依赖问题。对比 webpack 打包后的代码，rollup.js 的打包方案对于库的开发者来说是接近完美的方案。

```
'use strict';

function bar() {
  console.log('bar');
}

bar();
```

2.3.2 打包步骤

首先安装 rollup.js，命令如下[①]：

```
$ npm i --save-dev rollup@0.57.1
```

由于只在开发时才会用到 rollup.js，因此我们通过上面的参数 --save-dev 将其安装为开发时依赖，这样会将依赖添加到 package.json 文件的 devDependencies 字段中，代码如下：

```
{
  "devDependencies": {
    "rollup": "^0.57.1"
  }
}
```

[①] 0.57.1 不是最新版本，但是本书中的示例基于此版本，为了避免遇到版本差异问题，本书建议读者锁定版本。

rollup.js 的使用方式和 webpack 的使用方式类似,需要通过配置文件告诉 rollup.js 如何打包。根据表 2-3 的结论,存在 3 种入口文件,因此需要 3 个配置文件,这里将配置文件统一放到 config 目录中。打包输出文件、配置文件、技术体系和模块规范的对应关系如表 2-4 所示。

表 2-4

打包输出文件	配置文件	技术体系	模块规范
dist/index.js	config/rollup.config.js	Node.js	CommonJS
dist/index.esm.js	config/rollup.config.esm.js	webpack	ES Module
dist/index.aio.js	config/rollup.config.aio.js	浏览器	UMD

接下来,先实现第 1 个配置文件 config/rollup.config.js,示例代码如下:

```
module.exports = {
  input: 'src/index.js',
  output: {
    file: 'dist/index.js',
    format: 'cjs',
  },
};
```

input 配置和 output 配置表示将 src/index.js 文件打包输出为 dist/index.js 文件,format 配置表明可以选择的模块方案,其值 cjs 的含义是输出模块遵循 CommonJS 规范。接下来,运行下面的命令即可实现打包:

```
$ npx rollup -c config/rollup.config.js

# 输出内容如下
# src/index.js → dist/index.js...
# created dist/index.js in 13ms
```

打包成功后,打开 dist/index.js 文件,该文件中的内容如下:

```
'use strict';

Object.defineProperty(exports, '__esModule', { value: true });

function clone(source) {
  // 此处省略代码
}

exports.clone = clone;
```

接着实现第 2 个配置文件 config/rollup.config.esm.js，示例代码如下。其与实现第 1 个配置文件的代码基本类似，不同点是 format 配置的值，此处为 es，表示输出模块遵循 ES Module 规范。

```
module.exports = {
  input: 'src/index.js',
  output: {
    file: 'dist/index.esm.js',
    format: 'es',
  },
};
```

打包成功后，打开 dist/index.esm.js 文件，该文件中的内容如下：

```
function clone(source) {
  // 此处省略代码
}

export { clone };
```

最后实现第 3 个配置文件 config/rollup.config.aio.js[①]，为了将依赖的库也打包进来，需要使用 rollup-plugin-node-resolve 插件，通过如下命令安装该插件：

```
$ npm i --save-dev rollup-plugin-node-resolve@3.0.3
```

实现 config/rollup.config.aio.js 文件的完整代码如下，format 配置的值为 umd，表示输出模块遵循 UMD 规范，name 配置的值作为全局变量和 AMD 规范的模块名，plugins 配置使用 rollup-plugin-node-resolve 插件。

```
var nodeResolve = require('rollup-plugin-node-resolve');
module.exports = {
  input: 'src/index.js',
  output: {
    file: 'dist/index.aio.js',
    format: 'umd',
    name: 'clone',
  },
  plugins: [
    nodeResolve({
      main: true,
```

[①] aio 是 all in one 的缩写，表示将全部模块规范和依赖都集成在一起。

```
      extensions: ['.js'],
    }),
  ],
};
```

打包成功后，打开 dist/index.aio.js 文件，该文件中的内容如下：

```
(function (global, factory) {
  typeof exports === 'object' && typeof module !== 'undefined'
    ? factory(exports)
    : typeof define === 'function' && define.amd
    ? define(['exports'], factory)
    : factory((global.clone = {}));
})(this, function (exports) {
  'use strict';
  function type(data) {
    // 此处省略代码
  }
  function clone(source) {
    // 此处省略代码
  }

  exports.clone = clone;
  Object.defineProperty(exports, '__esModule', { value: true });
});
```

每次都执行 "rollup -c config/rollup.config.js" 命令有些烦琐，为了简化构建命令，同时收敛统一构建命令，可以使用 npm 提供的自定义 scripts 功能。在 package.json 文件中添加下面的代码：

```
"scripts": {
  "build:self": "rollup -c config/rollup.config.js",
  "build:esm": "rollup -c config/rollup.config.esm.js",
  "build:aio": "rollup -c config/rollup.config.aio.js",
  "build": "npm run build:self && npm run build:esm && npm run build:aio"
}
```

直接运行下面的命令就可以完成对所有方案的打包：

```
$ npm run build
```

上面的命令等价于下面的 3 条命令，可以看到，上面的命令更简洁。

```
$ npx rollup -c config/rollup.config.js
$ npx rollup -c config/rollup.config.esm.js
$ npx rollup -c config/rollup.config.aio.js
```

由于现在入口文件位于 dist 目录下，因此需要修改 package.json 文件中相应的字段，指向 dist 目录下的构建文件。改动后的内容如下：

```
{
  "main": "dist/index.js",
  "jsnext:main": "dist/index.esm.js",
  "module": "dist/index.esm.js"
}
```

到目前为止，我们的库已经支持了表 2-3 中全部的环境，运行"npm run build"命令构建成功后，会在 dist 目录下生成 3 个输出文件，此时项目的完整目录结构如下：

```
.
├── config
│   ├── rollup.config.aio.js
│   ├── rollup.config.esm.js
│   └── rollup.config.js
├── dist
│   ├── index.aio.js
│   ├── index.esm.js
│   └── index.js
├── package.json
└── src
    └── index.js
```

2.3.3 添加 banner

一般开源库文件的顶部都会提供一些关于库的说明，如协议信息等，如图 2-4 所示。

图 2-4

下面给我们的库添加统一的说明。现在用户使用的文件是自动构建出来的，无法手动添加。其实 rollup.js 支持添加统一的 banner，由于不同的配置文件需要同样的 banner，因此可以将 banner 信息统一放到 rollup.js 文件中。示例代码如下：

```
var pkg = require('../package.json');

var version = pkg.version;

var banner = `/*!
 * ${pkg.name} ${version}
 * Licensed under MIT
 */
`;

exports.banner = banner;
```

然后修改配置文件，添加 banner 配置。以 rollup.config.esm.js 文件为例，修改后的代码如下：

```
var common = require('./rollup.js');
module.exports = {
  input: 'src/index.js',
  output: {
    file: 'dist/index.esm.js',
    format: 'es',
    banner: common.banner,
  },
};
```

2.3.4 按需加载

很多时候，在使用一个库时可能只会用到其中的一小部分功能，但是却要加载整个库的内容，这对于 Node.js 来说问题不大，但对于浏览器端应用来说是不能接受的，好在 rollup.js 支持按需加载。

按需加载分为两种情况。

第一种情况是，我们的库要用到另一个库的功能，但只用到其中一小部分功能，如果将其全部打包过来，则会让打包体积变大，此时通过 rollup.js 提供的 treeshaking 功能可以自动屏蔽未被使用的功能。

例如，假设 index.js 文件只使用了第三方包 is.js 中的一个 isString 函数，当不使用 treeshaking 功能时，会将 is.js 中的函数全部引用进来，如图 2-5 所示。

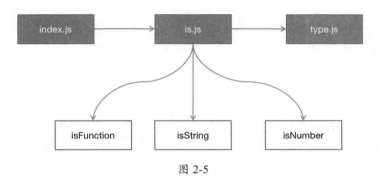

图 2-5

而在使用了 treeshaking 功能后，则可以屏蔽 is.js 中的其他函数，仅引用 isString 函数，如图 2-6 所示。

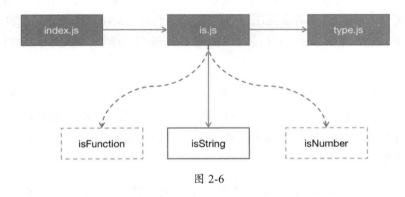

图 2-6

第二种情况是要让使用库的项目能够按需加载。一个库如果不进行任何配置，那么现代打包工具是不会使用 treeshaking 功能对其进行优化的，因为打包工具无法知道一个库是否有副作用。假如我们的库中有如下代码，如果引用了该库，就会向 window 下写入一个变量，打包工具如果把这段代码屏蔽，则可能产生 Bug。

```
window.aaa = 1;
```

如果我们的库没有副作用，则可以向 package.json 文件中添加 sideEffects 字段，这样打包工具就能够使用 treeshaking 功能进行优化了。示例代码如下：

```
{
  "sideEffects": false
}
```

至此，库打包的全部工作就完成了。

2.4 兼容方案

当我们的库被用到生产环境时，由于真实用户的浏览器环境不可控，因此会在库用到一些新的语言特性时产生报错。例如，库代码中使用了 ECMAScript 2015 中新的变量声明关键字 const，此时如果用户使用 IE9 浏览器，则会产生一个语法错误。由于 JavaScript 的错误是中断式的[①]，因此会导致整个页面失去响应，这显然是不能接受的。

2.4.1 确定兼容环境

想要解决上述问题，需要库的开发者给出关于库的兼容性的明确说明，这样库的使用者可以根据自己的需求挑选适合的库。对于 JavaScript 库来说，兼容性越好，其使用范围就越广泛，同时意味着付出的成本会越高。所以，库的开发者需要权衡利弊，做一个折中的选择。

那么都有哪些环境需要兼容呢？目前，需要兼容的环境主要包括浏览器和 Node.js。statcounter 是一款统计全球浏览器市场份额的工具，提供了详细的数据，可以帮助库的开发者确定要兼容的环境。对于国内浏览器市场份额数据，可以查看百度流量研究院发布的数据。

图 2-7 所示为 statcounter 统计的不同浏览器的占比情况，从图中可以分析出，需要兼容的自主内核浏览器主要包括 Chrome、Firefox、IE、Edge 和 Safari，移动端浏览器的情况会更加复杂，但是兼容性和桌面端相比已经非常好了。对于 JavaScript 来说，以桌面端浏览器的兼容性为标准即可。

Node.js 的兼容性情况会好很多，可以参考官方提供的 metrics 数据，包括不同版本的下载数据，如图 2-8 所示。

---

① 不同于 JavaScript，HTML 和 CSS 遇到不支持的新属性时会进行跳过处理，不会中断后续流程。

图 2-7

图 2-8

根据图 2-7 和图 2-8 中的数据，并结合我的经验，推荐开源库支持的兼容性如表 2-5 所示。其中，Chrome 的版本较低是因为有些壳浏览器包装了 Chromium 的较低版本，而 Chromium 正是 Chrome 的开源版本。

表 2-5

环　　境	版　　本
Chrome	45+
Firefox	最近两个版本
IE	8+
Edge	最近两个版本

续表

环　　境	版　　本
Safari	10+
Node.js	0.12+

表 2-5 只是一个参考，不同的库可以选择更宽泛或更严格的兼容性要求，但请进行严格测试，并明确告知库的使用者。如果是为某些特殊场景服务的库，比如与 Canvas 相关的库，那么其兼容性与 Canvas 对齐即可。

2.4.2　ECMAScript 5 兼容方案

如何知道自己编写的代码是否存在兼容性问题呢？原来解决此类问题都是依靠开发者的经验，掌握前端常用的特性在不同浏览器上的兼容性情况，是评判一个前端开发者的经验是否丰富的指标之一，如是否知道 IE8 浏览器上缺少 Array.prototype.indexOf 方法。

当遇到不熟悉的语法或方法时，可以在 MDN 网站[①]上查看语法或方法的详细兼容性信息。图 2-9 所示为从 MDN 网站上截取的 indexOf 方法的兼容性信息。

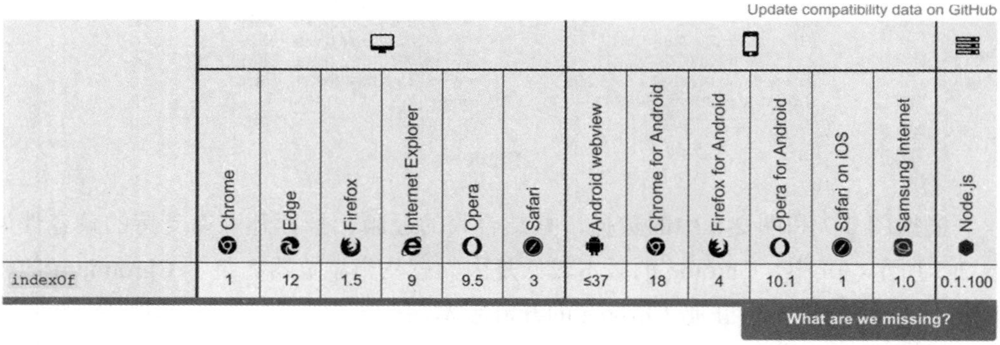

图 2-9

除了 MDN，还可以通过 caniuse 网站查询更详细的兼容性信息。图 2-10 所示为 indexOf 方法在 caniuse 网站上的兼容性信息。

---

① MDN 网站由 Mozilla 及社区维护，提供专业的前端技术文档。

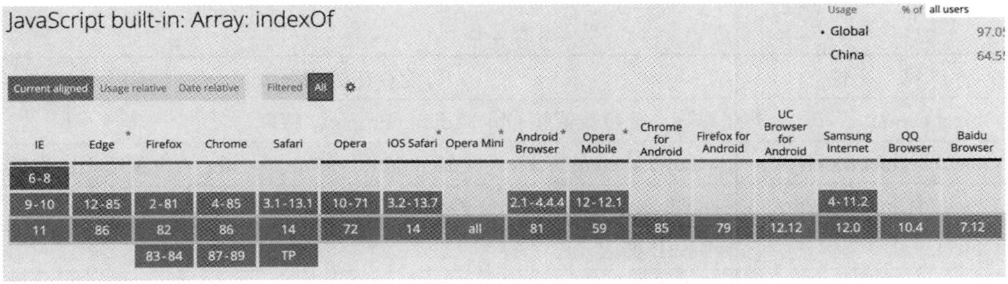

图 2-10

下面我们来系统分析目前 JavaScript 语言不同特性的兼容性情况。大体来说，JavaScript 语言可以分为 ECMAScript 5 之前的版本、ECMAScript 5 和 ECMAScript 5 之后的版本，ECMAScript 5 之前的特性是非常安全的。

使用 ECMAScript 5 及之后的版本可能存在兼容性问题，compat-table 网站记录了 JavaScript 语言不同版本的兼容性情况。图 2-11 所示为 ECMAScript 5 的兼容性情况，由于篇幅限制，移动端和 Node.js 的兼容性情况并没有在图中显示，可以看到，只有 IE8 浏览器上存在兼容性问题。

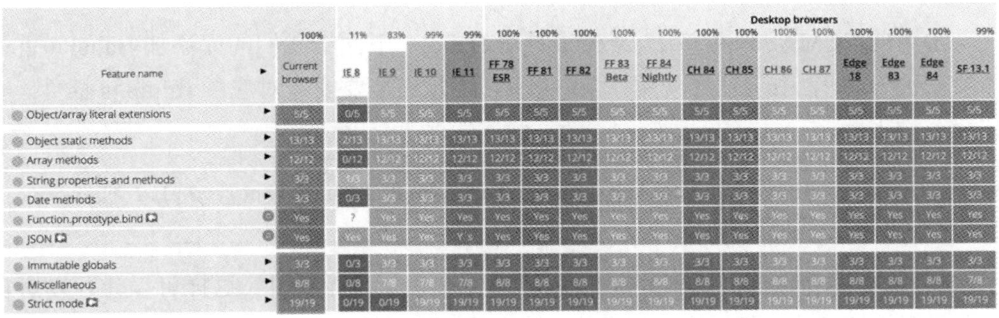

图 2-11

下面看一下如何解决 ECMAScript 5 在 IE8 浏览器上的兼容性问题。ECMAScript 5 带来的更新并不大，并且基本都是 API 层面的，只需要简单引入 polyfill 代码即可安全使用。目前，比较常用的库是 es5-shim，es5-shim 提供了两个 JavaScript 文件，分别是 es5-shim.js 和 es5-sham.js。es5-shim.js 文件中提供的都是可以放心使用的特性，es5-sham.js 文件中提供的是可能存在兼容性问题的特性，如果开发的库依赖这部分特性，那么即便引用了 es5-sham.js 文件也可能解决不了问题。表 2-6 给出了需要特别注意的特性。

表 2-6

特　　性	可能存在的问题
Object.create	其第二个参数依赖 Object.defineProperty 特性
Object.defineProperty	writable、enumerable、configurable、setter、getter 的设置都不会生效
Object.defineProperties	同 Object.defineProperty 特性
Object.seal	不会生效
Object.freeze	不会生效
Object.preventExtensions	不会生效
Object.getPrototypeOf	依赖 Fn.prototype.constructor.prototype 的指向是正确的

2.4.3　ECMAScript 2015 兼容方案

目前，ECMAScript 2015 及后续版本的兼容性情况还不容乐观，不过每一个 ECMAScript 2015 的特性都可以用 ECMAScript 5 实现，最简单的方法就是直接使用 ECMAScript 5 来实现库代码。但是这种依赖于经验的手动方式效率低下，为此，JavaScript 社区提供了更好的方案，即通过转换器将 ECMAScript 2015 代码自动编译为 ECMAScript 5 代码。

常用的 ECMAScript 2015 转换工具是 Babel，下面给我们的库添加 Babel。首先需要安装 Babel，由于已经使用了 rollup.js，因此还需要安装对应的 rollup.js 插件。安装命令如下：

```
$ npm install --save-dev rollup-plugin-babel@4.0.3 @babel/core@7.1.2 @babel/preset-env@7.1.0
```

Babel 为每个 ECMAScript 2015 的特性都提供了一个插件，这样可以让开发者自己选择要转换哪些属性。手动维护需要转换的特性是比较烦琐的，这里推荐使用 Babel 的 preset-env 插件，使用 preset-env 插件，只要简单配置需要兼容的环境即可，preset-env 插件会自动帮助开发者选择相应的插件。在 rollup.js 中使用 Babel，需要配置 plugins，由于 3 个文件都需要配置，因此将其提取到 rollup.js 文件中，代码如下：

```
// rollup.js
function getCompiler(opt) {
  return babel({
    babelrc: false,
    presets: [
      [
```

```
      '@babel/preset-env',
      {
        targets: {
          browsers:
            'last 2 versions, > 1%, ie >= 8, Chrome >= 45, safari >= 10',
          node: '0.12',
        },
        modules: false,
        loose: true,
      },
    ],
  ],
  exclude: 'node_modules/**',
});
}

exports.getCompiler = getCompiler;
```

这里不使用独立的 Babel 配置文件，所以将 babelrc 和 modules 都设置为 false；loose 代表松散模式，将 loose 设置为 true 能够更好地兼容 IE8 浏览器。下面是一个示例，由于 IE8 浏览器不支持 Object.defineProperty 特性，因此当 loose 为 true 时会避免使用 Object.defineProperty 特性。

```
// 源代码
const aaa = 1;
export default aaa;

// 当 loose 为 false 时
Object.defineProperty(exports, '__esModule', {
  value: true,
});
var aaa = 1;
exports.default = 1;

// 当 loose 为 true 时
exports.__esModule = true;
var aaa = 1;
exports.default = 1;
```

使用下面的命令可以查看 targets 配置对应的浏览器列表：

```
$ npx browserslist "last 2 versions, > 1%, ie >= 8, Chrome >= 45, safari >= 10"
# 输出内容如下
```

```
chrome 86
chrome 85
firefox 82
firefox 81
ie 8
...
```

接下来，分别在 3 个配置文件中添加如下的配置代码：

```
var common = require('./rollup.js');

module.exports = {
  plugins: [common.getCompiler()],
};
```

重新构建，示例代码如下，可以看到 ECMAScript 2015 代码被编译成了 ECMAScript 5 代码。

```
// 源代码
const t = type(source);

// 编译后的代码
var t = type(source);
```

现在我们已经解决了 ECMAScript 2015 新语法的兼容性问题，但是如果用到了 ECMAScript 2015 的 API，还是会存在兼容性问题，平时我们在自己的项目中可以引入全局的 polyfill 解决这个问题，但对于库来说这种方法并不友好，会污染全局环境，这对于库来说是难以接受的。

core-js 是一个 ECMAScript 2015+ 的 polyfill 库，提供了不污染全局环境的使用方式。首先需要安装 core-js，安装命令如下：

```
$ npm i --save core-js
```

如果想使用 ECMAScript 2015 的 Array.from 功能，可以通过下面的示例代码引入一个本地函数 from，这样不会污染全局环境中的 Array.from 函数。

```
import from from 'core-js-pure/features/array/from';

from('abc'); // ['a', 'b', 'c']
```

如果还想使用其他的 API，则只需要分别引入即可，不过这种方式虽然能够解决问题，但是需要手动引入依赖。而 Babel 集成了 core-js，可以通过编译自动将我们用到的 API 转换为上面的 core-js 方式。要使用这个功能，首先需要安装两个插件。安装命令如下：

```
$ npm i --save-dev @babel/plugin-transform-runtime
$ npm i --save @babel/runtime-corejs2
```

然后修改 rollup.js 文件中的 Babel 配置，添加下面的代码：

```
{
  plugins: [
    [
      '@babel/plugin-transform-runtime',
      {
        corejs: 2,
      },
    ],
  ];
}
```

现在直接在源代码中使用 Array.from 函数，代码如下：

```
Array.from('abc'); // ['a', 'b', 'c']
```

重新构建，编译完成后的代码如下，可以看到 Array.from 函数被替换了，编译结果和上面手动使用 core-js 的结果一样。

```
import _Array$from from '@babel/runtime-corejs2/core-js/array/from';

_Array$from('abc'); // ['a', 'b', 'c']
```

至此，我们就可以使用 ECMAScript 2015+的新语法和 API 了，通过编译将 ECMAScript 2015+代码转换为 ECMAScript 5 代码，再结合 2.4.2 节介绍的 ECMAScript 5 兼容方案，就可以实现完美的兼容性。

2.5 完整方案

通过以上几节的介绍，我们解决了库的开发者和库的使用者之间的矛盾。

- 库的开发者编写 ECMAScript 2015 新特性代码。
- 库的使用者能够在各种浏览器（IE6～IE11）和 Node.js（0.12～18）中运行我

们的库。
- 库的使用者能够使用 AMD、CommonJS 或 ES Module 模块规范。
- 库的使用者能够使用 webpack、rollup.js 或 PARCEL 等打包工具。

目前，深拷贝库项目的完整目录结构如下。其中，config 目录下的是我们添加的 4 个配置文件，dist 目录下的是通过打包工具构建的 3 个入口文件。

```
.
├── config
│   ├── rollup.config.aio.js
│   ├── rollup.config.esm.js
│   ├── rollup.config.js
│   └── rollup.js
├── dist
│   ├── index.aio.js
│   ├── index.esm.js
│   └── index.js
├── package.json
└── src
    ├── index.js
    └── type.js
```

本章安装了多款工具，并修改了 npm 提供的自定义 scripts，目前，package.json 文件中的完整内容如下：

```
{
  "name": "@jslib-book/clone",
  "version": "1.0.0",
  "description": "",
  "main": "dist/index.js",
  "jsnext:main": "dist/index.esm.js",
  "module": "dist/index.esm.js",
  "sideEffects": false,
  "scripts": {
    "build:self": "rollup -c config/rollup.config.js",
    "build:esm": "rollup -c config/rollup.config.esm.js",
    "build:aio": "rollup -c config/rollup.config.aio.js",
    "build": "npm run build:self && npm run build:esm && npm run build:aio",
  },
  "devDependencies": {
    "@babel/core": "^7.1.2",
    "@babel/plugin-transform-runtime": "^7.1.0",
```

```
    "@babel/preset-env": "^7.1.0",
    "rollup": "^0.57.1",
    "rollup-plugin-babel": "^4.0.3",
    "rollup-plugin-commonjs": "^8.3.0",
    "rollup-plugin-node-resolve": "^3.0.3"
  },
  "dependencies": {
    "@babel/runtime-corejs2": "^7.12.5",
    "@babel/runtime-corejs3": "^7.12.5",
    "core-js": "^3.7.0"
  }
}
```

完整的编译与打包流程和入口文件适配环境总结如图 2-12 所示。

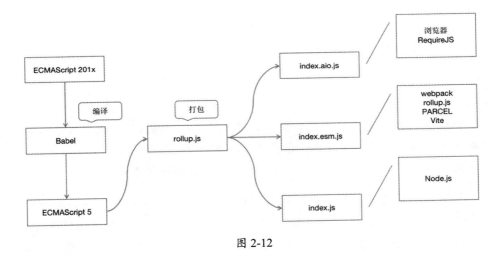

图 2-12

2.6 本章小结

本章介绍了现代 JavaScript 库的构建与打包知识，并通过实践给我们的深拷贝库添加了现代构建流程。本章的主要内容如下：

- 现代 JavaScript 库需要支持的模块。
- 现代 JavaScript 库需要支持的前端技术体系。
- 现代 JavaScript 库的构建方案。
- 现代 JavaScript 库的兼容方案。

第 3 章

测试

JavaScript 库会被很多项目使用，这一特殊性使得我们对代码质量的要求更加严格，在对外发布前需要进行严格的测试。一个库如果没有被测试，漏洞百出，那么这对于库的开发者和使用者来说都将是灾难。

测试可以包含多个维度，如单元测试、兼容性测试、黑盒测试等。本章主要介绍单元测试，测试驱动开发可以帮助库的开发者找到遗漏的逻辑，从而更好地完成开发，同时在库的后续迭代中也能保证不会引入缺陷。

3.1 第一个单元测试

随着代码行数的增多，Bug 在所难免，而避免 Bug 最好的方法就是进行测试。对于库来说，每次改动代码都要进行全面的测试。特别是当要对库代码进行重构时，测试能够降低重构的风险。但是，如果每次都通过人工进行测试，则既浪费时间又容易出错，更好的做法是编写代码来测试代码，因为代码能够快速多次运行，并且稳定可靠，这种方法被称作单元测试。

单元测试比较适合库开发场景，其提倡边写测试边写代码，通过测试来保证和提升代码质量。设计单元测试用例的方法有两种，分别是测试驱动开发（Test Driven Development，TDD）和行为驱动开发（Behavior Driven Development，BDD），这里不展开介绍两者之间的区别，本书采用 BDD 方法来添加单元测试。

JavaScript 中的单元测试有很多技术方案，每种方案都有自己的优点和适应场景。类似 React 之类的框架都提供了默认的测试方案，如果要写 React 的组件库，那么直接使用框架推荐的测试方案即可。

stateofjs 网站提供了一份公开的前端社区调查报告，其旨在确定 Web 开发生态中即将出现的趋势，以帮助开发人员做出技术选择，其中的测试框架数据可以作为我们选择测试技术方案的参考。图 3-1 所示为 stateofjs 网站统计的常用测试框架排行榜（截至本书定稿时）。

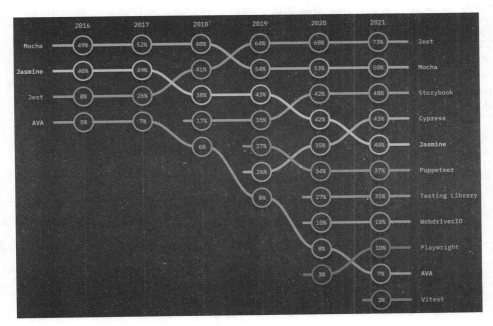

图 3-1

Mocha 是历史比较悠久的测试框架，其相对比较成熟，并且使用范围广泛，兼容性能够满足我们的要求[①]，所以我们选择 Mocha 作为测试框架。虽然 Mocha 可以提供组织和运行单元测试并输出测试报告的功能，但是要进行单元测试还需要一个

---

① 兼容环境详见本书 2.4 节。

断言库，Mocha 推荐使用 Chai 作为断言库。由于 Chai 不能够兼容 IE8 浏览器，因此这里使用另一个断言库——expect.js。expect.js 是一个 BDD 体系的断言库，兼容性非常好，甚至可以支持 IE6 浏览器。

确定了方案，我们使用下面的命令搭建环境。首先安装 Mocha 和 expect.js，然后新建一个 test 目录，并在 test 目录下新建 test.js 文件。

```
$ npm install --save-dev mocha@3.5.3
$ npm install --save-dev expect.js@0.3.1

$ mkdir test
$ touch test/test.js
```

接下来，在 test.js 文件中添加如下代码。在 Mocha 中使用 describe 来组织测试结构，describe 可以嵌套，describe 的语义也可以自定义；it 代表一个测试用例，一个测试用例中可以有多个 expect 断言。

```
var expect = require('expect.js');

describe('单元测试', function () {
  describe('test hello', function () {
    it('hello', function () {
      expect(1).to.equal(1);
    });
  });
});
```

通过下面的命令执行测试。其中，npx 前缀表示寻找当前路径下的 node_modules 目录下的 mocha 命令并执行，如果不使用 npx，则需要通过路径来引用。下面两行命令的效果是等价的，推荐使用 npx 方式来执行。

```
$ npx mocha
$ ./node_modules/mocha/bin/mocha
```

将执行命令添加到 package.json 文件的 scripts 字段中，在 scripts 字段中可以省略前面的 npx。示例代码如下：

```
{
  "scripts": {
    "test": "mocha"
  }
}
```

然后就可以通过以下命令来执行测试了：

```
$ npm test
```

如果输出结果如图 3-2 所示，就表示单元测试运行成功了，但是这个测试并没有实际的意义。

```
➜ clone git:(master) npm test

> clone@1.0.0 test /Users/yan/jslib-book/jslib-book-code/cp3/clone
> mocha



  单元测试
    test hello
      ✓ hello


  1 passing (8ms)
```

图 3-2

3.2 设计测试用例

上一节完成了测试环境的搭建，本节将继续完善单元测试。在编写代码之前需要先设计测试用例，测试用例要尽可能全面地覆盖各种情况，这样才能保证质量；在覆盖全面的同时，数量要尽可能少，这样能够提高测试效率。

3.2.1 设计思路

本节介绍一种我总结的设计测试用例的方法，遵循这种方法，可以兼顾测试覆盖率和效率。对于函数的测试，可以按照参数分组，每个参数一组，在对一个参数进行测试时，保证其他参数无影响。例如，要测试以下的 leftpad 函数：

```
// 当字符串 str 的长度小于 count 时，在字符串的左侧填充指定字符
function leftpad(str, count, ch = '0') {
  return `${[...Array(count)].map((v) => ch)}${str}`.slice(-count).join('');
}

leftpad('1', 2); // '01'
```

由于 leftpad 函数有 3 个参数，因此可以分为 3 组。在对每个参数进行测试时，测试用例可以分为正确的测试用例和错误的测试用例，并且对于存在边界值情况的参数，还需要对边界值设计测试用例。需要注意的是，每个分组下面可以采用等价类划分方法，对于同一个类型的输入，只需要设计一个用例即可。表 3-1 所示为按照上面的方法为 leftpad 函数设计的测试用例。

表 3-1

分组	正确的测试用例	错误的测试用例	边界值测试用例
str	任意字符串	非字符串	空字符串
count	1~N	非数字	0；负数
ch	任意字符串	非字符串	空字符串

接下来，用上述方法来给我们的深拷贝库设计测试用例。下面是深拷贝库中 clone 函数的示例代码：

```
function clone(data) {
    // 此处省略代码实现
}
```

由于只有一个参数，因此只有一个分组，但是因为基本类型数据和引用类型数据的拷贝行为不一致，所以要分别测试。表 3-2 所示为对 clone 函数设计的测试用例。

表 3-2

分组	正确的测试用例	错误的测试用例	边界值测试用例
data	基本数据类型；对象；数组	无	空参数；undefined；null

3.2.2 编写代码

本节我们将在 test.js 文件中编写测试代码，因为测试代码是在 Node.js 中运行的，所以可以直接引用 dist/index.js 文件。

下面的代码会用到 expect.js 中一些新的断言接口，下面先进行简单介绍。

在断言中添加 not 即可对结果进行取非转换，示例代码如下：

```
expect(1).to.equal(1);
expect(1).not.to.equal(2);
```

equal 相当于全等，而 eql 则表示值相等，对于深拷贝后的引用类型数据，需要用 eql 来验证深拷贝结果的正确性。例如，下面代码中 arr 和 cloneArr 的值都是[1, 2, 3]，但是两个变量并不相等。

```javascript
var arr = [1, 2, 3];
var cloneArr = [...arr];

expect(arr).to.equal(cloneArr); // false
expect(arr).to.eql(cloneArr); // true
```

完整的测试代码如下。外层的 describe 用来区分函数，这里只有一个函数；内层的 describe 用来区分函数的不同参数，这里只有一个参数 data，内部有正确的测试用例和边界值测试用例。

```javascript
var expect = require('expect.js');
var clone = require('../dist/index.js').clone;

describe('function clone', function () {
  describe('param data', function () {
    it('正确的测试用例', function () {
      // 基本数据类型
      expect(clone('abc')).to.equal('abc');

      // 数组
      var arr = [1, [2]];
      var cloneArr = clone(arr);
      expect(cloneArr).not.to.equal(arr);
      expect(cloneArr).to.eql(arr);

      // 对象
      var obj = { a: { b: 1 } };
      var cloneObj = clone(obj);
      expect(cloneObj).not.to.equal(obj);
      expect(cloneObj).to.eql(obj);
    });

    it('边界值测试用例', function () {
      expect(clone()).to.equal(undefined);

      expect(clone(undefined)).to.equal(undefined);

      expect(clone(null)).to.equal(null);
```

      });
    });
});
```

完成测试代码的编写后，在控制台中输入"npm test"命令即可运行测试，验证结果，不出意外会看到如图 3-3 所示的运行结果。

```
→ clone git:(master) × npm test

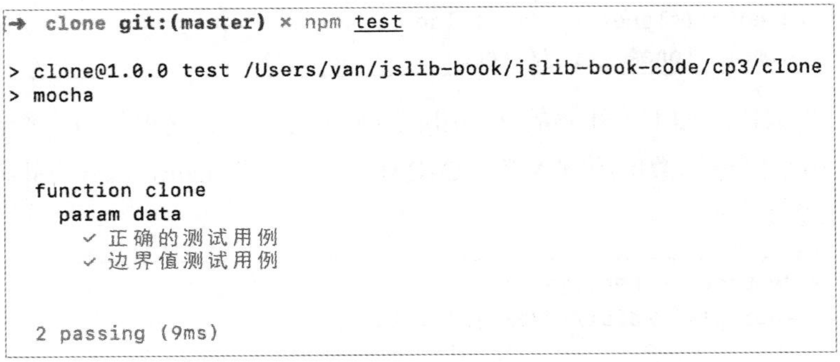

> clone@1.0.0 test /Users/yan/jslib-book/jslib-book-code/cp3/clone
> mocha



  function clone
    param data
      ✓ 正确的测试用例
      ✓ 边界值测试用例


  2 passing (9ms)
```

图 3-3

3.3 验证测试覆盖率

在编写单元测试时，如何保证所有代码都能够被测试到呢？上一节介绍的设计测试用例的方法基本可以保证主流程的测试，但依然存在人为的疏忽和一些边界情况可能漏测的问题。代码覆盖率是衡量测试是否严谨的指标，检查代码覆盖率可以帮助单元测试查漏补缺。

3.3.1 代码覆盖率

Istanbul 是 JavaScript 中十分常用的代码覆盖率检查工具，其提供的 npm 包叫作 nyc。可以使用下面的命令安装 nyc：

```
$ npm install --save-dev nyc@13.1.0
```

然后修改一下 package.json 文件中的 scripts 字段，在"mocha"前面加上"nyc"，通过 nyc 来执行 mocha 命令即可获得代码覆盖率。修改后的代码如下：

```
{
  "scripts": {
```
```

```
    "test": "nyc mocha"
  }
}
```

再次执行"npm test"命令,在原来测试结果的最下面会增加代码覆盖率的检查结果,如图 3-4 所示。

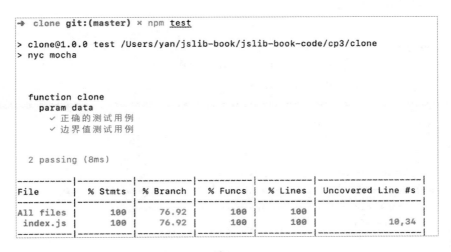

图 3-4

Istanbul 支持从以下 4 个维度来衡量代码覆盖率,需要注意语句和行的区别,由于一行中可能有多条语句,因此语句覆盖率信息更精确。

- 语句覆盖率(Statement Coverage)。
- 分支覆盖率(Branch Coverage)。
- 函数覆盖率(Function Coverage)。
- 行覆盖率(Line Coverage)。

控制台的输出中会报告 4 种覆盖率,同时会报告没有被覆盖到的行号,这个信息一般能够帮助找到漏测的逻辑。此外,Istanbul 支持输出多种格式的报告,其提供的可以通过浏览器查看的报告能够使测试人员更直观地查看代码覆盖情况。我们使用下面的命令在项目的根目录下新建一个.nycrc 文件:

```
$ touch .nycrc
```

在.nycrc 文件中添加下面的代码,其格式是前端人员熟悉的 JSON 格式。text 就是我们在控制台中看到的输出,html 会生成一个可以通过浏览器查看的页面。

```
{
  "reporter": ["html", "text"]
}
```

重新执行"npm test"命令，会在根目录下生成一个 coverage 目录，打开 coverage/index.js.html 文件就可以看到生成的报告了，其中第 10 行中未被覆盖的语句被高亮标记了（阴影效果），如图 3-5 所示。

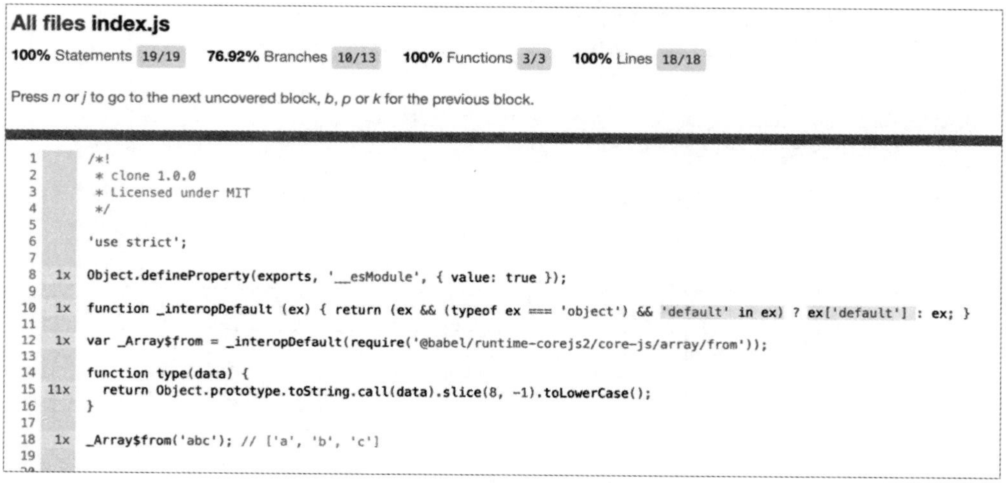

图 3-5

3.3.2 源代码覆盖率

上节提到的未被覆盖的代码可能看起来有些陌生，这是因为显示的并不是源代码，而是构建工具自动生成的代码。这里测试的是 dist 目录下的代码，构建工具会生成很多兼容代码，但这一部分代码只有在特殊环境下才能被执行，这就会导致其无法被覆盖，进而导致代码覆盖率降低。

如果能够测试源代码就好了，这样的测试代码覆盖率才是真实的覆盖率，但是源代码中有很多 ECMAScript 新版本的语法，低版本的 Node.js 可能不支持，那么是否有两全其美的办法呢？Istanbul 支持引入 Babel 这样的构建工具，其原理是先向源代码中插入测试代码覆盖率的代码，再调用 Babel 进行构建，将构建好的代码传给 Mocha 进行测试，这样就得到了源代码的测试覆盖率。

下面根据 Istanbul 官网提供的配置步骤修改测试流程。首先，使用下面的命令安装几个插件（后面用到时再解释其用途）：

```
$ npm i --save-dev @babel/register@7.0.0 babel-plugin-istanbul@5.1.0 cross-env@5.2.0
```

接下来，修改.nycrc 文件，添加 require 配置，这样在 test.js 文件中通过 require 引用的文件都会经过 Babel 的实时编译。而使用 Babel 编译后就不再需要 nyc 的 sourceMap 了，可以将 sourceMap 配置的值设置为 false；对源代码覆盖率的检测通过后面介绍的 babel-plugin-istanbul 插件来实现，所以，要将 instrument 配置的值设置为 false 来关闭 nyc 的插值检测。

```
{
  "require": ["@babel/register"],
  "reporter": ["html", "text"],
  "sourceMap": false,
  "instrument": false
}
```

因为之前对 rollup.js 进行配置时没有使用独立的.babelrc 配置文件，所以需要给 nyc 单独添加一个 Babel 配置文件。在项目的根目录下添加.babelrc 文件，并在该文件中添加如下代码，跟之前的区别是增加了 env.test.plugin.istanbul 配置。babel-plugin-istanbul 插件用来对源代码进行覆盖率测试。

```
{
  "presets": [
    [
      "@babel/preset-env",
      {
        "targets": {
          "browsers": "last 2 versions, > 1%, ie >= 8, Chrome >= 45, safari >= 10",
          "node": "0.12"
        },
        "modules": "commonjs",
        "loose": false
      }
    ]
  ],
  "env": {
    "test": {
      "plugins": ["istanbul"]
    }
```

上面配置的 babel-plugin-istanbul 插件只有在环境变量中包含 test 时才会被加载，为了能够跨平台使用，可以通过 cross-env 来设置环境变量。修改 package.json 文件中的 test 字段，代码如下：

```
{
  "scripts": {
    "test": "cross-env NODE_ENV=test nyc mocha"
  }
}
```

最后，还需要修改 test/test.js 文件中的代码，将对 dist/index 的引用修改为对 src/index 的引用。示例代码如下：

```
// var clone = require("../dist/index").clone;
var clone = require('../src/index').clone; // 将上面的代码修改为这样
```

再次执行"npm test"命令，打开 coverage/index.js.html 文件，可以发现其中的内容变成了源代码的测试覆盖率代码，如图 3-6 所示。

```
All files index.js
100% Statements 14/14   87.5% Branches 7/8   100% Functions 1/1   100% Lines 13/13

Press n or j to go to the next uncovered block, b, p or k for the previous block.

 1          import { type } from "./type.js";
 2
 3
 4    1x    Array.from('abc') // ['a', 'b', 'c']
 5
 6          export function clone(source) {
 7   11x        const t = type(source);
 8   11x        if (t !== "object" && t !== "array") {
 9    7x            return source;
10              }
11
12              let target;
13
```

图 3-6

3.3.3 校验覆盖率

Istanbul 除了可以查看代码覆盖率，还可以对代码覆盖率进行校验，当代码覆盖率低于某个百分比时会报错提示。修改 .nycrc 文件，添加下面的代码。将 check-coverage 属性的值设置为 true，打开覆盖率检查；同时配置 4 种覆盖率的百分比阈值，当实际覆盖率低于这个阈值时就会报错。

```
{
  "check-coverage": true,
  "lines": 100,
  "statements": 100,
  "functions": 100,
  "branches": 100
}
```

再次执行"npm test"命令，由于 Branch 覆盖率不满足要求，因此测试失败了，如图 3-7 所示。

```
ERROR: Coverage for branches (87.5%) does not meet global threshold (100%)
----------|----------|----------|----------|----------|-------------------|
File      | % Stmts  | % Branch | % Funcs  | % Lines  | Uncovered Line #s |
----------|----------|----------|----------|----------|-------------------|
All files |    100   |   87.5   |    100   |    100   |                   |
 index.js |    100   |   87.5   |    100   |    100   |        17         |
 type.js  |    100   |    100   |    100   |    100   |                   |
----------|----------|----------|----------|----------|-------------------|
npm       Test failed.  See above for more details.
```

图 3-7

一般不要求 100% 的覆盖率，可以将阈值修改为 75%，此时再次运行测试就不会报错了，如图 3-8 所示。

```
----------|----------|----------|----------|----------|-------------------|
File      | % Stmts  | % Branch | % Funcs  | % Lines  | Uncovered Line #s |
----------|----------|----------|----------|----------|-------------------|
All files |    100   |   87.5   |    100   |    100   |                   |
 index.js |    100   |   87.5   |    100   |    100   |        17         |
 type.js  |    100   |    100   |    100   |    100   |                   |
----------|----------|----------|----------|----------|-------------------|

       New patch version of npm available! 6.14.8 → 6.14.9
       Changelog: https://github.com/npm/cli/releases/tag/v6.14.9
              Run npm install -g npm to update!
```

图 3-8

3.4 浏览器环境测试

目前，单元测试代码只能在 Node.js 中运行，但库的使用者更大概率会使用浏览器环境，而在一些兼容性问题上，Node.js 和浏览器并不相同。如果编写的库会对浏览器特有的属性进行操作，如 DOM、cookie 等，但是 Node.js 并不存在对应的运行时环境，那么在 Node.js 中访问浏览器属性就会直接报错，从而导致单元测试无法运行。本节将介绍如何在浏览器环境中运行单元测试。

3.4.1 模拟浏览器环境

在 Node.js 中模拟浏览器环境比较突出的当属 jsdom，jsdom 提供了对 DOM 和 BOM 的模拟。如果测试一些简单的情况，那么 jsdom 会是一种性价比极高的方案。

假设有一个 getUrlParam 函数，其功能是获取 URL 中指定参数的值。示例代码如下：

```
function getUrlParam(key) {
    const query = location.search[0] === '?' ? location.search.slice(1) : location.search;
    const map = query.split('&').reduce((data, key) => {
        const arr = key.split('=');
        data[arr[0]] = arr[1];
        return data;
    }, {});

    return map[key]
}

// url https://***.com/?a=1
getUrlParam('a') // 1
```

由于 getUrlParam 函数依赖浏览器中的全局变量 location，但是 Node.js 中并没有这个全局变量，因此可以使用 jsdom 来模拟。首先使用下面的命令安装 jsdom，由于使用的是 Mocha 框架，因此需要安装 mocha-jsdom。

```
$ npm i --save-dev mocha-jsdom
```

然后修改测试代码。在最前面初始化 JSDOM 函数，当再次执行 getUrlParam 函数时即可获取模拟的 location 值。示例代码如下：

```
const JSDOM = require('mocha-jsdom');

describe('获取当前 URL 中的参数', function () {
  JSDOM({ url: 'https://***.com/?a=1' });

  it('参数(id)的值', function () {
    expect(getUrlParam('a')).to.be.equal('1');
  });
});
```

3.4.2 真实浏览器测试

虽然 jsdom 可以模拟浏览器环境，但是模拟的浏览器环境毕竟不是真实的浏览器环境，其自身可能存在缺陷，而且 jsdom 也不可能模拟全部环境。那么有没有办法在真实浏览器中运行我们的单元测试呢？

其实 Mocha 是支持在浏览器环境中运行的。在 test 目录下添加一个 browser/index.html 文件，并在该文件中添加下面的代码，这样就搭建好了浏览器环境框架。

```
<!DOCTYPE html>
<html>
  <head>
    <title>Mocha</title>
    <meta http-equiv="Content-Type" content="text/html; charset=UTF-8" />
    <link rel="stylesheet" href="../../node_modules/mocha/mocha.css" />
  </head>
  <body>
    <div id="mocha"></div>
    <script src="../../node_modules/mocha/mocha.js"></script>
    <script src="../../node_modules/expect.js/index.js"></script>
    <script src="../../dist/index.aio.js"></script>
    <!-- 占位符 -->
    <script>
      mocha.setup('bdd');
    </script>
    <script src="../test.js"></script>
    <script>
      mocha.run();
    </script>
  </body>
</html>
```

但是在浏览器中打开上述文件时会报错，这是因为浏览器环境中没有 require 函数。为了尽可能简单地解决这个问题，没有必要引入一个模块加载工具，只需要提供一个 require 函数，在上面代码中占位符的位置添加下面的代码即可。require 函数只是简单返回 window 上的变量 clone，我们的库在 window 上提供了全局变量可供使用。

```
<script>
  var libs = {
    'expect.js': expect,
    '../src/index.js': window['clone'],
  };
  var require = function (path) {
    return libs[path];
  };
</script>
```

再次刷新 test/browser/index.html 文件，就可以看到浏览器上的测试结果了，如图 3-9 所示，和命令行中显示的结果大同小异。我们可以在任意浏览器中打开这个页面，从而测试不同浏览器的兼容性情况。

图 3-9

3.4.3 自动化测试

上节介绍的真实浏览器测试方案，需要人工在浏览器中打开并查看结果，如果能够通过程序控制浏览器自动加载单元测试页面会更好。目前，有一些方案可以实现这个设想，最早的方案是使用 PhantomJS，但现在 PhantomJS 已经失去维护。

现在流行的方案是使用 Chrome 的 Headless 特性，目前 Chrome 浏览器支持通过命令启动一个没有界面的进程来执行，除了没有界面，其和真实浏览器没有差异。想要在 Node.js 中使用 Chrome Headless，需要借助 Puppeteer 这款工具，Puppeteer 对 Chrome Headless 进行了封装，调用起来非常简单方便。

首先使用下面的命令安装 Puppeteer：

```
$ npm i --save-dev puppeteer@5.5.0
```

然后添加 test/browser/puppeteer.js 文件，并在该文件中添加如下代码。以下代码首先启动 Puppeteer，然后打开一个空页面加载 browser/index.html 文件，为了查看结果，调用了 Puppeteer 的截图功能。

```
const puppeteer = require('puppeteer');

(async () => {
  const testPath = `file://${__dirname}/index.html`;

  const browser = await puppeteer.launch();

  const page = await browser.newPage();

  await page.goto(testPath);

  // 截屏并保存
  const pngPath = `${__dirname}/browser.png`;
  await page.screenshot({ path: pngPath, fullPage: true });

  /* --- 占位符 --- */

  await browser.close();
})();
```

最后运行 "node test/browser/puppeteer.js" 命令，查看运行结果。

我们通过上面的命令成功打开了页面，并获得了运行截图，下面研究如何通过程序获取测试结果。通过在浏览器开发者工具中观察到的测试页面，可以发现运行成功的测试用例的 class 中会有"pass"，而运行失败的测试用例的 class 中会有"error"，如图 3-10 所示。

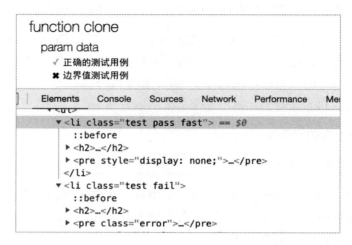

图 3-10

在页面加载成功后，只要获取页面中通过和失败的 class 数量，就可以验证测试结果了。在上面代码中占位符的位置添加如下代码，当检测到失败时，退出程序并返回大于 0 的状态码，就可以在控制台报错了。

```
await page.waitFor('.suite');
// 通过
const passNode = await page.$$('.pass');
// 失败
const failNode = await page.$$('.fail');

if (passNode && passNode.length) {
  console.log(`通过 ${passNode.length} 项`);
}

if (failNode && failNode.length) {
  console.log(`失败 ${failNode.length} 项`);
  await browser.close();
  process.exit(1);
}

await browser.close();
```

接下来，在 package.json 文件的 scripts 字段中添加如下内容，方便使用 Puppeteer 执行单元测试。

```
{
  "scripts": {
    "test:puppeteer": "node test/browser/puppeteer.js"
  }
}
```

然后运行"npm run test:puppeteer"命令，查看运行结果。测试通过的结果如图 3-11 所示。

```
→ clone git:(master) × npm run test:puppeteer

> clone@1.0.0 test:puppeteer /Users/yan/jslib-book/jslib-book-code/cp3/clone
> node test/browser/puppeteer.js

: [browser] start browser test...waitFor is deprecated and will be removed in a future release. See
https://github.com/puppeteer/puppeteer/issues/6214 for details and how to migrate your code.
[browser] 通过 2 项
[browser] 🎉 用例全部通过浏览器测试 🎉
```

图 3-11

至此，浏览器测试方案就全部介绍完了。目前还不支持在任意浏览器下自动化测试，比较流行的方案是使用 Selenium，但是其配置比较麻烦，而且要安装各种浏览器环境和 WebDriver，一般在单元测试中使用不多，比较常见的使用场景是 UI 自动化测试，感兴趣的读者可以自行探索。

3.5 本章小结

本章介绍了单元测试相关的整套方案，其中涉及不少工具，读者不必一次掌握，配置好环境后关注自己的测试用例即可。此外，目前单元测试领域有了一些更新的技术值得关注，包括但不限于单元测试框架 Jest 和 UI 自动化测试框架 Cypress。在测试不同的库时可以用不同的测试方案，但单元测试是保证质量必不可少的流程，设计良好的测试用例和检查代码覆盖率是保证测试质量的方法。

第 4 章
开源

目前，代码层面的工作已经完成，接下来就需要将库发布给使用者了，但是要想使我们的库成为一个标准开源库，还需要完成一些额外的工作。本章将介绍开源方面的知识，比如，如何将我们的库开源到 GitHub 上，以便开发者找到我们的库，以及如何将构建后的代码发布到 npm 上，方便开发者下载、使用我们的库。

4.1 选择开源协议

在开源之前，需要先选择一个开源协议，添加开源协议的主要目的是明确声明自己的权利。如果没有开源协议，则会有两种可能：一种可能是会被认为放弃所有权利，此时可能会被别有用心的人钻了空子，如恶意剽窃、抄袭等，这会损害库开发者的利益；另一种可能是会被认为协议不明，一般商业项目都会很小心地选择使用的库，如果缺少协议，则一般不会使用，这会让我们的库损失一部分使用者。

除此之外，如果开源库存在缺陷，并因此给库的使用者造成了损失，则可能会有法律纠纷，这对于库的开发者来说是非常不利的，但是通过协议可以提前规避这些问题。综上所述,建议一定要添加开源协议。

开源项目常用的开源协议有 5 个,分别是 GPL、LGPL、MIT、BSD 和 Apache,前端项目使用最多的开源协议是 MIT、BSD 和 Apache。关于这 3 个开源协议的详细内容,本书不做展开介绍,感兴趣的读者可以自行深入了解。需要特别说明的是,BSD 协议有多种版本,这里特指 BSD 2-Clause "Simplified" License。

表 4-1 简单对比了 MIT、BSD 和 Apache 这 3 个开源协议之间的区别[①],✓代表协议中允许的内容,✗代表协议中禁止的内容,空白代表协议中未提到此项内容。

表 4-1

	MIT	BSD	Apache
商业用途	✓	✓	✓
可以修改	✓	✓	✓
可以分发	✓	✓	✓
授予专利许可			✓
私人使用	✓	✓	✓
商标使用			✗
承担责任	✗	✗	✗

通过表 4-1 中的对比可以发现,MIT 协议和 BSD 协议比较相似,而 Apache 协议的要求则更多。表 4-2 所示为我整理的使用这 3 个开源协议在 GitHub 上排名靠前的项目,可以看到,在影响力较大的项目中,使用 MIT 和 Apache 协议的项目更多一些。

表 4-2

协议	项目
MIT	jQuery、React、Lodash、Vue.js、Angular、ESLint
BSD	Yeoman、node-inspector
Apache	ECharts、Less.js、math.js、TypeScript

一般的库建议选择 MIT 协议,如果涉及专利技术,则可以选择 Apache 协议,这里为我们编写的深拷贝库选择 MIT 协议。首先,使用下面的命令在根目录下新建一个 LICENSE 文件:

---

① 简单对比,免责,详细责任请阅读协议内容。

```
$ touch LICENSE
```

接下来，在 LICENSE 文件中添加如下内容，这个协议内容可以在网络上找到，需要注意的是，要修改"当前年份"，并将"开发者的名字"替换为自己的名字。

```
MIT License

Copyright (c) 当前年份 开发者的名字

Permission is hereby granted, free of charge, to any person obtaining a copy
of this software and associated documentation files (the "Software"), to deal
in the Software without restriction, including without limitation the rights
to use, copy, modify, merge, publish, distribute, sublicense, and/or sell
copies of the Software, and to permit persons to whom the Software is
furnished to do so, subject to the following conditions:

The above copyright notice and this permission notice shall be included in all
copies or substantial portions of the Software.

THE SOFTWARE IS PROVIDED "AS IS", WITHOUT WARRANTY OF ANY KIND, EXPRESS OR
IMPLIED, INCLUDING BUT NOT LIMITED TO THE WARRANTIES OF MERCHANTABILITY,
FITNESS FOR A PARTICULAR PURPOSE AND NONINFRINGEMENT. IN NO EVENT SHALL THE
AUTHORS OR COPYRIGHT HOLDERS BE LIABLE FOR ANY CLAIM, DAMAGES OR OTHER
LIABILITY, WHETHER IN AN ACTION OF CONTRACT, TORT OR OTHERWISE, ARISING FROM,
OUT OF OR IN CONNECTION WITH THE SOFTWARE OR THE USE OR OTHER DEALINGS IN THE
SOFTWARE.
```

对协议内容感兴趣的读者可以认真阅读一下，MIT 协议是比较宽松的协议，对使用者的唯一要求就是保留协议即可，但也声明了不承担任何责任，是对库的开发者的保护。

4.2 完善文档

当使用一个库时，我们希望有清晰完整的文档，那么一个合格的库文档应该包含哪些内容呢？文档应该如何书写呢？下面一步一步讲解文档应该包含哪些内容，并给我们的库添加文档。

文档的格式推荐使用 Markdown 语法，Markdown 是一种轻量级标记语言，其思想是通过所见即所得的标记来扩展 Text 语法。和前端熟悉的 HTML 相比，Markdown 更容易书写和阅读。例如，如果想给文本加粗表示强调，那么在 Markdown 中只需要

像下面这样添加星号即可:

正常文本**强调文本**正常文本

上面的 Markdown 内容的渲染效果如图 4-1 所示,注意"强调文本"字样的加粗效果。

正常文本**强调文本**正常文本

图 4-1

一般常用的语法包括标题、段落、列表和代码,本书不再展开介绍,如果不了解 Markdown 语法,建议读者先自行学习。

一个标准的前端库文档应该包含如下内容,下面的章节将分别介绍具体内容。

- README。
- 待办清单。
- 变更日志。
- API 文档。

4.2.1 README

README 是库的使用者最先看到的内容,README 的好坏在一定程度上直接影响库的使用者的选择。README 的书写原则是主题清晰、内容简洁。一个合格的 README 应该包括如下内容:

- 库的介绍——概括介绍库解决的问题。
- 使用者指南——帮助使用者快速了解如何使用。
- 贡献者指南——方便社区为开源库做贡献。

首先在根目录下新建一个 README.md 文件,并在该文件中添加下面的 Markdown 代码:

```
# clone
实现 JavaScript 引用类型数据的深拷贝功能

## 使用者指南
```

通过 npm 下载安装代码
```bash
$ npm install clone
```

如果使用 Node.js 环境
```js
var { clone } = require('clone');
clone({ a: 1 });
```

如果使用 webpack 等环境
```js
import { clone } from 'clone';
clone({ a: 1 });
```

如果使用浏览器环境
```html
<script src="node_modules/clone/dist/index.aio.js"></script>
<script>
  clone({ a: 1 });
</script>
```

贡献者指南
首次运行需要先安装依赖
```bash
$ npm install
```

一键打包生成生产代码
```bash
$ npm run build
```

运行单元测试
```bash
$ npm test
```

4.2.2　待办清单

待办清单用来记录即将发布的内容或未来的计划。待办清单的主要目的有两个：一个是告诉库的使用者当前库未来会支持的功能；另一个是让库的开发者将其作为备忘，提醒自己将来要交付的功能。

在项目的根目录下添加 TODO.md 文件，其内容格式如下所示，分别记录已经完成的待办事项和未完成的待办事项。

```
# 待办清单
这里列出会在未来添加的新功能和已经完成的功能

- [x] 完成基本 clone 函数
- [ ] 支持大数据拷贝
- [ ] 支持保留引用关系
```

GitHub 的 Markdown 语法支持使用[X]和[ ]分别代表勾选状态和未勾选状态的复选框。需要注意的是，表示未勾选状态的[ ]，括号中间的空格不能缺少。上述 Markdown 内容在 GitHub 上的渲染效果如图 4-2 所示。

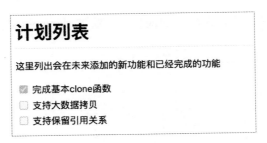

图 4-2

4.2.3　变更日志

变更日志用来记录每次更新详细的变更内容。变更日志的主要目的有两个：一个是方便库的使用者升级版本时了解升级的内容，从而避免升级可能带来的风险；另一个是方便库的开发者记录变更备忘。变更日志一般会记录版本号、变更时间和具体的变更内容，变更内容要尽量做到简洁明了。

在项目的根目录下添加 CHANGELOG.md 文件，该文件中的内容如下，每次发布新版本时都要在这里记录更新信息。

```
# 变更日志

## 0.1.1 / 2020.12-8
- 修复 C 缺陷
- 修复 D 缺陷

## 0.1.0 / 2020.11-8
- 新增功能 A
- 新增功能 B
```

4.2.4　API 文档

API 文档用来提供更详细的内容,包括每个函数的参数、返回值和使用示例。根据库的功能多少,创建 API 文档时可以选择以下 3 种方案:

- 功能较少,可以直接写在 README.md 文件中。
- 内容较多,可以单独写一个文件。
- API 的数量众多,可能要考虑专门做个网站来提供详细的文档功能。创建文档站的示例详见 10.3 节中的内容。

这里选择第 2 种方案,在项目的根目录下添加 doc/api.md 文件,该文件中的内容如下:

```
# 文档
这是一个深拷贝库

## clone
实现数据的深拷贝
- param {any} data 待拷贝的数据
- return {any} 拷贝成功的数据

举个例子(要包含代码用例)
```js
const data = { a: { b: 1 } };
const cloneData = clone(data);
```
特殊说明,如特殊情况下会报错等
```

4.3 发布

前面章节已经准备好了代码，并完成了开源准备工作。本节将介绍如何把库发布到 GitHub 和 npm 上，以便使用者使用。

4.3.1 发布到 GitHub 上

GitHub 是最大的开源协作平台，大部分前端库都通过 GitHub 托管代码，如前端三大框架、构建工具 Babel 和打包工具 webpack 等。

想要将开源库发布到 GitHub 上，首先需要注册 GitHub 账号，然后给要创建的仓库起一个名字，其他信息可以都不填写，直接单击"Create repository"按钮即可，如图 4-3 所示。

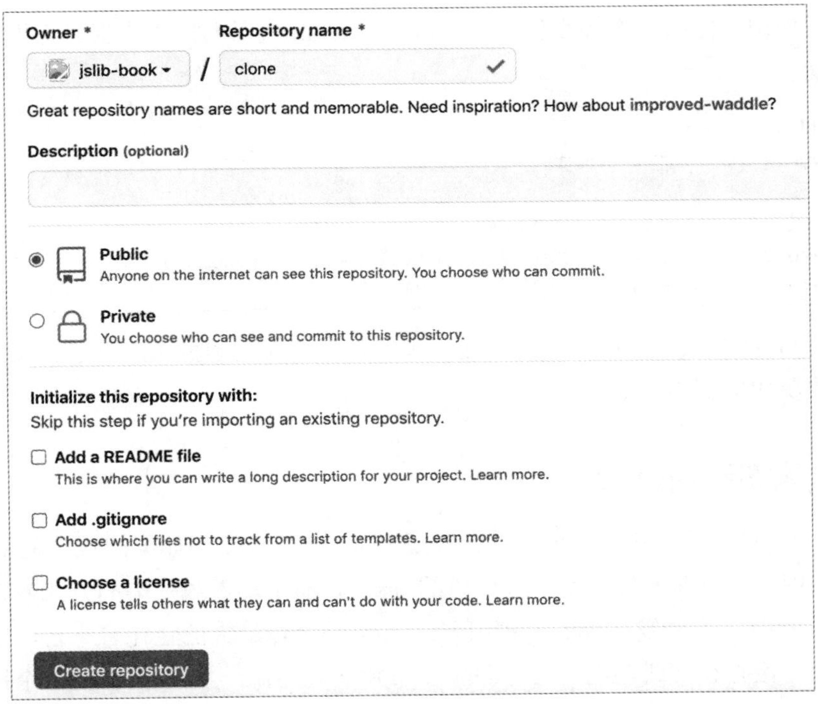

图 4-3

可以将仓库托管在自己的账号下，也可以通过 GitHub 提供的组织（Organization）功能托管在组织下，如本书的代码都托管在 jslib-book 这个组织下面。

仓库创建好后，会跳转到仓库的详情页，新创建的仓库中还没有任何内容，此时是一个空仓库。GitHub 空仓库的详情页会显示将代码推送到 GitHub 的步骤，将代码推送到 GitHub 上需要用到 Git，本书默认读者已经掌握了基础的 Git 知识。

在推送代码前，需要完成最后的检查工作。有一些代码并不需要提交到 GitHub 中，如 node_modules 文件中的代码，可以通过 Git 提供的功能忽略这些文件。在项目的根目录下添加 .gitignore 文件，并在该文件中添加需要忽略的文件和目录即可。示例代码如下：

```
node_modules
# dist 目录下存放构建代码
dist
# coverage 和 .nyc_output 存放测试生成的临时文件
coverage
.nyc_output
```

然后使用下面的命令提交代码，并按照 GitHub 提示的推送步骤进行推送，即可推送成功。

```
$ git add .
$ git commit -m "first commit"

# 下面的地址需要替换为自己的 GitHub 地址
$ git remote add origin git@github.com:jslib-book/clone1.git
$ git push -u origin master
```

刷新 GitHub 页面，如果看到推送上去的代码，就表示推送成功了。至此，就完成了开放源代码到 GitHub 上的工作。

4.3.2　发布到 npm 上

库的使用者通过 GitHub 可以获得开源库的很多信息，但如果想直接使用 GitHub 上的开源库，则只能通过手动下载代码的方式[①]，而手动下载代码的方式效率比较低下。npm 解决了库分发下载的各种问题，npm 是全球最大的包托管平台，提供了开源库托管、检索和下载功能。将开源库发布到 npm 上后，用户只需要一个命令即可完成库的下载工作。

首先需要注册一个 npm 账号，npm 支持将库发布到全局空间和用户空间下两种

---

① 目前，GitHub 推出了自己的包托管功能，感兴趣的读者可以自行了解。

方式，推荐读者将库发布到自己的账号下，因为全局空间名字冲突的概率很大。此外，npm 也提供了组织（Organization）功能，本书所有代码均发布在 jslib-book 这个组织下面。

完成账号注册后，如果想要通过命令行将库发布到 npm 上，则首先需要在命令行中登录账号，登录成功后可以通过 whoami 命令查看当前的登录账号。示例如下：

```
$ npm login
# 输入账号、密码、邮箱等信息

$ npm whoami
> yanhaijing # 此处显示登录的用户名，yanhaijing 是我的用户名
```

在将库发布之前，需要做一些准备工作。并不是所有代码都需要发布到 npm 上的，无用的代码发布到 npm 上不仅会浪费存储空间，也会影响使用者下载库的速度。从理论上来说，只需要发布 dist 目录和 LICENSE 文件即可，因为 README.md、CHANGELOG.md 和 package.json 文件是默认发布的。

npm 提供了黑名单和白名单两种方式过滤文件，先来介绍黑名单的方式。npm 不仅会自动忽略.gitignore 文件中的文件，还会忽略 node_modules 目录和 package-lock.json 文件。如果还需要忽略其他文件，则可以在根目录下添加一个.npmignore 文件，该文件的格式和.gitignore 文件的格式是一样的，内容示例如下，.npmignore 文件中的规则匹配的文件都会被 npm 忽略。

```
# .npmignore
config
doc
src
test
```

对于黑名单的方式，在新增不需要发布的文件时，容易因为忘记修改.npmignore 文件而导致误上传一些无用文件，因此推荐使用白名单的方式。如果在 package.json 文件中添加 files 字段，则只有在 files 中的文件才会被发布，示例代码如下。如果两种方式同时存在，则 npm 会忽略黑名单的配置。

```
{
  "files": ["/dist", "LICENSE"]
}
```

配置好要发布的文件后，运行 "npm pack --dry-run" 命令可以验证哪些文件会被

发布。通过上面的配置，会被发布的文件列表如图 4-4 所示。

```
→ clone git:(master) × npm pack --dry-run
npm notice
npm notice 📦 @jslib-book/clone1@1.0.0
npm notice === Tarball Contents ===
npm notice 1.1kB   LICENSE
npm notice 21.9kB  dist/index.aio.js
npm notice 743B    dist/index.esm.js
npm notice 963B    dist/index.js
npm notice 1.3kB   package.json
npm notice 123B    CHANGELOG.md
npm notice 642B    README.md
```

图 4-4

每次开源库有更新都会向 npm 发布新的包，npm 通过版本号来管理一个库的不同版本。发布到 npm 上的包需要遵循语义化版本，其格式为"主版本号.次版本号.修订号-先行版本号"，可以简写为"x.y.z-prerelease"，每一位的含义如下：

- x 代表不兼容的改动。
- y 代表新增了功能，向下兼容（当 x 为 0 时，y 的变更也可以不向下兼容）。
- z 代表修复 Bug，向下兼容。
- prerelease 是可选的，可以是被"."分割的任意字符。

prerelease 一般用来发布测试版本，在程序尚未稳定时，可以先发布测试版本，稳定后再发布正式版本。下面是一组测试版本号和正式版本号的示例：

```
# 测试版本号
1.0.0-alpha.1
1.0.0-beta.1

# 正式版本号
1.0.0
1.0.1
```

介绍完了版本号的知识，下面开始发布版本。在发布新版本前，首先需要修改版本号，同时要同步更新 CHANGELOG.md 文件，添加变更记录，然后直接运行 publish 命令即可。正式包的发布很简单，而测试包则需要借助 npm 提供的标签功能，如果不添加标签，则默认会发布到 latest 标签，发布到其他标签（如 beta）的包需要指定版本号才能安装。下面是发布测试包和正式包的示例：

```
$ npm publish --tag=beta # 发布测试包
$ npm publish # 发布正式包
```

如果是位于 scope 下的包，如位于 jslib-book 这个组织下面的包@jslib-book/clone1，那么直接使用 npm 发布会遇到如下报错：

```
$ npm publish
npm ERR! code E402
npm ERR! 402 Payment Required - PUT https://registry.npmjs.org/@jslib-book%2fclone1 - You must sign up for private packages
```

这是因为 npm 命令在发布 scope 下的包时，会默认将其发布为私有包，然而只有付费用户才可以发布私有包。此时只需要给 npm 命令添加参数--access public，将包发布为公开包即可。示例如下：

```
$ npm publish --access public # 发布成功
```

如果不想每次发布包时都添加参数，则可以修改 package.json 文件，在该文件中添加 publishConfig 字段，publishConfig 字段的配置如下，这样在发布包时就可以在 npm 命令中省略参数--access public 了。

```
{
  "publishConfig": {
    "registry": "https://registry.npmjs.org",
    "access": "public"
  }
}
```

在包发布成功后，还需要添加 Git tag。如果没有 Git tag，那么当想要找到历史上某个版本对应的源代码时，就需要翻找 Git 历史才能找到，既麻烦，又容易出错。一个比较常见的场景就是当给历史版本修复 Bug 时，Git tag 会变得非常有用。使用 Git 添加 tag 的命令如下：

```
$ git tag 1.0.0 # 添加指定版本的 tag
$ git push --tags # 将 tag 推送到远端，这里的远端是 GitHub
```

npm 提供的 version 命令也可以修改版本号。和手动修改版本号相比，npm 除了可以修改版本号，还可以自动添加 Git tag。npm 提供了 4 个子命令，分别用来修改版本号的 4 个位置。使用示例如下：

```
# 初始版本号是 1.0.0
$ npm version prerelease --preid=beta # 1.0.0-beta.0
$ npm version prerelease --preid=beta # 1.0.0-beta.1
```

```
$ npm version patch # 1.0.1
$ npm version minor # 1.1.0
$ npm version major # 2.0.0
```

4.3.3 下载安装包

在包发布完成后，可以使用 npm 命令安装测试。需要注意的是，对于测试版本的包，需要显示指定版本号才可以安装成功。安装命令如下：

```
$ npm i @jslib-book/clone1 # 安装最新正式版本
$ npm i @jslib-book/clone1@1.0.0-beta.1 # 安装 beta 版本
```

4.4 统计数据

经历前面的步骤，终于发布了我们的库，发布后可以关注库的使用情况，及时了解库的使用数据，以及库的受欢迎程度。本节将介绍如何通过 GitHub 和 npm 查看库的使用数据。

4.4.1 GitHub 数据

GitHub 提供的最直接数据就是 Star 数了，如果用户对开源库感兴趣，或者觉得日后可能会用到，就会直接"start"，start 行为在社区里被翻译为"加星"。除了 Star 数，还有 Watch 数和 Fork 数。Watch 数反映了对库开发感兴趣的人及有潜力成为贡献者的人的数量；Fork 数反映了自己的代码被其他人克隆的次数，Fork 数背后的很大一部分人都是对源代码感兴趣的，可能是学习原理的，也可能是要贡献代码的。

图 4-5 所示为我维护的一个开源库 template.js 的 GitHub 截图，图中包含上面的 3 类数据。

图 4-5

此外，GitHub 还提供了仓库最近 14 天被克隆（clone）和被访问的次数。查看

"Insights"面板下的"Traffic"子面板，里面提供了更详细的页面访问信息和访问来源信息，如图 4-6 所示。

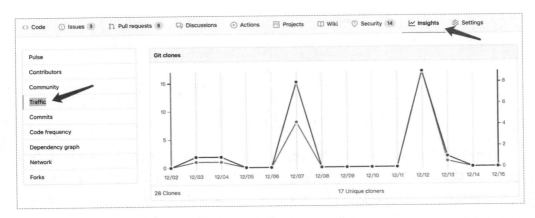

图 4-6

在 GitHub 上还能查看我们的仓库被哪些其他仓库依赖了。如果某个仓库的 package.json 文件的 dependencies 字段中包含了我们仓库的名字，则表示我们的仓库被该仓库依赖了。查看"Insights"面板下的"Dependency graph"子面板，可以看到有哪些项目依赖了我们的仓库，如图 4-7 所示。

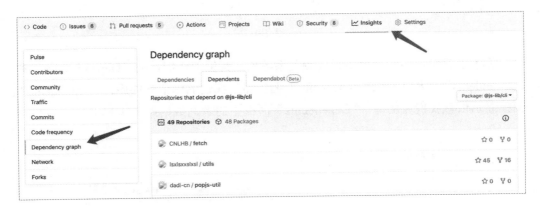

图 4-7

4.4.2　npm 数据

在 npm 上可以查看某个包最近 40 周的周下载量，这些数据会被显示为一个折线图，在折线图上移动鼠标指针，可以查看任意一周的下载量数据。在 npm 上搜索"template_js"，打开库的详情页即可看见数据截图，如图 4-8 所示。

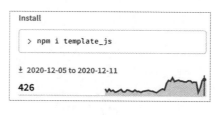

图 4-8

下载量可以反映库的实际使用情况，但是 npm 官网提供的数据仅能统计直接从 npm 上下载库的数量。国内用户可能会使用镜像下载，如淘宝镜像等。淘宝镜像提供的数据粒度比较粗，包括今天、本周、本月、前一天、上周和上个月的下载量，如图 4-9 所示。如果是公司内的库，则可以查看公司内部的镜像数据。

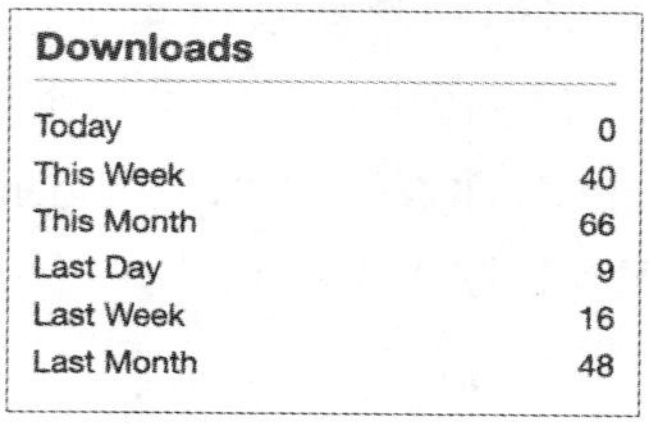

图 4-9

除了下载量，npm 还提供了依赖关系数据，其位于详情页的"Dependencies"和"Dependents"面板中。"Dependencies"面板显示我们的库依赖的库，"Dependents"面板显示依赖我们库的库。"Dependents"面板中的示例数据如图 4-10 所示。

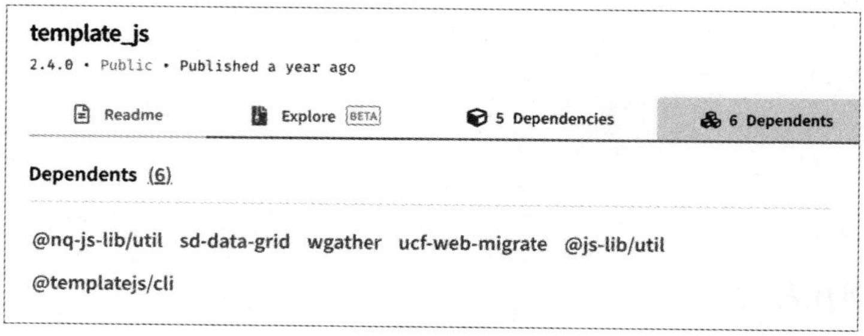

图 4-10

4.4.3 自定义数据

npm 命令行为每个执行的命令都提供了 pre 和 post 钩子，分别代表命令执行之前和执行之后。例如，在执行 "npm install" 命令时，npm 实际上会执行下面 3 条命令：

```
$ npm run preinstall
$ npm install
$ npm run postinstall
```

通过 npm 提供的 postinstall 钩子，即可实现自定义统计数据。首先修改 package.json 文件，注册 postinstall 钩子。示例代码如下：

```
{
  "scripts": {
    "postinstall": "node postinstall.js"
  }
}
```

当使用者安装我们的库时，会自动使用 Node.js 执行 postinstall.js 文件中的内容。需要注意的是，如果使用者在安装我们的库时使用了参数 --ignore-scripts，则跳过执行 postinstall 钩子。二者的区别示例如下：

```
$ npm install xxx # 执行 postinstall.js 文件
$ npm install --ignore-scripts xxx # 不执行 postinstall.js 文件
```

在项目的根目录下添加 postinstall.js 文件，该文件中的内容如下。其中，依赖第三方库 axios 来发送数据，不要忘记将 axios 添加为依赖项，然后将下面的接口修改为自己的统计接口。这样就实现了一个简单的统计安装数据的功能。

```
const axios = require('axios').default;

axios.get('/tongji/install_count').then(function (response) {
  // 请求成功，打印一个日志
  console.log(response);
});
```

对于一般公司内部的项目，可以通过上述方式来收集更详细的信息，如仓库地址等。而对于公开的项目，则应该谨慎使用上述方式来统计数据，使用 postinstall 钩子来统计数据在开源库中比较少见，postinstall 钩子常见的用法是安装完后做一些初始化工作。

4.5 本章小结

本章介绍了将一个库开源的必要工作，涵盖开源前后的完整流程，包括如下内容：

- 如何选择开源协议。
- 如何将库发布到 GitHub 上。
- 如何将库发布到 npm 上。
- 如何统计开源后的各种数据。

本章的内容属于开源实践指南，读者在将自己的库开源的过程中，可以参考本章的内容多做练习，熟能生巧，在成功开源几个库后，就能够对本章的内容了然于胸了。

第 5 章 维护

库的开源不是一劳永逸的事情，需要持续迭代和持续维护。当我们把库向社区开源时，便会收到使用者的反馈，以及社区成员的贡献。本章将介绍如何和社区交流协作，以及如何维护一个开源库。

5.1 社区协作

一个流行的开源库会有众多使用者，同时会有社区参与贡献和维护。图 5-1 所示为 2022 年 1 月份流行的前端工具库 Lodash 的 GitHub 截图，图中显示其有 1300 万关注者和 310 位贡献者。由此可见，一个流行的开源库会涉及多人协作和维护。

图 5-1

5.1.1 社区反馈

社区用户可以通过 GitHub 的 Issue 反馈信息，库的开发者需要对 Issue 进行回复，并对 Issue 进行管理。为了方便对 Issue 进行维护，GitHub 提供了对 Issue 分类的功能，在 Issue 详情页可以为 Issue 添加 Label，如图 5-2 所示。

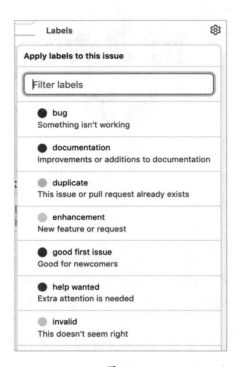

图 5-2

Issue 可以分为 3 类，分别是求助类、故障类和建议类。分类和 GitHub Label 的对应关系如下：

- 求助类——help wanted。
- 故障类——bug。
- 建议类——enhancement。

为了更好地解答 Issue 反馈的问题，就需要了解一些用户的环境信息，从而能够快速复现问题。社区用户在提问时由于习惯各异，大概率不会提供完整的信息，为了避免反复沟通，可以规范 Issue 的录入内容。通过 GitHub 的 Issue 模板可以实现这个诉求，只需要在项目的根目录下添加.github/ISSUE_TEMPLATE.md 文件即可。下面是一个示例模板中的内容：

```
### 问题是什么
问题的具体描述，尽量详细

### 环境
- 手机：小米 6
- 系统：安卓 7.1.1
- 浏览器：chrome 61
- jslib 版本：0.2.0
- 其他版本信息

### 在线例子
如果有，则请提供在线例子

### 其他
其他信息
```

在新建 Issue 时，GitHub 会默认展示 ISSUE_TEMPLATE.md 模板中的内容，如图 5-3 所示。如果没有此文件，则默认填充为空。

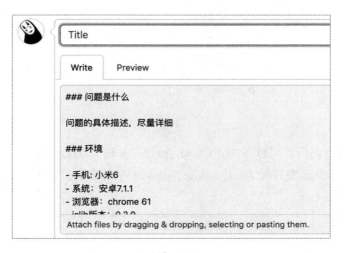

图 5-3

一般对于求助类 Issue，Issue 系统自身就可以完成整个过程的流转；而对于故障类 Issue，则还需要修复 Bug，提交代码，发布新版本。那么如何将代码提交信息和 Issue 关联起来呢？其实每个 Issue 都有一个 ID，其位于 Issue 标题的旁边，如图 5-4 中显示的 Issue ID 是 "#3"。

图 5-4

在提交信息中添加 Issue ID，即可让提交信息和 Issue 产生联系，GitHub 会在 Issue 下面自动显示和当前 Issue 关联的提交信息。下面的命令会创建一个关联 Issue ID 为#3 的提交信息：

```
$ git commit -m "测试修改代码 #3"
```

再次查看 GitHub Issue 页面，结果如图 5-5 所示，可以看到提交信息自动关联了过来。

图 5-5

Issue 问题解决后，可以单击"Close Issue"按钮关闭 Issue。除了手动关闭，还可以在提交信息中添加 fix、fixed、close、closed 等关键字自动关闭 Issue，关键字不区分大小写。示例如下：

```
$ git commit -m "测试修改代码 fixed #3"
```

通过提交信息关闭的 Issue 在 GitHub 上会有特殊的关联显示，如图 5-6 所示。

图 5-6

Pull request 是一种特殊形式的社区反馈，反馈内容是源代码。对于建议类和故障类 Issue，可以由社区来贡献代码；因为 Pull request 的 ID 和 Issue 是打通的，所以可以相互关联，关联的方式很简单，只需要在评论框中输入"#"符号即可，效果如图 5-7 所示。

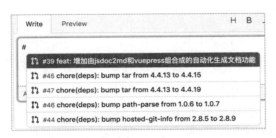

图 5-7

对于建议类的问题，使用 Issue 并不是最合适的方式。大一点的开源项目一般会有自己的社区，为了方便用户交流互动，需要一个讨论区，Issue 不应该承担此功能。之前社区会有不同的社区讨论工具，如 Gitter、Discord、Slack 等，现在可以使用 GitHub 的 Discussions。由于 Discussions 尚未完全成熟，因此新建项目的 Discussions 默认是关闭的，需要在"Settings"面板中打开，打开后的效果如图 5-8 所示。

图 5-8

图 5-9 所示为 create-react-app 项目的 Discussions 截图，左侧可以有分类，右侧是主题列表。

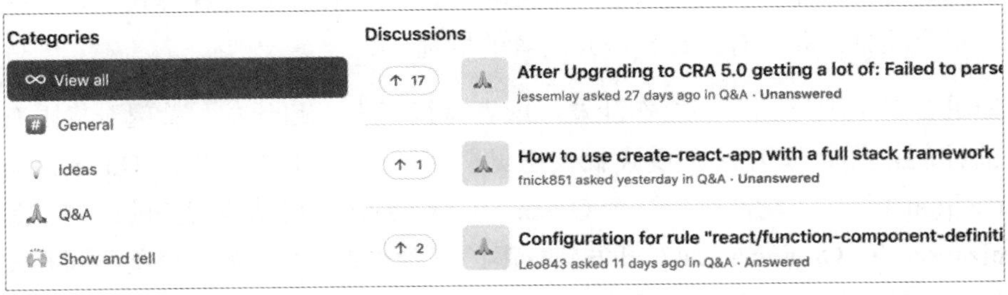

图 5-9

Issue 和 Discussions 的功能不同，因此需要注意二者之间的区别，并合理使用。Issue 用来反馈求助、问题等；Discussions 用来进行社区讨论，包括计划、草案、希望的新特性等。

5.1.2 社区协作

开源可以给社区中库的使用者带来方便，同时社区中库的使用者也会给开发者带来反哺，群体智慧往往大于个体智慧，开源库会得到社区的共建。在 GitHub 上多人共建一个开源库有 3 种方法，下面逐一介绍。

Git 被设计为去中心化的分布式版本管理系统，其可以有多个远端（Remote），这个特性非常适合社区共建。社区贡献者可以克隆仓库，修改代码后，将其推送到自己的远端，然后通知库的开发者合并自己的修改。最早是通过邮件等方式通知库的开发者的。

在 GitHub 上，上述这一套流程叫作 Fork+Pull request。社区贡献者可以 Fork 一个库，Fork 其实就是拷贝一份源码到自己的仓库，修改代码后，可以创建一个 Pull request，库的开发者在收到 Pull request 后，可以进行代码审查、评论等操作，没有问题后可以合并代码。上面的步骤完成了一次社区协作的流程。

Fork+Pull request 模式适合社区贡献者，人人都可以贡献，由库的开发者决定是否合并社区贡献者提供的修改。这种模式可以协调陌生人一起工作，却没有安全问题。

如果库的贡献者是可以信赖的，那么 Fork 模式就显得效率有些低下了，此时让多个贡献者都可以直接操作同一个项目是更好的选择。GitHub 支持给库设置开发者，首先选择"Settings"面板，然后选择"Collaborators"标签，可以给库添加共同开发者，如图 5-10 所示。

多人都对同一个项目有开发权限，这种模式被称作库开发者模式，这种模式比较适合单个项目，并且有少量核心开发者的情况。

如果有多个项目都需要协作开发，或者有很多人一起开发，希望对权限有更细粒度的控制，那么库开发者模式就捉襟见肘了。此时可以使用由 GitHub 提供的 Organization（组织）功能创建一个 Organization，并将一组功能相关的库都放到一个 Organization 下。Organization 对开发者权限的管理也很好用，可以控制不同开发者拥有不同的权限，很多前端项目都是使用 Organization 来管理的。图 5-11 所示为前端框架 Vue.js 的 Organization 截图。

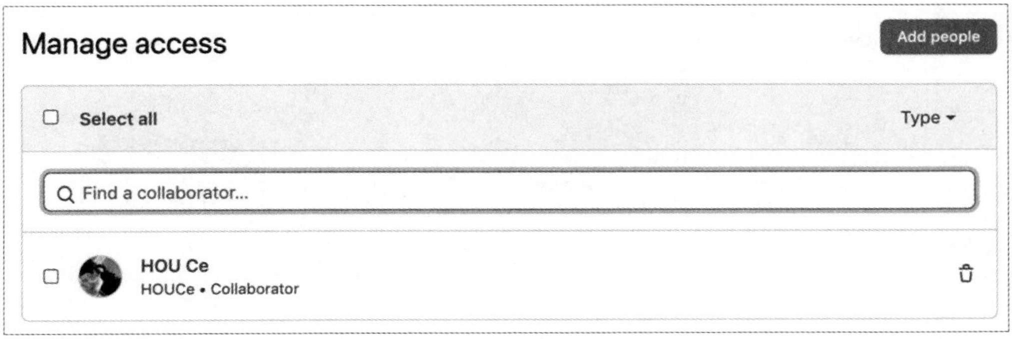

图 5-10

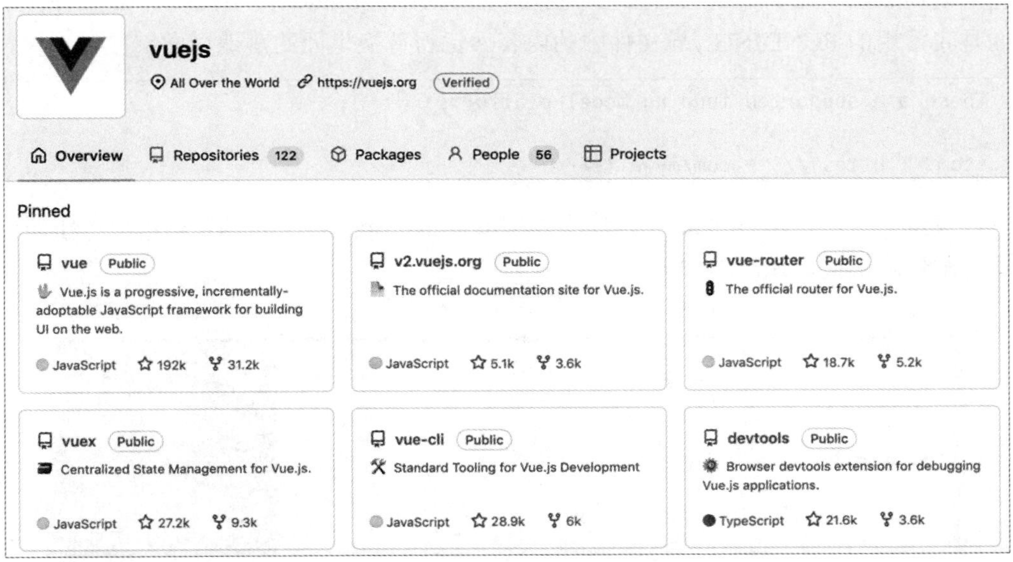

图 5-11

Organization 适合有多个项目的情况。公司、开源机构等都可以使用 Organization 来对项目进行管理。

5.1.3　社区运营

捐赠是社区对库的开发者最好的评价。GitHub 支持捐赠功能，但默认是关闭的。

可以在"Settings"面板中控制是否开启，开启后的效果如图 5-12 所示。

图 5-12

开启捐赠功能后，还需要配置打赏途径，可以通过单击图 5-12 中的"Edit funding links"按钮来完成配置；而对于国内来说，则可以设置为收款二维码，但是需要提供一个落地页面。除了单击上述按钮，也可以直接添加.github/FUNDING.yml 文件。下面是我常用的 FUNDING.ym 文件中的内容（记得替换里面的落地页面链接）：

```
# These are supported funding model platforms

custom: ['https://***.com/mywallet/']
```

设置完成后，在 GitHub 的仓库页面中会显示"Sponsor"按钮，单击该按钮即可看见配置的链接，如图 5-13 所示。

图 5-13

当库的开发者从社区得到反馈和帮助时，在 GitHub 上可以看到所有给库贡献过代码的人员，此时库的开发者也应该回馈社区。对于核心贡献者，库的开发者可以在首页给出特别感谢。对于社区贡献者来说，荣誉感是最好的奖励。图 5-14 所示为流行前端框架 Vue.js 的 GitHub 截图。

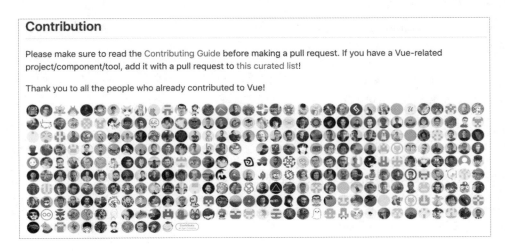

图 5-14

5.2 规范先行

上一节介绍了社区协作，在一个多人协同的项目里，统一的规范对保证开发效率和代码质量至关重要。关于统一规范，社区已经存在最佳实践和相关工具，读者在平常项目中应该多少接触过一些。本节将从库开发的角度系统性地介绍库开发规范，主要包括编辑器、格式化、代码 Lint 和提交信息等方面。

5.2.1 编辑器

不同的编辑器有不同的默认行为，同一款编辑器在不同的操作系统上也会有不同的表现，不同的开发者也会有自己的个人喜好。示例如下：

- 早年间，Windows 中文系统的编码是 GB2312，Linux 系统的编码是 UTF-8，当时大部分中文网站的编码都是 GB2312。
- 有的人习惯使用 Tab 键缩进，有的人习惯使用空格键缩进。
- 缩进间距有的人习惯使用 2 个空格，有的人习惯使用 4 个空格。
- Windows 系统中的换行符是\r\n，Linux 系统中的换行符是\n。

这些差异给社区协作带来了很大麻烦，为了解决编辑器之间的差异问题，推荐使用EditorConfig。EditorConfig可以在不同平台的不同编辑器之间维护一致的公共配置。使用EditorConfig需要在项目中提供.editorconfig文件，在根目录和子目录下可以同时存在.editorconfig文件，子目录的优先级更高，而位于根目录中的.editorconfig文件则需要将root配置设置为"true"。

下面是EditorConfig官网中的示例代码，其中包括多个配置项，每个配置项包括文件匹配符和对文件的配置。

```
# 根目录的配置
root = true

# Unix-style newlines with a newline ending every file
[*]
end_of_line = lf
insert_final_newline = true

# Set default charset
[*.{js}]
charset = utf-8
```

EditorConfig支持的配置项和建议如表5-1所示。

表 5-1

配 置 项	说　　明	建　议
charset	指定字符集	建议配置
end_of_line	指定换行符，可选lf、cr、crlf	建议配置
indent_style	缩进风格设置为空格，可选space、tab	建议配置
indent_size	缩进的空格数设置为2个	建议配置
trim_trailing_whitespace	去除行尾空格	可选配置
insert_final_newline	文件结尾插入新行	可选配置

下面给我们的库添加EditorConfig支持。首先在项目的根目录下添加.editorconfig文件，需要配置以下文件：

- .html文件，HTML源代码。
- .js文件，JavaScript源代码。
- .json文件，如package.json文件等。
- .yml文件，YAML是专门用来写配置文件的语言，比JSON格式方便。

- .md 文件，如 Markdown 文件、README.md 文件等。

.editorconfig 文件具体的配置如下：

```
# 根目录的配置
root = true

[*]
charset = utf-8
end_of_line = lf
insert_final_newline = true

[*.{html}]
indent_style = space
indent_size = 2

[*.{js}]
indent_style = space
indent_size = 2

[*.{yml}]
indent_style = space
indent_size = 2

[*.{md}]
indent_style = space
indent_size = 4
```

有些编辑器默认支持 EditorConfig，如 WebStorm；而有些编辑器则需要安装插件后才能支持，如 VS Code 和 Sublime Text 等。EditorConfig 官网有支持的编辑器列表。以 VS Code 为例，需要安装 EditorConfig for VS Code 插件，插件下载界面截图如图 5-15 所示。

图 5-15

安装好插件后，再次打开编辑器，就可以看到 EditorConfig 的配置生效了。

5.2.2 格式化

EditorConfig 只解决了少数基本风格问题,而对于一段代码来说,代码风格包括更多内容,如大括号的位置、逗号后面的空格等。例如,下面两段代码内容一样,但是代码风格却不一样。

```
// 风格 1
foo(reallyLongArg(), omgSoManyParameters(), IShouldRefactorThis(),
isThereSeriouslyAnotherOne());

// 风格 2
foo(
  reallyLongArg(),
  omgSoManyParameters(),
  IShouldRefactorThis(),
  isThereSeriouslyAnotherOne()
);
```

试想一下,如果协作开发的两个人使用的代码风格不一样,那么在合并代码时就会带来很多麻烦,虽然在使用 git diff 对比代码时可以忽略空白元素,能够解决空格不统一的问题,但是上面例子中的情况无法解决。

良好的代码风格可以让代码结构清晰,容易阅读,而对于什么代码风格是好的,不同的人有不同的理解和偏好,但是当大家协作时,统一的代码风格是非常必要的。可以用工具来统一代码风格,本书推荐使用社区的 Prettier 工具。

Prettier 是一款"有主见"(Opinionated)的代码格式化工具,Opinionated 意味着代码风格是设置好的,不能自定义,至于 Prettier 为什么这样设计,以及 Prettier 如何抉择预置的代码风格,可以查看 Prettier 官网了解。使用 Prettier 可以统一代码风格,并且将 Prettier 接入已有项目非常简单。

首先使用下面的命令安装 Prettier:

```
$ npm install --save-dev --save-exact prettier
```

然后执行下面的命令,即可格式化当前目录下的代码。

```
$ npx prettier --write .
```

Prettier 的安装和使用非常简单,但是如果直接执行上面的命令,则会将全部文件格式化,而有些文件可能并不希望被格式化,如构建的临时文件等,此时可以在项目的根目录下添加一个.prettierignore 文件,该文件的格式和.gitignore 文件的格式类似，在该文件中添加不希望格式化的文件和路径。示例如下：

```
# .prettierignore
dist
coverage
.nyc_output
package-lock.json
```

尽管 Prettier 是开箱即用的，也不鼓励自定义样式，但还是提供了少量的配置项可以更改。常见的配置项如表 5-2 所示。

表 5-2

配 置 项	描 述	默 认 值
tabWidth	缩进的宽度	默认 2
useTabs	缩进使用 Tab 键	默认空格
singleQuote	使用单引号	默认使用双引号
bracketSpacing	括号两侧插入空格	默认插入
endOfLine	换行符	默认 lf
trailingComma	多行结构，尾部添加逗号	es5

这里介绍一下 trailingComma，先来介绍背景知识。在 ECMAScript 3 中，在数组的最后面添加逗号，并不会在末尾添加一个空元素，末尾逗号不会影响数组的值。下面两种写法是等价的：

```
[1, 2] // [1, 2]
[1, 2, ] // [1, 2]
```

这种末尾的逗号，学名叫作尾后逗号。对于多行格式的数组来说，尾后逗号可以让在后面添加元素变得更简单，在使用 git diff 对比代码时也更清晰。例如，下面两种写法，当需要为数组添加元素时，使用写法 1 还需要修改上一行。

```
// 写法 1
const a = [
  1,
  2
];

// 写法 2
const b = [
  1,
```

```
  2,
];
```

ECMAScript 5 给对象也带来了尾后逗号。在 ECMAScript 5 之前，下面的写法是错误的，而在 ECMAScript 5 之后则是正确的。

```
const object = {
  a: '1',
  b: '2',
};
```

ECMAScript 2017 支持函数参数中的尾后逗号。以下两种写法是等价的，当函数参数多行显示时，使用写法 2 添加参数更简单。

```
// 写法 1
function f1(
  a,
  b
) {}

// 写法 2
function f2(
  a,
  b,
) {}
```

Prettier 的配置项 trailingComma 有 3 个值，分别是 none、es5 和 all，默认值是 es5。各个值的行为如下，建议使用默认值即可，如果有兼容性问题，则可以使用 none。

- none：不添加尾后逗号。
- es5：给多行数组和对象添加尾后逗号。
- all：给多行数组、对象、函数添加尾后逗号。

需要注意的是，Prettier 中的部分配置和 EditorConfig 中的部分配置是重叠的，所以要保证两款工具的配置是一致的，否则会互相影响，上面的配置基本使用默认值就可以。由于我习惯使用单引号，下面来看一下如何设置自定义配置。

在项目的根目录下添加 .prettierrc.json 文件，并在该文件中添加如下内容，再次执行 "npx prettier --write ." 命令，即可看到双引号变成单引号了。

```
{
  "singleQuote": true
}
```

上面我们一直使用命令行完成格式化，除了在命令行中使用 Prettier，Prettier 也能和编辑器集成，下面介绍 VS Code 如何集成 Prettier。其他编辑器可以查看 Prettier 官网，VS Code 通过插件支持 Prettier，单击 VS Code 的插件面板，搜索"prettier-vscode"，然后单击"Install"按钮即可安装，如图 5-16 所示。

图 5-16

安装好插件后，通过快捷键"CMD/CTRL + Shift + P"打开命令模式（也可以通过选择"View"→"Command Palette…"命令打开），输入"Format Document"，如图 5-17 所示，按 Enter 键即可格式化了。

图 5-17

如果本地有多款格式化工具，则可能还会有个确认步骤，需要选择默认的格式化工具，如图 5-18，选择刚刚安装的 prettier-vscode 即可。首次选择后，再次格式化时不会再提示。

图 5-18

VS Code 编辑器支持保存时自动格式化，在菜单栏中选择"File"→"Preferences"→"Settings"命令，选择"Workspace"标签（Workspace 表示设置项目级别的配置，不影响其他项目），搜索"format"，勾选"Editor:Format On Save"下面的复选框，如图 5-19 所示。

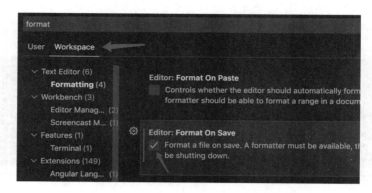

图 5-19

再次修改代码，保存时即可自动格式化。现在项目目录下会多出一个 .vscode/settings.json 文件，该文件中的内容如下，如果要共享编辑器配置，则需要将其跟随 Git 提交。

```
{
  "editor.formatOnSave": true
}
```

还可以在上述文件中添加默认格式化工具的配置，这样格式化时就不会提示选择格式化插件了。示例代码如下：

```
{
  "editor.formatOnSave": true,
  "editor.defaultFormatter": "esbenp.prettier-vscode"
}
```

虽然编辑器自动格式化可以提升编程体验，但是不能保证代码风格一致，存在编辑器可能不支持 Prettier 的情况，如用户未安装插件，或者用户使用的编辑器和设置的不一样等。除了可以和编辑器集成，Prettier 还可以和 Git 集成，在使用 Git 提交时，可以将提交文件自动格式化。

其原理是 Git 自身提供的 hook 功能。每次在提交之前，Git 都会检查是否存在 pre-commit hook，如果存在，则会自动执行其中的命令。在 pre-commit hook 中加入格式化的命令，就可以实现提交时自动格式化了。但是现在存在以下两个问题：

其一，直接运行"npx prettier --write ."命令会将整个项目格式化。比较好的做法是只格式化本次提交的文件，pretty-quick 工具可以实现选择性格式化，其有很多参数，--staged 可以实现只格式化待提交的文件。

其二，需要添加 pre-commit hook，并加入格式化的代码，这可能需要对 hook 和命令行有一些了解，还要处理跨平台的问题，同时需要将写好的 hook 让每一名用户都安装。husky 是一个 npm 包，只需要简单安装，就可以给 JavaScript 项目带来使用 hook 的功能。

首先安装 husky。husky 4.x 和 7.x 的安装方式有非常大的差异，本书使用的是 7.x 版本。husky 支持自动和手动两种安装方式。

自动安装只需要像下面这样运行一条快捷安装命令即可：

```
$ npx husky-init
```

手动安装则需要 3 个步骤。示例如下：

```
# 1. 安装依赖
$ npm install husky --save-dev

# 2. 初始化 husky 配置
$ npx husky install

# 3. 设置 prepare，这样就会自动执行 2
$ npm set-script prepare "husky install"
```

选择上面任意一种安装方式完成 husky 的安装后，会在 package.json 文件中添加如下代码：

```
{
  "scripts": {
    "prepare": "husky install"
  }
}
```

同时会多出一个 .husky 目录，其中的 pre-commit 就是我们要用到的 Git hook，husky 会将 Git 的 hooksPath 配置从 .git/hook 修改为 .husky。如果其他流程也依赖 Git hook，则可能需要注意 hook 的路径变化问题，通过运行"cat .git/config"命令可以看到 hooksPath 的配置。示例如下：

```
$ cat .git/config

[core]
    hooksPath = .husky
```

接下来安装 pretty-quick,安装命令如下:

```
$ npm install --save-dev pretty-quick
```

通过如下命令将 pretty-quick 添加到 hook 中:

```
$ npx husky set .husky/pre-commit "npx pretty-quick --staged"
```

此时打开 .husky/pre-commit 文件,该文件中的内容如下,也可以不使用 "husky set" 命令,直接修改这个文件。

```
#!/bin/sh
. "$(dirname "$0")/_/husky.sh"

npx pretty-quick --staged
```

接下来,试着修改代码,提交代码,即可体验提交时自动格式化的效果。

5.2.3 代码 Lint

同样的逻辑,其实现方式可以有很多种,如定义一个变量在 JavaScript 中就有 3 种方式,如下所示。从经验来说,当变量不会被二次赋值时,使用 const 定义变量是最佳实践。

```
var a1 = 1;
let a2 = 2;
const a3 = 3;
```

对于类似的最佳实践,社区中做了很多探索和沉淀。ESLint 是社区中流行的代码校验工具,其通过插件的方式提供了对 JavaScript 代码最佳实践的校验功能。下面为深拷贝库添加 ESLint。

首先安装 ESLint,安装命令如下:

```
$ npm install eslint --save-dev
```

安装好后,使用如下命令初始化,执行后会通过询问的方式完成初始化,参考如下的配置选择即可。

```
$ npx eslint --init
You can also run this command directly using 'npm init @eslint/config'.
npx: 40 安装成功，用时 1.815 秒
✓ How would you like to use ESLint? · problems
✓ What type of modules does your project use? · esm
✓ Which framework does your project use? · none
✓ Does your project use TypeScript? · No / Yes
✓ Where does your code run? · browser, node
✓ What format do you want your config file to be in? · JavaScript
Successfully created .eslintrc.js file in /Users/yan/jslib-book/clone1
```

初始化成功后，会在项目的根目录下生成一个 .eslintrc.js 文件，该文件中的内容如下：

```
module.exports = {
  env: {
    browser: true,
    es2021: true,
    node: true,
  },
  parserOptions: {
    ecmaVersion: 'latest',
    sourceType: 'module',
  },
  extends: 'eslint:recommended',
  rules: {},
};
```

下面介绍上面配置的含义。parserOptions 告诉 ESLint 我们希望支持的 ECMAScript 语法，在默认情况下，ESLint 仅支持 ECMAScript 5，如果代码中使用的语法和配置的语法不一致，那么 ESLint 在解析时就会报错。例如，将上面配置中的 "ecmaVersion: 'latest'" 改为 "6"，现在使用 ECMAScript 2021 引入的新语法时就会报错。图 5-20 所示为在 VS Code 中查看报错的结果。

图 5-20

env 配置环境预置的全局变量。例如，在 env 中设置 "browser: true"，ESLint 就

会支持在代码中使用浏览器环境的全局变量，而在把 browser 配置删除后，在代码中使用浏览器环境变量时，ESLint 就会报错。图 5-21 所示为在 VS Code 中查看报错的结果。

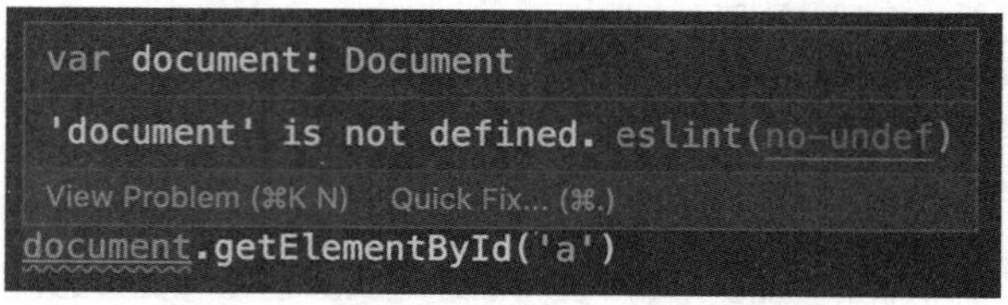

图 5-21

使用 VS Code 打开 test/test.js 文件会发现如图 5-22 所示的报错，这是因为 ESLint 不支持 describe 全局函数。

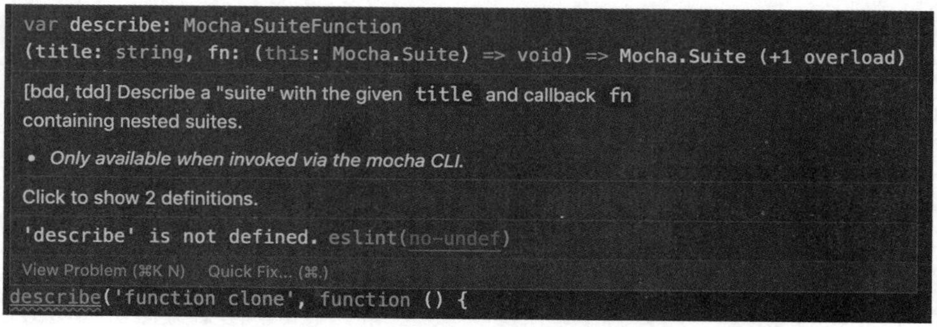

图 5-22

解决办法也很简单，由于我们的单元测试使用的是 Mocha 测试框架，因此为 ESLint 添加 Mocha 环境即可。示例配置如下：

```
module.exports = {
  env: {
    mocha: true,
  },
};
```

ESLint 是可组装的检查工具，内置上百个校验规则，但默认都是关闭的。如果想要使用某个校验规则，就需要配置 rules 手动开启。每个检验规则有 3 个报错等级，0 代表关闭，1 代表警告，2 代表错误。如下配置开启了两个规则，一个是警告，另一个是报错：

```
module.exports = {
  rules: {
    quotes: 1,
    eqeqeq: 2,
  },
};
```

自己选择要使用的规则并手动配置 rules 会比较麻烦,可以直接使用社区成熟的规则集。目前,使用较多的是 ESLint 官方的规范和 Airbnb 的规范,这里我使用的是 ESLint 的规范。ESLint 的规范在安装 ESLint 时就已经安装好了,像下面这样使用关键字 extends 引入即可:

```
module.exports = {
  extends: ['eslint:recommended'],
};
```

设置好 .eslintrc.js 文件后,运行如下的 "npx eslint ." 命令即可对代码进行校验:

```
$ npx eslint .
/Users/yan/jslib-book/clone1/dist/index.aio.js
   8:35  error  'define' is not defined  no-undef

/Users/yan/jslib-book/clone1/dist/index.esm.js
  28:18  error  Do not access Object.prototype method 'hasOwnProperty' from target object  no-prototype-builtins

/Users/yan/jslib-book/clone1/dist/index.js
  34:18  error  Do not access Object.prototype method 'hasOwnProperty' from target object  no-prototype-builtins

/Users/yan/jslib-book/clone1/src/index.js
  16:18  error  Do not access Object.prototype method 'hasOwnProperty' from target object  no-prototype-builtins
m
✘ 10 problems (10 errors, 0 warnings)
```

由上面的结果可以发现,dist 目录报错较多。dist 目录存放编译后的代码,并不需要被检测,解决办法包括白名单和黑名单两种,先来介绍白名单方法。ESLint 支持目录校验,修改命令,只校验指定文件即可。示例如下:

```
$ npx eslint src test config
/Users/yan/jslib-book/clone1/src/index.js
```

```
 16:18  error  Do not access Object.prototype method 'hasOwnProperty' from target
 object    no-prototype-builtins

✗ 1 problem (1 error, 0 warnings)
```

ESLint 也支持黑名单方法。新建一个.eslintignore 文件，将 dist 添加其中，ESLint 校验时将会忽略和.eslintignore 文件中规则匹配的文件。因为 ESLint 默认会忽略 node_modules/* 中的文件，所以在.eslintignore 文件中无须设置 node_modules 目录。.eslintignore 文件的配置示例如下：

```
# .eslintignore
dist
```

上面的代码还有一个错误，no-prototype-builtins 规则禁止直接在对象上面调用方法，原因是 Object.create(null)创建的对象上没有 hasOwnProperty 方法，直接调用可能会出现报错的情况。示例如下：

```
var foo = Object.create(null);
// 报错，foo 上没有 hasOwnProperty 方法
var hasBarProperty1 = foo.hasOwnProperty('bar');

// ESLint 推荐将上面的代码改成下面的形式
var hasBarProperty2 = Object.prototype.hasOwnProperty.call(foo, 'bar');
```

如果代码没有上面的问题，则可以直接关闭这个规则，修改.eslintrc.js 文件，在该文件中添加如下配置即可：

```
module.exports = {
  rules: {
    'no-prototype-builtins': 0,
  },
};
```

下面将 ESLint 的命令添加到 npm 提供的自定义 scripts 中，方便后续使用。修改 package.json 文件，在该文件中添加如下代码：

```
{
  "scripts": {
    "lint": "eslint src config test"
  }
}
```

接下来，可以使用如下命令运行 ESLint：

```
$ npm run lint
> @jslib-book/clone1@1.0.0 lint /Users/yan/jslib-book/clone1
> eslint src config test
```

ESLint 的校验规则可以分为两类，分别是代码风格和代码质量。示例如下：

- 代码风格：max-len、no-mixed-spaces-and-tabs、keyword-spacing、comma-style。
- 代码质量：no-unused-vars、no-extra-bind、no-implicit-globals、prefer-promise-reject-errors。

关于代码风格，我们已经使用了 Prettier 工具，由于 Prettier 和 ESLint 都可以处理代码风格，两者的规则可能会冲突，如修改 ESLint 的规则等。打开 quotes 配置，如下所示：

```
module.exports = {
  rules: {
    quotes: 2,
  },
};
```

现在 ESLint 和 Prettier 的引号规则是冲突的。在保存时 Prettier 会自动将代码中的双引号替换为单引号，而 ESLint 的 quotes 规则默认需要使用双引号。此时运行命令执行 ESLint 校验，会提示如下错误：

```
$ npm run lint
/Users/yan/jslib-book/clone1/src/index.js
  1:22  error  Strings must use doublequote  quotes
  3:12  error  Strings must use doublequote  quotes
```

想要解决上述问题，需要将 ESLint 中和 Prettier 的规则冲突的规则关闭，不需要自己手动写配置关闭规则。下面介绍两款可以解决规则冲突的 ESLint 插件，分别是 eslint-plugin-prettier 和 eslint-config-prettier。

eslint-plugin-prettier 可以让 ESLint 对 Prettier 的代码风格进行检查，如果发现不符合 Prettier 代码风格的地方就会报错，其原理是先使用 Prettier 对代码进行格式化，然后与格式化之前的代码进行对比，如果不一致，就会报错。

首先安装 eslint-plugin-prettier，安装命令如下：

```
$ npm install --save-dev eslint-plugin-prettier
```

接下来，修改 ESLint 配置文件 .eslintrc.js，在该文件中添加如下内容：

```js
module.exports = {
  plugins: ['prettier'],
  rules: {
    'prettier/prettier': 'error',
  },
};
```

接下来，故意将代码风格改错，如添加一行双引号字符串"1"，关闭编辑器自动格式化功能后保存代码，再次使用 ESLint 对代码进行校验，会提示不符合 Prettier 代码风格错误。示例如下：

```
$ npm run lint
/Users/yan/jslib-book/clone1/src/index.js
  3:2  error  Replace `"1"` with `'1'`  prettier/prettier

✖ 1 problem (1 error, 0 warnings)
  1 error and 0 warnings potentially fixable with the `--fix` option.
```

eslint-config-prettier 是一个规则集，其作用是把 ESLint 中和 Prettier 的规则冲突的规则都关闭。使用如下命令安装 eslint-config-prettier：

```
$ npm install --save-dev eslint-config-prettier
```

修改 ESLint 配置，使用关键字 extends 引入 eslint-config-prettier 规则集。完整的配置如下：

```js
// .eslintrc.js
module.exports = {
  plugins: ['prettier'],
  extends: ['eslint:recommended', 'prettier'],
  rules: {
    'prettier/prettier': 'error',
  },
};
```

除了上面的配置方法，eslint-config-prettier 还提供了另一种简洁配置。下面的一行配置和上面的配置等价：

```js
module.exports = {
  extends: ['eslint:recommended', 'plugin:prettier/recommended'],
};
```

通过命令行手动校验代码的效率低下，除了在命令行中使用 ESLint，ESLint 也能和编辑器集成，VS Code 可以安装如图 5-23 所示的插件，安装好后，再次打开 JavaScript 文件，可以在修改代码时实时看到 ESLint 的报错。

图 5-23

如果能够在 Git 提交时自动运行 ESLint，就可以多一层代码质量保证，直接使用前面提到的 husky，如果在./.husky/pre-commit 文件中添加"npm run lint"命令，就可以在每次提交时都校验整个项目。但是如果项目较大，则执行校验会非常缓慢，从而导致提交时会卡住很久，而且不在本次提交的代码可能还未开发完成，这时解决 ESLint 问题是没有意义的。

如果只对本次提交的代码进行校验呢？可以使用 LintStaged 工具，LintStaged 不仅可以对指定文件运行指定命令，还可以根据命令结果终止提交。使用如下命令安装 LintStaged：

```
$ npm install --save-dev lint-staged
```

在项目的根目录下新建 LintStaged 配置文件.lintstagedrc.js，并在该文件中添加如下内容：

```
module.exports = {
  '**/*.js': ['eslint --cache'],
};
```

修改./.husky/pre-commit 文件，在该文件中添加 lint-staged 校验命令。示例如下：

```
#!/bin/sh
. "$(dirname "$0")/_/husky.sh"

npx pretty-quick --staged
npx lint-staged
```

修改 src/index.js 文件，代码如下所示，这行代码有两个问题：一个是定义的变量 a 未被使用；另一个是双引号，应该使用单引号。

```
const a = "1";
```

关闭编辑器的保存自动格式化功能后，提交代码，控制台中的输出如下：

```
$ g ci --amend
🔍 Finding changed files since git revision 5ad8084.
👉 Found 1 changed file.
🔨 Fixing up src/index.js.
✅ Everything is awesome!
✔ Preparing lint-staged...
⚠ Running tasks for staged files...
  ❯ .lintstagedrc.js — 1 file
    ❯ **/*.js — 1 file
      ✖ eslint --cache [FAILED]
↓ Skipped because of errors from tasks. [SKIPPED]
✔ Reverting to original state because of errors...
✔ Cleaning up temporary files...

✖ eslint --cache:

/Users/yan/jslib-book/clone1/src/index.js
  3:7  error  'a' is assigned a value but never used  no-unused-vars

✖ 1 problem (1 error, 0 warnings)

husky - pre-commit hook exited with code 1 (error)
```

由上面的输出结果可以知道，提交失败了，并提示 ESLint 校验失败，此时打开 src/index.js 文件，可以看到双引号被自动格式化为了单引号。

5.2.4 提交信息

Git 每次提交代码，都要写提交信息。一般来说，提交信息需要清晰明了，说明本次提交的目的，但是不同的人对"清晰明了"会有不同的理解和习惯，对于多人协作的项目来说，这可能会成为一个挑战。

统一提交信息格式可以带来很多好处。示例如下：

- 规范的约束作用，避免出现毫无意义的提交信息，如 update、commit、temp 等。
- 规范的提交信息，在对 log 分类、检索时更方便。
- 当生成变更日志时，可以直接从提交信息中提取。

统一提交信息，首先需要有一个统一规范。规范来源于实践，社区中存在一些最佳实践，使用比较多的是 Conventional Commits，中文叫作约定式提交，是一种用于给提交信息增加可读含义的规范。

约定式提交规范是一种基于提交信息的轻量级约定，它提供了一组简单规则来创建清晰的提交记录。约定式提交规范推荐的提交信息的结构如下：

<type>[optional scope]: <description>

[optional body]

[optional footer(s)]

上述规范中常用的部分包括 type、description 和 body。一个典型的提交信息示例如下：

feat: 添加 ESLint 校验

1. 添加 ESLint
2. 支持 VS Code ESLint 插件
3. 支持 Git 提交时自动执行 ESLint

type 用来对提交进行分类，Conventional Commits 规范只提到了 fix 和 feat，@commitlint/config-conventional 是 Angular 团队在使用的基于 Conventional Commits 规范的扩展规则，其中带来了具有更多语义的 type 值。我常用的 type 值如下：

- feat：开发新的功能
- fix：修复 Bug，不改变功能
- docs：修改文档
- style：修改代码样式，不修改逻辑
- refactor：重构代码逻辑，不修改功能
- test：修改测试代码

Conventional Commits 规范和语义化版本（SemVer）是兼容的，对应关系如表 5-3 所示。

表 5-3

SemVer	Conventional Commits
Patch（修订号），向下兼容的问题修正	type 的值为 fix
Minor（次版本号），向下兼容的功能性新增	type 的值为 feat

续表

SemVer	Conventional Commits
Major（主版本号），不兼容的 API 修改	type 的值最后加!或脚注中包含 BREAKING CHANGE

修改 Patch 版本号，对应的提交信息示例如下：

```
fix: 修复深拷贝循环 Bug
```

修改 Minor 版本号，对应的提交信息示例如下：

```
feat: 深拷贝函数添加参数控制行为
```

修改 Major 版本号，对应的提交信息示例如下：

```
# 例子 1
feat!: 深拷贝变为浅拷贝

# 例子 2
feat: 功能修改
BREAKING CHANGE: 深拷贝变为浅拷贝
```

有了规范，大家都遵守才有意义，为了保证规范的执行，最好的方式是增加校验环境。commitlint 提供了一系列校验相关工具。下面介绍如何使用 commitlint 校验提交信息。

使用如下命令安装 commitlint：

```
$ npm install --save-dev @commitlint/config-conventional @commitlint/cli
```

安装好后，在项目的根目录下添加配置文件 commitlint.config.js，该文件中的内容如下：

```
module.exports = {
  extends: ['@commitlint/config-conventional'],
};
```

配置好后，可以使用如下命令测试 commitlint 校验结果：

```
$ echo aaa | npx commitlint
⚠   input: test
✘   subject may not be empty [subject-empty]
✘   type may not be empty [type-empty]
```

```
✗  found 2 problems, 0 warnings
ⓘ  Get help: https://github.com/conventional-changelog/commitlint/#what-is-
commitlint
```

运行下面的命令，可以将 commitlint 和 husky 集成。

```
$ npx husky add .husky/commit-msg 'npx --no -- commitlint --edit $1'
```

现在执行 git commit 命令时会自动使用 commitlint 校验提交信息，如果校验不通过，则不能提交。提交失败示例如下：

```
$ git commit -m 非法信息
⌦  input: 非法信息
✗  subject may not be empty [subject-empty]
✗  type may not be empty [type-empty]

✗  found 2 problems, 0 warnings
ⓘ  Get help: https://github.com/conventional-changelog/commitlint/#what-is-
commitlint

husky - commit-msg hook exited with code 1 (error)
```

输入提交信息后再校验，虽然能够保证提交信息符合规范，但是体验并不好，而如果能够在输入时给出友好的提示，这样不仅可以提高通过率，还可以提高提交效率。commitlint 提供了 @commitlint/prompt-cli 交互式录入命令，安装命令如下：

```
$ npm install --save-dev @commitlint/prompt-cli
```

接下来，修改 package.json 文件中的 scripts 字段，添加如下内容：

```
{
  "scripts": {
    "ci": "commit"
  }
}
```

使用"npm run ci"命令替换"git commit"命令，再次提交时会有结构化的提醒和校验提示信息，提交结果如图 5-24 所示。

commitlint 的交互提示虽然勉强够用，但不是特别好用，而 commitizen 是一款专注于交互式录入提交信息的工具，因此可以结合使用这两款工具，让 commitizen 专注于提交信息的录入，让 commitlint 专注于提交信息的校验。

```
Please enter a type: [required] [tab-completion] [header]
<type> holds information about the goal of a change.

<type>(<scope>): <subject>
<body>
<footer>

[? type: feat
Please enter a scope: [optional] [header]
<scope> marks which sub-component of the project is affected

feat(<scope>): <subject>
<body>
<footer>

[? scope:
Please enter a subject: [required] [header]
<subject> is a short, high-level description of the change

feat: <subject>
<body>
<footer>

[? subject:
>> ⚠ subject may not be empty.
```

图 5-24

使用如下命令安装 commitizen：

```
$ npm install --save-dev @commitlint/cz-commitlint commitizen
```

修改 package.json 文件，在该文件中添加 commitizen 字段和 scripts 字段。示例代码如下：

```
{
  "scripts": {
    "cz": "git-cz"
  },
  "config": {
    "commitizen": {
      "path": "@commitlint/cz-commitlint"
    }
  }
}
```

使用 "npm run cz" 命令进行提交，commitizen 提供了更丰富、友好的交互界面，提交结果如图 5-25 所示。

```
➜ clone1 git:(master) ✗ npm run cz

> @jslib-book/clone1@1.0.0 cz /Users/yan/jslib-book/clone1
> git-cz

cz-cli@4.2.4, @commitlint/cz-commitlint@16.1.0

? Select the type of change that you're committing: (Use arrow keys)
❯ feat:       A new feature
  fix:        A bug fix
  docs:       Documentation only changes
  style:      Changes that do not affect the meaning of the code (white-space, formatting, missing s
emi-colons, etc)
  refactor:   A code change that neither fixes a bug nor adds a feature
  perf:       A code change that improves performance
(Move up and down to reveal more choices)
```

图 5-25

每次发布新版本时都需要记录变更日志。历史提交信息是记录变更日志时的重要参考，在发布新版本之前需要手动查阅提交记录，整理变更日志。符合 Conventional Commits 规范的提交信息，可以使用 Standard Version 工具自动生成变更日志。

下面安装 Standard Version，安装命令如下：

```
$ npm i --save-dev standard-version
```

假设 Git 仓库的提交记录如下：

```
$ git log --oneline
6eb8a03 (HEAD -> master, origin/master) feat: 🎨 添加 commitlint
daec8b5 feat: 添加 eslint
2c80ac0 feat: add prettier
e3e6a11 feat: add .editorconfig
4850770 feat: 添加打赏
c98dbd9 测试 issue fixed #3
2842ac7 测试修改代码 #3
d666107 feat: up
cdffc46 init
```

执行如下 standard-version 命令查看效果，参数--dry-run 代表测试运行，并不会修改 CHANGELOG.md 文件中的内容，控制台会输出 standard-version 命令整理的变更日志。

```
$ npx standard-version --dry-run
✔ bumping version in package.json from 1.0.0 to 1.1.0
✔ bumping version in package-lock.json from 1.0.0 to 1.1.0
✔ outputting changes to CHANGELOG.md

---
## 1.1.0 (2022-01-27)
```

```
### Features
* 🔧 添加 commitlint ([6eb8a03](https://github.com/jslib-book/clone1/commit/
6eb8a03bb72a49fd1d97b52df05e026d33053cb2))
* 添加打赏 ([4850770](https://github.com/jslib-book/clone1/commit/
485077098000c244146021360f3fe051710deaaf))
* 添加 eslint ([daec8b5](https://github.com/jslib-book/clone1/commit/daec8b52ec17
ee73ea412c59b1d2d2a79e4210a4))
* add .editorconfig ([e3e6a11](https://github.com/jslib-book/clone1/commit/
e3e6a1163b541fcd6817dcaa8692b465d36eb708))
* add prettier ([2c80ac0](https://github.com/jslib-book/clone1/commit/
2c80ac073e1ba2b260b746370809a01439708797))
* up
([d666107](https://github.com/jslib-book/clone1/commit/d666107042d479d1d409f901
9363dab0a948940a))
---

✓ committing package-lock.json and package.json and CHANGELOG.md
✓ tagging release v1.1.0
ℹ Run `git push --follow-tags origin master && npm publish` to publish
```

如果不加参数 --dry-run，那么 standard-version 命令会进行的操作如下：

（1）修改版本号。

- 修改 package.json 和 package-lock.json 文件。
- 会根据 type 来决定升级哪个版本号。
- 因为有 feat，所以将版本从 1.0.0 升级到 1.1.0。

（2）修改 CHANGELOG.md 文件。

（3）提交内容。

（4）添加 Git tag。

对我们最有用的是操作（2），需要注意的是，CHANGELOG.md 文件中只包含符合 Conventional Commits 规范的提交信息，不符合 Conventional Commits 规范的提交信息会被自动过滤。

5.3 持续集成

上一节引入了很多规范，规范需要和检查配合才能发挥更大作用。目前是在本地进行的校验，依赖 Git hook 功能，然而使用 Git hook 校验存在被绕过的风险；本地校验的另一个问题是，协作时无法知道对方提交的代码是否符合规范，只有将代码下载到本地执行校验才可以获得校验结果。

Git 提交时会执行 hook 校验，如果添加参数 --no-verify，则可以跳过 hook 校验。二者之间的区别示例如下：

```
$ git commit
🔍  Finding changed files since git revision a19a294.
🎯  Found 1 changed file.
✅  Everything is awesome!
✔ Preparing lint-staged...
✔ Running tasks for staged files...
✔ Applying modifications from tasks...
✔ Cleaning up temporary files...

$ git commit --no-verify
# 跳过所有 hook 校验
```

如果能够在服务器上运行校验，就解决了 Git hook 校验可能被绕过的问题。社区中有很多在服务器上运行测试和校验的服务，社区提供的服务叫作持续集成服务。

持续集成（Continuous Integration，CI）是一种软件开发实践，即团队开发成员经常集成他们的工作，通常每个成员每天至少集成一次，也就意味着每天可能会发生多次集成。每次集成都通过自动化的构建（包括编译、发布、自动化测试）来验证，从而尽早地发现集成错误。

CI 可以带来很多好处。目前，开源社区常用的 CI 工具有 3 款，分别是 GitHub Actions、CircleCI 和 Travis CI，这 3 款工具都能满足开源库的需求，读者可以根据自己的需要或习惯选择。

5.3.1　GitHub Actions

GitHub Actions 是 GitHub 官方提供的自动化服务，下面是官网上的介绍：

在 GitHub Actions 的仓库中自动化、自定义和执行软件开发工作流程。您可以发现、创建和共享操作以执行您喜欢的任何作业（包括 CI/CD），并将操作合并到完全自定义的工作流程中。

对于开源项目来说，相比于其他工具，GitHub Actions 具有如下优势：

- 和 GitHub 集成更容易。
- 支持复用其他人的脚本片段。

GitHub Actions 的接入非常简单，GitHub 提供了快捷接入步骤。选择仓库页面中的"Actions"选项卡，然后单击"New workflow"按钮，如图 5-26 所示。

图 5-26

GitHub 提供了不同场景的模板，我们选择 Node.js 模板，如果找不到的话，则可以直接搜索。在选择模板后，会打开如图 5-27 所示的页面，在该页面中单击最下面的"Start commit"按钮，就创建好了 CI 工作流。

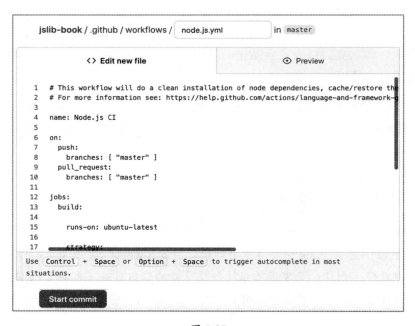

图 5-27

上面操作的原理是在.github/workflows 目录下添加一个新文件 ci.yml，该文件的名字可以自定义，该文件中的内容默认如下：

```yaml
name: Node.js CI
on:
  push:
    branches: [master]
  pull_request:
    branches: [master]

jobs:
  build:
    runs-on: ubuntu-latest
    strategy:
      matrix:
        node-version: [12.x, 14.x, 16.x]
    steps:
    - uses: actions/checkout@v2
    - name: Use Node.js ${{ matrix.node-version }}
      uses: actions/setup-node@v2
      with:
        node-version: ${{ matrix.node-version }}
        cache: 'npm'
    - run: npm ci
    - run: npm run build --if-present
    - run: npm test
```

上面的配置会分别在 Node.js 12、14、16 版本上执行下面的步骤：

- 克隆仓库。
- 安装 Node.js 环境。
- 安装 npm 依赖。
- 执行"npm run build"命令。
- 执行"npm test"命令。

为了更好地理解上面的配置文件，下面介绍背景知识。GitHub Actions 中包含以下 4 个基础概念：

- workflow。
- job。
- step。

- action。

持续集成一次运行的过程就是一个 workflow,一个项目可以有多个 workflow。例如,一个开源库可能有如下 3 个 workflow:

- 持续集成 workflow,每次执行 git push 命令时自动执行 lint 和 test,保证校验通过。
- 发包 workflow,每次检测到 Git tag,则自动发一个 npm 包。
- 部署文档站,每次在 master 分支上执行 git push 命令时,都部署文档站到 gh-pages[①]。

在 GitHub Actions 中,每个 workflow 都是 .github/workflows 目录下的一个文件,上面的 3 个 workflow 就是 3 个文件,目录结构如下:

```
.github
  - workflows
    - ci.yml
    - publish.yml
    - deploy.yml
```

workflow 的配置字段非常多,常用的字段及含义如下:

```yaml
# workflow 的名称,默认为当前 workflow 的文件名
name: ci
# 指定触发 workflow 的条件
on:
  push:
    branches: [master] # 限定分支
  pull_request:
    branches: [master]
```

一个 workflow 可以包含多个 job,多个 job 默认是并发执行的,可以使用 needs 指定 job 之间的依赖关系,从而达到串联执行的效果。在我们的库中,lint 只需要在一种版本的 Node.js 环境下执行,而 test 则需要在多个版本的 Node.js 环境下执行,对于这种情况,可以在 workflow 下创建两个 job,lint job 默认只在一个 Node.js 环境下执行,将 test job 配置为在多个版本的 Node.js 环境下执行,设置 test job 依赖 lint job。示例代码如下:

```yaml
jobs:
  lint:
```

[①] GitHub 提供的静态网站功能,可以向 gh-pages 分支提交静态文件。

```yaml
  runs-on: ubuntu-latest # 指定运行环境
test:
  needs: lint # 依赖关系
  runs-on: ubuntu-latest
  strategy:
    matrix:
      node-version: [12.x, 14.x, 16.x] # 指定多个版本都要执行
```

job 中具体的执行由 step 指定，一个 job 可以包含多个 step。step 中运行的命令叫作 action，如下示例包含一个 step、一个 action：

```yaml
steps:
  - name: test # step 名字
    env: # 环境变量
      PROD: 1
    run: echo $PROD
```

目前，深拷贝库可以实现自动化的流程包括：

- commitlint：校验提交信息是否符合规范。
- prettier check：校验代码风格是否统一。
- eslint：校验代码是否符合最佳实践。
- build：校验构建的代码是否成功。
- test：执行单元测试。

其中，build 流程和 test 流程是需要在不同版本的 Node.js 上测试的，所以将 build 流程和 test 流程拆成一个 job，将 lint 流程拆成另一个 job。当执行 lint 流程失败时执行 test 流程是多余的，所以 lint 流程和 test 流程是串行执行的。

package.json 文件中的 scripts 字段的配置如下：

```json
{
  "scripts": {
    "build:self": "rollup -c config/rollup.config.js",
    "build:esm": "rollup -c config/rollup.config.esm.js",
    "build:aio": "rollup -c config/rollup.config.aio.js",
    "build": "npm run build:self && npm run build:esm && npm run build:aio",
    "test": "cross-env NODE_ENV=test nyc mocha",
    "lint": "eslint src config test",
    "lint:prettier": "prettier --check ."
  }
}
```

ci.yml 文件中的完整配置如下：

```yaml
name: CI
on:
  push:
    branches: [master]
  pull_request:
    branches: [master]

jobs:
  commitlint:
    runs-on: ubuntu-latest
    steps:
      - uses: actions/checkout@v2
        with:
          fetch-depth: 0
      - uses: wagoid/commitlint-github-action@v4
  lint:
    needs: commitlint
    runs-on: ubuntu-latest
    steps:
      - uses: actions/checkout@v2
      - name: Use Node.js 16.x
        uses: actions/setup-node@v2
        with:
          node-version: '16.x'
          cache: 'npm'
      - run: npm ci
      - run: npm run lint:prettier
      - run: npm run lint
  test:
    needs: lint
    runs-on: ubuntu-latest
    strategy:
      matrix:
        node-version: [12.x, 14.x, 16.x]
    steps:
      - uses: actions/checkout@v2
      - name: Use Node.js ${{ matrix.node-version }}
        uses: actions/setup-node@v2
        with:
          node-version: ${{ matrix.node-version }}
          cache: 'npm'
      - run: npm ci
```

```
      - run: npm run build
      - run: npm run test
```

在上面的配置中，commitlint 的校验被单独拆成了一个 job，因为 commitlint 的校验需要完整的 Git 提交记录，其他流程都不需要。在 GitHub Actions 中要拿到完整的提交记录，需要给 actions/checkout@v2 添加特殊参数 fetch-depth。示例配置如下：

```
jobs:
  commitlint:
  runs-on: ubuntu-latest
  steps:
    - uses: actions/checkout@v2
      with:
        fetch-depth: 0
    - uses: wagoid/commitlint-github-action@v4
```

commitlint 的校验用到了社区提供的 action，原因是在 GitHub Actions 中直接使用下面的命令是会报错的，在 GitHub Actions 中使用 HEAD~1 拿不到正确的引用。

```
$ npx commitlint --from=HEAD~1
```

需要使用 GitHub 提供的特殊环境变量才可以拿到 HEAD~1 的引用，此外，还需要考虑 push 和 pull_request 等多种情况，比较复杂，因此建议直接使用社区提供的 wagoid/commitlint-github-action。示例如下：

```
$ npx commitlint --from HEAD~${{ github.event.pull_request.commits }} --to HEAD
```

再次提交代码，GitHub Actions 便会自动执行，执行结果如图 5-28 所示。

图 5-28

单击图 5-28 中的 "lint" 超链接，会进入 job 的详情页，查看 job 的 step 信息，如图 5-29 所示，选择图 5-29 中的 "Run npm run lint" 选项，可以查看 step 中的 action 的执行过程。

除了推送代码时会自动执行校验，创建 Pull request 时也会自动执行校验。在 Pull request 界面中可以查看当前 Pull request 修改的校验是否通过，极大地提高了社区协作时校验不通过的解决效率。在 Pull request 界面中执行校验通过如图 5-30 所示。

图 5-29

图 5-30

GitHub Actions 提供了徽章功能。将下面的代码添加到 README.md 文件中，需要注意替换其中的用户名、项目名和 workflow 的名字。

```
![example workflow](https://github.com/jslib-book/clone1/actions/workflows/ci.yml/badge.svg)
```

徽章的预览效果如图 5-31 所示。

图 5-31

5.3.2 CircleCI

CircleCI 是一个第三方持续集成/持续部署服务，开源项目可以免费使用。CircleCI 的流程也分为 workflow、job 和 steps，和 GitHub Actions 有些类似。

CircleCI 的接入比较简单。首先使用 GitHub 账号登录，登录后选择左侧导航栏中的"Projects"标签，可以看到自己的全部项目，如图 5-32 所示。

图 5-32

单击图 5-32 中的"Set Up Project"按钮，在弹出的对话框中选中第三个选项左侧的单选按钮，然后继续单击"Set Up Project"按钮，如图 5-33 所示。

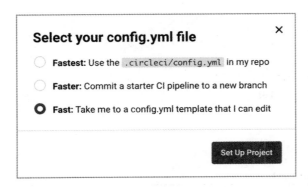

图 5-33

接下来选择"Node (Advanced)"，如图 5-34 所示。

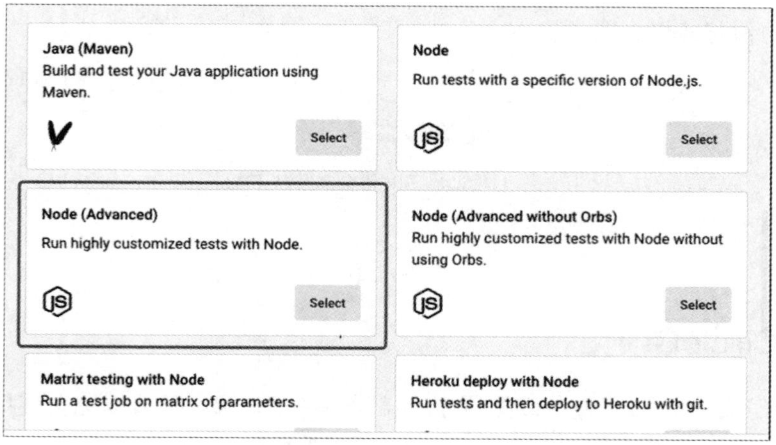

图 5-34

上述操作完成后，会在项目的根目录下生成 .circleci/config.yml 文件，该文件中的内容如下：

```yml
version: 2.1

orbs:
  node: circleci/node@4.7

jobs:
  lint-build-test:
    docker:
      - image: cimg/node:16.10
    steps:
      - checkout
      - node/install-packages:
          pkg-manager: npm
      - run:
          name: Run test
          command: npm test

workflows:
  sample:
    jobs:
      - lint-build-test
```

CircleCI 的执行依赖 .circleci/*.yml 文件的存在，在上面的配置中，workflows 中有一个 jobs，其会依次执行下面的内容：

- 克隆仓库。
- 安装依赖。
- 运行测试。

修改上面配置文件中的 steps，添加自定义命令。添加自定义命令后，文件中的内容如下：

```
jobs:
  lint-build-test:
    docker:
      - image: cimg/node:16.10
    steps:
      - checkout
      - node/install-packages:
          pkg-manager: npm
      - run:
          name: Run lint:prettier
          command: npm run lint:prettier
      - run:
          name: Run lint
          command: npm run lint
      - run:
          name: Run build
          command: npm run build
      - run:
          name: Run test
          command: npm test
```

再次提交代码，即可触发 CircleCI 的自动化流程，效果如图 5-35 所示，单击图中的"lint-build-test"超链接可以查看详细的构建信息。

图 5-35

5.3.3 Travis CI

Travis CI 曾经是社区广泛使用的第三方工具，然而从 2021 年 6 月开始，Travis CI 不再对 GitHub 用户免费，但是用户可以免费试用一段时间。图 5-36 所示为 Travis CI 官网发布的公告。

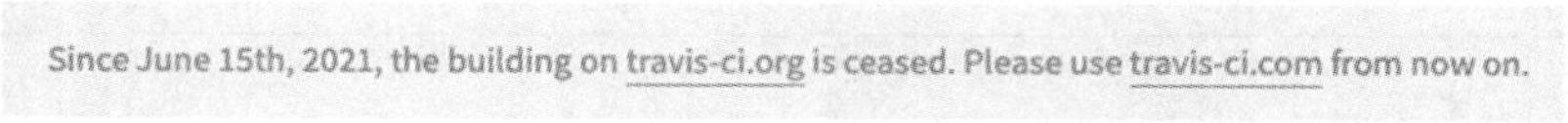
Since June 15th, 2021, the building on travis-ci.org is ceased. Please use travis-ci.com from now on.

图 5-36

Travis CI 的接入非常简单，只需要在项目的根目录下添加.travis.yml 文件即可，该文件中的内容如下：

```
language: node_js
node_js:
  - 14
install:
  - npm install
script:
  - npm run lint:prettier
  - npm run lint
  - npm run build
  - npm test
```

Travis CI 的配置文件很容易理解，其提供了很多个钩子，install 钩子可以用来执行环境的初始化任务，在 script 钩子中填入自定义命令即可。

接下来，打开 Travis CI 官网页面，使用第三方账号——GitHub 账号登录，登录后就可以看到自己所有的项目了，如图 5-37 所示。在默认情况下，所有项目都是关闭的，打开项目右侧的开关，Travis CI 会监听这个项目在 GitHub 上的推送更新，并执行.travis.yml 文件中的自动化任务。

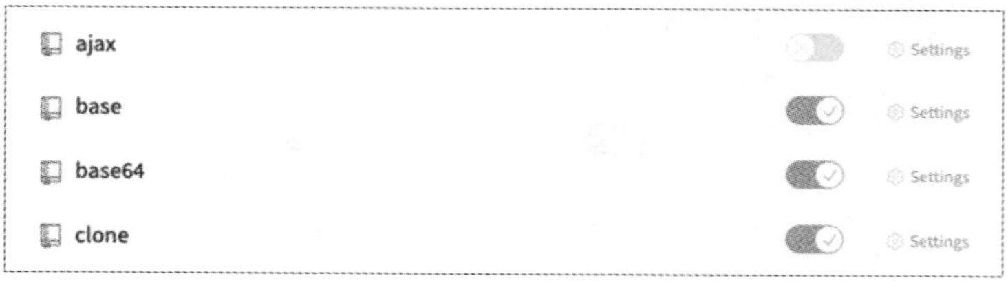
ajax
Settings
base
Settings
base64
Settings
clone
Settings

图 5-37

Travis CI 的项目界面如图 5-38 所示，界面上方会显示汇总信息，在右上角的"More options"中可以自定义配置，在界面下方可以看到当前的构建任务的状态。

如果读者使用的是 GitLab，则可以直接使用 GitLab 的构建工具；对于公司内部的项目，可以使用 Jenkins。本书并不对持续集成工具进行全面的介绍，对持续集成工具感兴趣的读者可以自行学习。

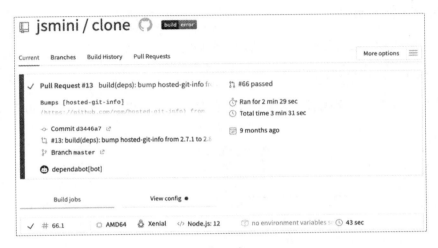

图 5-38

5.4　分支模型

开源库的分支模型和业务项目有很大区别，良好的分支管理可以避免很多不必要的麻烦。社区中有成熟的 Git 分支模型，如 GitHub flow 等。本节将结合社区经验，介绍如何做好开源库的分支管理。

5.4.1　主分支

主分支是开源项目的稳定版本，主分支应该包含稳定、没有 Bug 的代码，并保持随时可以发布的状态。对于小型开源项目来说，有一个主分支就够用了。主分支的提交记录如图 5-39 所示。

理论上，主分支上应该只包含合并提交，所有的迭代应该都在分支上进行。不过如果是简单的改动，则直接在主分支上修改也是可以的；而如果功能较复杂，并且需要多次提交,则不建议直接在主分支上修改。

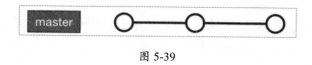

图 5-39

5.4.2 功能分支

当有新的功能要开发时,应该新建一个功能分支,命令如下:

```
$ git checkout -b feature/a
```

当功能分支开发完成后,需要合并回主分支,此时提交记录如图 5-40 所示。

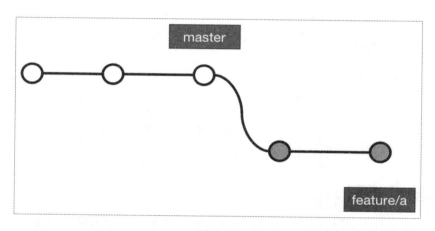

图 5-40

合并回主分支有两种选择,即快速合并和非快速合并,二者的区别在于是否创建提交节点,命令如下:

```
$ git merge feature/a # 快速合并
$ git merge --no-ff feature/a # 非快速合并
```

快速合并的结果会直接将 master 分支和 feature/a 分支指向同一个提交节点,如图 5-41 所示。

非快速合并的结果会在 master 分支上创建一个新的合并提交节点,并将 master 分支指向新创建的提交节点,如图 5-42 所示。

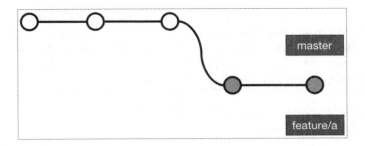

图 5-41

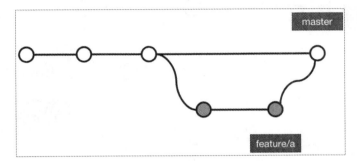

图 5-42

对于开源项目来说，上述两种合并方式都可以。如果选择快速合并，则需要保证每个提交都是独立且完整的，如果不满足要求，Git 支持修改提交记录，需要修改后再次合并。

可以使用 rebase 命令修改提交记录。下面的命令可以修改最近三个提交。将第二个提交的 pick 改为 squash，可以合并第一个和第二个提交；将第三个提交的 pick 改为 edit，可以修改第三个提交的提交信息。

```
$ git rebase -i HEAD~3

pick d24b753 feat: update ci
squash f56ef2f feat: up ci
edit 6c91961 feat: up

# Rebase 50ece5c..6c91961 onto 50ece5c (3 commands)
# Commands:
# p, pick <commit> = use commit
# r, reword <commit> = use commit, but edit the commit message
# e, edit <commit> = use commit, but stop for amending
```

```
# s, squash <commit> = use commit, but meld into previous commit
# f, fixup <commit> = like "squash", but discard this commit's log message
# x, exec <command> = run command (the rest of the line) using shell
# b, break = stop here (continue rebase later with 'git rebase --continue')
# d, drop <commit> = remove commit
```

在创建当前分支之后,主分支可能又有新的提交,如图5-43所示。

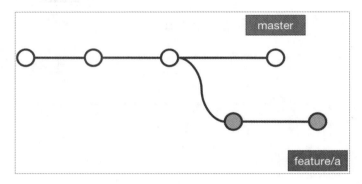

图 5-43

在合并之前,建议先将主分支新的提交合并到当前分支。有两种策略可以选择,即合并和变基,合并操作更简单,变基操作的提交记录更清晰。对于开源库来说,建议使用变基操作。

先来看一下合并操作的过程,命令如下:

```
$ git merge master
$ git checkout master
$ git merge feature/a
```

使用合并操作后的提交记录如图5-44所示。

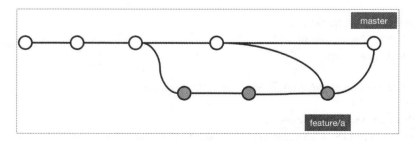

图 5-44

变基会修改 feature/a 分支的历史，就像 feature/a 分支是在 master 分支之后开发的一样。变基操作的命令如下：

```
$ git rebase master
$ git checkout master
$ git merge feature/a
```

使用变基操作后的提交记录如图 5-45 所示。虚线的提交是 feature/a 分支变基之前的状态，在变基后，虚线的提交不再有分支指向，但是并不会被删除，而是变成 Git 中的游离节点，在 Git 执行 GC（垃圾清理）操作后，节点才会彻底被删除。

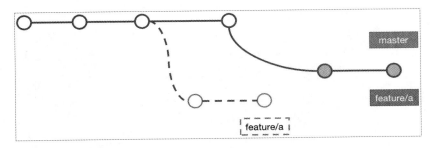

图 5-45

5.4.3 故障分支

如果发现存在 Bug，就要尽快修复。此时，可以基于主分支新建故障分支，命令如下：

```
$ git checkout -b bugfix/b
```

在验证没有问题后，故障分支需要合并回主分支，并在主分支上发布新的补丁版本。命令如下：

```
$ git checkout master
$ git merge --no-ff bugfix/b
# 测试 构建 打标签 发布到 npm 上
```

主分支更新后，下游的公共分支要及时同步变更，建议使用变基操作进行同步。命令如下：

```
$ git checkout feature/a
$ git rebase master
```

故障分支的提交记录如图 5-46 所示。将 bugfix/b 分支合并到 master 分支后，对 feature/a 分支进行了变基操作。

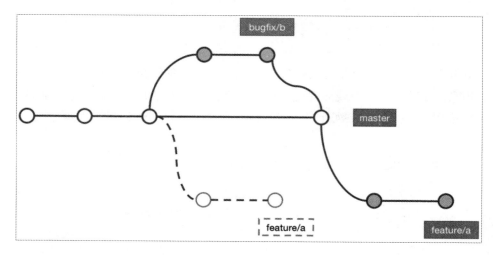

图 5-46

5.4.4 Pull request

Pull request 是 GitHub 上一类特殊的情况。当其他人给开源项目提交了 Pull request 时，GitHub 会提示如何操作。大部分情况下，在检查无误后，直接单击"Merge pull request"按钮即可一键合并，如图 5-47 所示。

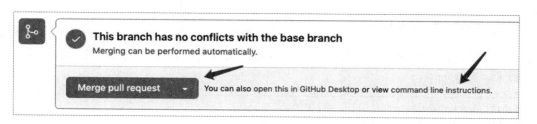

图 5-47

如果对一键合并背后做了什么感兴趣，或者想手动处理，则可以单击"command line instructions"链接，GitHub 会给出手动处理步骤，如图 5-48 所示。

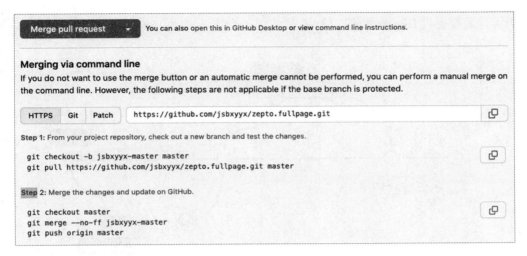

图 5-48

5.4.5 标签与历史

每次发布新版本时都要添加 Git 标签，版本号需要符合第 4 章介绍的语义化版本规范，一般功能分支发布次版本号，故障分支发布修订版本号。使用 Git 添加标签的命令如下：

```
# 假设当前版本是 1.1.0
$ git tag 1.1.1 # 修改次版本号
$ git tag 1.2.0 # 修改主版本号
```

Git 的版本号还可以添加 v 前缀。虽然两种风格都可以使用，但是建议在一个项目中保持统一。添加 v 前缀的版本示例如下：

```
# 假设当前版本是 v1.1.0
$ git tag v1.1.1 # 修改次版本号
$ git tag v1.2.0 # 修改主版本号
```

添加标签后，提交记录示例如图 5-49 所示。

现在假设最新版本是 v1.2.0 了，突然用户反馈 v1.0.0 版本存在 Bug。如果是比较小的问题，一般我们会建议用户升级到最新版本，但是如果用户不能升级，那么该怎么办呢？如 1.x 到 2.x 存在大版本变化。

出于各种原因，存在需要维护历史版本的需求，对于还有用户使用需求的历史版本，需要提供 Bug 修复的支持。

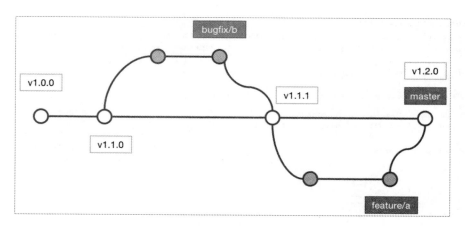

图 5-49

此时，创建的标签就起作用了。可以基于标签新建一个版本分支，在版本分支上修复 Bug，并且发布新的版本。这里需要注意，历史版本分支不需要再次合并回主分支。创建历史版本分支的命令示例如下：

```
$ git checkout -b v1.0.x v1.0.0
```

创建的历史版本分支的示例如图 5-50 所示。

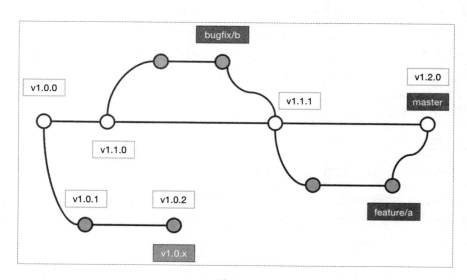

图 5-50

5.5 本章小结

本章主要介绍了库开源后的维护工作,首先介绍了库开源后如何和社区交流协作;接着介绍了开源项目的最佳实践和规范,并介绍了各种校验规范的工具如何使用;然后介绍了如何使用社区常用的 CI 工具,并提供了接入示例;最后介绍了开源项目常见的分支模型。

本章的内容需要读者反复阅读,并多动手实践才能掌握。

第 6 章
设计更好的 JavaScript 库

在前面的章节中，我们从 0 到 1 完成了一个库的开源工作，这是很大的成就，毕竟万事开头难，迈出第一步至关重要。但是大部分读者缺乏写库的经验，本章将分享社区积累的成熟经验，这些经验可以帮助我们写出高质量的开源库。

6.1 设计更好的函数

函数是逻辑的集合，也是复用的最小单元。函数是大部分开源库对外的接口，设计更好的函数是设计更好的 JavaScript 库的基础。本节将从多个方面介绍函数设计的最佳实践。

6.1.1 函数命名

命名是困扰程序员的一大难题，对于这个问题仁者见仁，没有统一的答案。想要设计好的函数名字，总结起来只要注意如下两点即可：

- 准确。
- 简洁。

准确是设计好的函数名字的基本要求。函数的名字需要准确地描述其功能，这里的"准确"包括多个方面。例如，拼写正确，由于开源出去的代码很难收回，如果拼写错误，则会带来很多麻烦，HTTP 协议中就有一个拼写错误的例子[①]。此外，还要注意单复数问题、词性问题、时态问题等，如果不确定，则可以多查阅资料。

简洁是设计好的函数名字的另一个要求，这需要一些练习和灵感才可以达到。例如，下面的两个名字，extname 比 getFileExtName 更简洁。

```
// 获取文件的后缀名，extname 更简洁
function extname() {}
function getFileExtName() {}
```

适当使用缩写，可以达到意想不到的效果，经典的例子就是 Linux 操作系统的 Shell 命令比 Windows 命令简单好记，这也是程序员喜欢 Linux 命令行的原因之一。由此可见，设计一个简洁的名字多么重要。

6.1.2 参数个数

函数参数的个数越少越好。函数参数的个数越少，使用者的心智负担越低，开发者的维护负担也越低。通常参数的个数越少，越表示这个抽象可能是合理的。如果非要给一个限制的话，参数的个数最好不要超过 3 个，如果可以，两个参数更好。

为什么这么说呢？因为函数其实是对传入参数进行处理并返回结果的抽象单元，在合理的情况下，传入参数应该只有一个数据，可能需要对数据进行不同的处理，所以第二个参数一般是一些选项开关，这样两个参数就可以满足常规情况了。

如果我们设计的函数的参数数量多于两个，就需要重新思考设计是否合理。不过确实存在合理的情况下，需要参数数量多于 3 个的情况，对于这种情况，建议将输入数据和选项数据分成两组。当输入数据和选项数据多于两个时，建议进行对象化改造。

下面看一个例子。假设有一个 getParams 函数，其功能是从 url 中读取参数，并支持自定义分隔符和赋值符。可以设计 3 个参数，也可以设计两个参数。示例如下：

---

① 请求头里的"referer"实际上是"referrer"的错误拼写。

```
// 示例 1
getParams(url, key, sep='&', eq='=') {} // 1
// 示例 2
getParams(url, key, opt = {sep='&', eq='='}) {} // 2

// 使用示例
getParams('?a=1&b=2', 'a') // 输出 1
```

上面示例 2 的函数设计得更好，对象化控制了参数的数量，开发者和使用者都因此受益：使用者只需关心自己使用的参数，无须关注参数的顺序问题，心智负担更低；对象化保证了未来的扩展性，如当选项个数要增加时，对象化思路更容易扩展。

6.1.3 可选参数

顾名思义，可选参数是指在函数调用时可以不传的参数，通常用来提供自定义配置等。可选参数需要提供默认值。

可选参数要放到函数的最后面，当可选参数多于两个时，建议使用对象化思路。对象化可选参数的示例如下：

```
getParams(url, key, sep='&', eq='=', arrayFormat='comma') {} // 1

getParams('?a=1&b=2', 'a', undefined, undefined, 'repeat') // 使用起来不方便

getParams(url, key, , opt = {sep='&', eq='=', arrayFormat='comma'}) {} // 1

getParams('?a=1&b=2', 'a', { arrayFormat='comma' }) // 使用起来方便
```

6.1.4 返回值

大部分查询或操作函数的返回值就是操作结果，在各种条件下，函数返回值的类型应该保持一致。如果函数返回值的类型不一致，则很大可能是函数承载了太多功能，这种情况下应该拆分函数。

有一个可能忽略的情况是隐式返回值，比较常见的是判断条件外部的返回值，示例如下。如果在调用 getParams 函数时，参数 url 没有传递，则此时的返回值默认是 undefined。

```
function getParams(url, key) {
  if (url) {
    // xxx
  }

  // 这里有个默认返回值是 undefined
}
```

如果返回值的类型不一致，则可能会给使用者造成意外的异常报错。例如，在获取参数后，希望转换为十六进制数字，当返回 undefined 时会异常报错。示例代码如下：

```
getParams(url, 'a').toString(16); // 异常
```

更好的做法是保持返回值的类型一致，在边界情况下，额外处理返回值。示例代码如下：

```
function getParams(url, key) {
  if (url) {
    // xxx
  }

  return ''; // 返回空字符串
}
```

6.2 提高健壮性

开源库会被很多人使用，会在各种未知的环境中运行，所以开源库的代码比普通代码面临更多健壮性的问题。未知性太多，尽可能考虑多种情况是最佳实践，这很依赖开发者的经验和能力。本节将介绍一些社区中提高开源库健壮性的最佳实践。

6.2.1 参数防御

参数是开发者和使用者之间的约定，但使用者是可以违反约定的。虽然使用者不太可能故意这么做，但是数据可能来自服务器，也可能是通过各种逻辑计算出来的值，所以存在各种异常情况，如将数字类型数据传递给字符串类型参数时就会报错。示例如下：

```
function trimStart(str) {
  return str.replace(/^\s+/, '');
}
```

```
trimStart(111); // 报错
```

在业务代码中，即使不对函数的传入参数进行检查，也不会有太大问题，但是这样的代码不够健壮，容错性太差，因此建议对参数进行防御式编程。在上述例子中，可以对传入参数进行强制类型转换。示例代码如下：

```
function trimStart(str) {
  // String 强制转换
  return String(str).replace(/^\s+/, '');
}
```

```
trimStart(111); // '111'不报错
```

在进行参数防御时，参数是必选还是可选，以及参数的类型都影响校验规则，下面分别进行介绍。

对必选参数进行校验与转换的规则如下：

- 如果参数传递给系统函数，则可以把校验下沉给系统函数处理。
- 对于 object、array、function 类型参数，要做强制校验，如果校验失败，则执行<异常流程>。
- 对于 number、string、boolean 类型参数，要做自动转换。
    - 数字使用 Number 函数进行转换。
    - 整数使用 Math.round 函数进行转换。
    - 字符串使用 String 函数进行转换。
    - 布尔值使用!!进行转换。
- 对于 number 类型参数，如果转换完是 NaN，就执行<异常流程>。
- 对于复合类型的内部数据，也要进行上面的步骤。

上面提到的<异常流程>的处理逻辑如下：

<异常流程>
当参数类型为 function 时，抛出异常
当参数类型为 number、string、boolean、object、array 时，应该打印 error，并直接返回类型对应的<返回值异常映射>

```
<返回值异常映射>
number => NaN
string => ''
boolean => true | false  （根据语义）
array => []
object => null
function => 抛出异常
```

也可以根据语义返回更友好的返回值，但要保证类型一致，如 truncate 函数的功能是截断超长字符串，按规范应该返回空字符串，但返回 '...' 更友好一些。

对可选参数进行校验与转换的规则如下：

- 如果参数传递给系统函数，则可以把校验下沉给系统函数处理。
- 对于 object、array、function 类型参数，要做强制校验，如果类型不对，则要设置默认值。
- 对于 number、string、boolean 类型参数，要做自动转换。
    - 数字使用 Number 函数进行转换。
    - 整数使用 Math.round 函数进行转换。
    - 字符串使用 String 函数进行转换。
    - 布尔值使用 !! 进行转换。
- 对于 number 类型参数，如果转换后是 NaN，就要设置为默认值。
- 对于复合类型的内部数据，也要进行上面的步骤。

6.2.2 副作用处理

副作用可能带来意料之外的影响。假如库的使用者不知道副作用的存在，就会增大偶然性 Bug，如果我们的库不是被使用者直接使用，而是被使用者使用的其他库间接引入，则副作用会给库的使用者带来极大的麻烦。

以下两种情况都可以被称为副作用，下面分别进行介绍。

- 修改环境信息。
- 修改函数参数。

修改环境信息包括修改系统变量和设置全局数据等。如下示例代码会修改 JSON 系统变量：

```
function safeparse(str, backupData) {}

JSON.safeparse = safeparse; // 不要修改系统变量
```

在库的代码中,应该避免修改环境信息,典型的反面示例就是 Mootools。Mootools 对大部分浏览器原生对象做了扩展,这一设计带来了很好的使用体验,但是却给 JavaScript 生态带来了巨大的麻烦[①]。Mootools 修改原生对象的示例代码如下:

```
// Mootools 扩展原型
Array.prototype.flatten = function () {
  // xxx
};

// 可以直接这样使用
[(1, [2])].flatten();
```

在库的代码中,应该避免修改函数参数。传给函数的引用类型参数,如对象,当修改其属性时,会直接影响外面的内容,这可能带来意外的问题。示例代码如下:

```
// omit 修改了传入的参数 data
function omit(data, keys) {
    for (const k of keys) {
        delete data[key];
    }

    return data
}

const obj1 = {
    a: 1,
    b: 2,
}

const obj2 = omit(obj1, ['b']); // obj1 被影响了
```

6.2.3 异常捕获

返回如果代码可能存在异常情况,则建议使用捕获异常进行防御。一般依赖宿主环境的返回结果时,如读取文件,这样做是不错的建议,特别是当给 Node.js 提

[①] 影响到了新版 JavaScript 规范给系统增加函数的命名问题。

供库时，需要特别注意这个问题。

举个例子，JSON.parse 方法可以把字符串转换成 JavaScript 对象，但是如果不是合法的 JSON 语法，就会报错。假如提供一个可以安全转换 JSON 数据的函数，就需要捕获异常，在异常发生时，返回默认值。示例代码如下：

```
function safeparse(str, backupData) {
  try {
    return JSON.parse(str);
  } catch (e) {
    return backupData;
  }
}

JSON.parse(`"1`); // Uncaught SyntaxError: Unexpected end of JSON input

safeparse(`"1`, {}); // 不报错，返回默认值{}
```

6.3 解决浏览器兼容性问题

浏览器兼容性是使用者非常关心的指标，这直接关系到使用者的决策。兼容性影响使用者能否使用某一个库，所以库的开发者需要处理好兼容性问题。本节将介绍处理兼容性问题的一些经验。

首先需要确定一个兼容性目标。一般来说，兼容性越好，能服务的用户就越多，同时意味着需要付出更多的开发成本。对于兼容性目标，库的开发者需要做一个权衡，只兼容最新的 Chrome 浏览器和兼容所有浏览器都不是一个好的目标，至于如何确定兼容性目标，则需要视情况而定。最重要的参考维度就是浏览器数据，一般来说，占比超过 1% 的浏览器都是值得兼容的。我总结了开源库的推荐的兼容性目标，如表 6-1 所示。

表 6-1

IE	Chrome	Firefox	Safari	iOS	Android	Node.js
8+	45+	55+	9+	9+	4.2+	8+

定好了兼容性目标，就需要保证对兼容性目标的承诺。这个很依赖开发者的经验和能力，而新手很可能不熟悉自己编写的代码的兼容性，一个好的习惯就是多借

助网络,如可以通过 caniuse 网站查询某个新特性、新语法的兼容性情况。

本书中的 4.2 节介绍了如何通过构建工具解决兼容性问题,但是一个优秀的库开发者应该熟悉工具做了什么,并可以手动解决问题。下面给读者梳理一下可能存在兼容性问题的高频系统函数,以及对应的解决方法。

6.3.1 String

String.prototype.trim 是 ECMAScript 2015 中新增的函数,其功能是去除字符串前后的空格,存在兼容性问题,解决方法如下:

```
' abc '.trim(); // 'abc'
```

```
// replace+正则表达式兼容性更好
' abc '.replace(/^\s+|\s+$/g, '');
```

String.prototype.trimStart 是 ECMAScript 2021 中新增的函数,其功能是去除字符串开始的空格,存在兼容性问题,解决方法如下:

```
' abc '.trimStart(); // 'abc '
```

```
// replace+正则表达式兼容性更好
' abc '.replace(/^\s+/g, '');
```

String.prototype.replaceAll 是 ECMAScript 2021 中新增的函数,其功能是去除字符串中所有匹配的字符,存在兼容性问题,解决方法如下:

```
'aba'.replaceAll('a', 'b'); // 'bbb'
```

```
// replace+正则表达式兼容性更好
' abc '.replace(/a/g, 'b');
```

6.3.2 Array

Array.from 是 ECMAScript 2015 中新增的函数,其功能是将类数组转换为数组,存在兼容性问题,解决方法如下:

```
Array.from(document.querySelectorAll('*'));
```

```
// slice 兼容性更好
Array.prototype.slice.call(document.querySelectorAll('*'));
```

Array.prototype.findIndex 是 ECMAScript 2015 中新增的函数，其功能是找到数组中指定的元素下标，存在兼容性问题，解决方法如下：

```
[1, 2, 3]
  .findIndex((v) => v === 2) // 1

[
  // 简单情况可以使用 indexOf 函数代替
  1, 2, 3
].indexOf(2);
```

Array.prototype.includes 是 ECMAScript 2016 中新增的函数，其功能是判断数组是否包含某个元素，存在兼容性问题，解决方法如下：

```
[1, 2, 3]
  .includes(2) // true

[
  // 可以使用 indexOf 函数代替
  1, 2, 3
].indexOf(2) !== -1; // true
```

Array.prototype.flat 是 ECMAScript 2019 中新增的函数，其功能是将多维数组转换为一维数组，存在兼容性问题，解决方法如下：

```
const arr = [1, [2, 3]];

arr.flat(); // [1, 2, 3]

// 需要使用递归来实现
function flat(arr) {
  return arr.reduce((sum, item) =>
    sum.concat(Array.isArray(item) ? flat(item) : item)
    []
  );
}
flat(arr); // [1, 2, 3]
```

Array.prototype.fill 是 ECMAScript 2015 中新增的函数，其功能是用一个固定值填充数组，存在兼容性问题，解决方法如下：

```
[1, 2, 3]
  .fill(4) // [4, 4, 4]
```

```
[
  // 使用 map 函数代替
  1, 2, 3
].map((item) => 4);
```

6.3.3 Object

Object.values 是 ECMAScript 2017 中新增的函数,其功能是获取对象的属性数组,存在兼容性问题,解决方法如下:

```
const obj = {
  a: 1,
  b: 2,
};
Object.values(obj); // [1, 2]

// 使用 Object.keys + map 函数代替
Object.keys(obj).map((key) => obj[key]);
```

Object.entries 是 ECMAScript 2017 中新增的函数,其功能是获取对象的键和属性数组,存在兼容性问题,解决方法如下:

```
const obj = {
  a: 1,
  b: 2,
};
Object.entries(obj); // [['a', 1], ['b', 2]]

// 使用 Object.keys + map 函数代替
Object.keys(obj).map((key) => [key, obj[key]]);
```

除了这里介绍的内容,还有很多没有提到的新功能,需要读者自行去探索。一个好的习惯就是,当遇到不熟悉的特性时,先查一查其兼容性,相信读者很快就能够成为驾驭兼容性的高手。

6.4 支持 TypeScript

JavaScript 是动态类型语言,动态类型语言的缺点就是类型错误发现得太晚,类型错误只有到运行时才能被发现。例如,下面代码中的 trimStart 函数想要的是字符串类型的参数，如果在调用 trimStart 函数时传递的是数字类型的参数，则只有到运行时才会报错。

```
function trimStart(str) {
  return str.replace(/^\s+/, '');
}

trimStart(111); // 报错
```

动态类型不适合多人协作的大型应用，特别是在重构其他人编写的代码时。为了解决 JavaScript 动态类型的问题，TypeScript 被设计出来，在 TypeScript 中只需要进行简单的类型标注，即可在编译阶段发现类型错误。将上面的示例代码使用 TypeScript 修改后，示例代码如下：

```
function trimStart(str: string) {
  return str.replace(/^\s+/, '');
}

trimStart(111); // 编译时会报错
```

虽然 TypeScript 带来了很多好处，但是 TypeScript 要求有类型注解，一般 JavaScript 库因为缺少类型信息，直接给 TypeScript 项目使用是没有类型校验的。

对于 JavaScript 库缺少类型信息的问题，TypeScript 给的解决方案是手写声明文件。TypeScript 会默认查找库目录下的 index.d.ts 文件，并使用里面的类型作为库的类型，所以只需要在库的根目录下添加一个 index.d.ts 声明文件即可。示例代码如下：

```
// index.d.ts
// 由于这里只是类型定义，没有函数实现，因此需要添加关键字 declare
declare function trimStart(str: string): boolean;
```

写声明文件需要用到 TypeScript 的知识，下面介绍常用的基础知识。先来看一下如何标注基础类型。示例代码如下：

```
declare var c: boolean;
declare var a: number;
declare var b: string;
declare var d: undefined;
declare var d: null;
```

数组类型和对象类型是对基础类型的聚合，它们在 TypeScript 中的表示方法如下：

```
// 数组有两种写法
declare var arr1: boolean[];
declare var arr1: Array<boolean>;

// 对象对应的是 interface，interface 不需要关键字 declare
interface Obj {
  a: string;
  b: number;
}
```

了解了数据类型，下面来介绍函数声明。函数的参数和返回值需要用到上面介绍的类型，在 TypeScript 中，函数的定义方法如下：

```
declare function f1(a: string): boolean; // 普通函数示例
declare function f2(a: string, b?: number): boolean; // 可选参数函数示例

interface Obj {
  a: string;
  b: number;
}
declare function f2(a: string, c: Obj): boolean; // interface 作为参数
```

有时候，在定义函数时无法确定类型，只有在使用时才能知道类型，如前面提到的安全解析 JSON 格式数据的函数，只有使用者才知道 JSON 格式数据对应的数据类型。此时可以使用泛型功能，safeparse 后面的 T 被称作泛型。safeparse 函数类型声明代码如下：

```
declare function safeparse<T>(str: string): T;
```

在使用时，通过泛型可以让 safeparse 函数返回正确的类型。使用示例如下：

```
interface Data {
  a: 1;
}
safeparse<Data>(`{"a": 1}`); // 返回值的类型是 Data
```

上面声明的变量都是局部作用域，还不能给其他人使用，如果需要暴露出来，则可以在前面添加关键字 export。示例代码如下：

```
export declare function f1(a: string): boolean;
```

这里只对 TypeScript 中常用的类型标准做了介绍，如果读者对 TypeScript 感兴趣，或者在开发的过程中要用到更多的知识，欢迎继续学习，TypeScript 官网中的资料值得阅读。

6.5 本章小结

本章围绕如何设计更好的 JavaScript 库这一主题，从如下方面介绍了社区中的最佳实践：

- 如何设计更好的函数。
- 如何提高开源库的健壮性。
- 如何解决常见的浏览器兼容性问题。
- JavaScript 库如何适配 TypeScript 生态。

本章的知识包括设计理论和实战经验，前者需要读者多次阅读，反复理解，后者需要读者动手练习，边学边练。

第7章 安全防护

因为开源库会被很多项目使用，使得微小的漏洞带来的危害会被无限放大，可能会影响大量使用开源库的系统，所以对安全性的要求更高。相信读者对 JavaScript 库的安全经验不多，本章将介绍一些最佳实践，以及一些社区中的典型问题，希望帮助读者掌握这一领域的知识。

7.1 防护意外

开源库的使用环境存在太多未知性，因此不能想当然地认为会发生什么，正确的思路应该是防患未然，将可能发生的各种意外情况都考虑到。下面介绍几种常见的防护意外实践。

7.1.1 最小功能设计

开源库应该对外提供最小功能，尽可能隐藏内部实现细节。所有对外暴露的接口都是对外做的承诺，暴露的接口都要维护，后续迭代时永久向下兼容。所以，建议仅暴露有限的接口，不相关的功能不要对外暴露。

来看一个例子，guid 函数对外提供生成唯一 ID 的功能，其依赖一个内部计数器 count，在这里 count 就是不应该对外暴露的细节。示例代码如下：

```
export let count = 1;
export function guid() {
  return count++;
}
```

另外一个常见的例子是类的属性。在 JavaScript 中，类的所有属性和方法都是公开的，但是这会造成类的细节被意外暴露。在如下的示例代码中，count 属性被意外暴露，count 被外部修改后，程序将会发生错误。

```
class Guid {
  count = 1;
  guid() {
    return this.count++;
  }
}

const g = new Guid();

g.count = 'error'; // 直接修改了 count
```

对于类的私有属性问题，社区之前的思路是通过添加前缀来区分是私有属性还是公有属性，私有属性添加下画线前缀。但这种方法只是一种约定，并没有真正隐藏属性。在如下的示例代码中，外部依然可以修改内部的 "私有" _count 属性。

```
class Guid {
  _count = 1; // 添加前缀，表示私有属性
}
const g = new Guid();
g._count = 'error'; // 直接修改了 count
```

更好的做法是把私有属性放到函数作用域中，一般是放到构造函数 constructor 中，示例代码如下，外部无法访问内部函数作用域中的变量 count。

```
class Guid {
  constructor() {
    let count = 1;
    this.guid = () => {
      return count++;
    };
```

```
    }
}

const g = new Guid();
g.guid(); // 访问 ID
g.count; // 无法访问，因为 count 不是类的属性
```

2022 年 6 月，ECMAScript 2022 正式发布，ECMAScript 2022 带来了原生私有属性。

原生私有属性需要添加 "#" 前缀，外部无法访问原生私有属性。示例代码如下：

```
class Guid {
  #count = 1;
  constructor() {
    this.guid = () => {
      return this.#count++;
    };
  }
}

const g = new Guid();
g.guid(); // 访问 ID
g.#count; // 无法访问
```

7.1.2 最小参数设计

函数要对外暴露最小的参数，参数应尽可能使用简单类型，因为简单类型更安全，如果是引用类型参数，那么函数不要直接修改传入的参数。

举个例子，fill 函数可以实现用指定值填充数组，但是其直接修改了传入的参数，这可能不是使用者希望的行为，调用 fill 函数，传入的 arr 数组被修改了。示例代码如下：

```
function fill(arr, value) {
  for (let i = 0; i < arr.length; i++) {
    arr[i] = value;
  }

  return arr;
}
```

```
const arr1 = Array(3);

const arr2 = fill(arr, 1); // [1, 1, 1]
console.log(arr1); // [1, 1, 1]，arr1 被修改了
```

如果要修改引用类型的传入参数，那么建议复制一份数据，在复制的数据上进行修改，切断和传入参数之间的关联，这里直接使用第 5 章中编写的深拷贝函数 clone 改写。示例代码如下：

```
function fill(arr, value) {
  const newArr = clone(arr);

  for (let i = 0; i < newArr.length; i++) {
    newArr[i] = value;
  }

  return newArr;
}

const arr1 = Array(3);

const arr2 = fill(arr, 1); // [1, 1, 1]
console.log(arr1); // [emprty * 3]，arr1 没有被修改
```

7.1.3 冻结对象

暴露给使用者的接口可能会被其他人有意或无意地更改，这会导致开发时运行良好的程序，在某些意外情况下出错。例如，我们引用了 jQuery 库后，可以修改其属性。示例代码如下：

```
import $ from "jquery";

$.version = undefined; // 外部可以修改 version
$.version.split('.'); // 正常代码，因为 version 被修改而报错
```

想要解决上述问题，可以将对外的接口冻结，这就需要用到 ECMAScript 5 引入的 3 个方法，这 3 个方法都可以改变对象的行为。表 7-1 所示为对 3 个方法功能的对比。

表 7-1

方　　法	修改原型指向	添加属性	修改属性配置	删除属性	修改属性
Object.preventExtensions	否	否	是	是	是
Object.seal	否	否	否	否	是
Object.freeze	否	否	否	否	否

通过表 7-1 中的对比可以看到，Object.freeze 方法的效果更严格，使用前需要关注一下 Object.freeze 方法的兼容性。冻结对象的属性无法修改，如果尝试修改，那么在严格模式下会报错，在非严格模式下会静默失败，修改不会产生任何效果，就像代码不存在一样。使用 Object.freeze 方法冻结对象的示例代码如下：

```
import $ from "jquery";

Object.freeze($);

$.version = undefined; // 外部无法修改 version
```

7.2　避免原型入侵

本节将介绍如何避免原型入侵。要介绍原型入侵，需要先介绍 JavaScript 中的原型，而要介绍原型，就需要先介绍面向对象基础知识。下面先来了解面向对象基础知识。

7.2.1　面向对象基础知识

大部分编程语言都提供了数据的抽象能力，如有序数据的数组、无序数据的对象等。将数据和对数据的操作封装到一起，被称作面向对象。这是一种更高维度的抽象工具，这种抽象工具可以对现实世界进行建模。

现实世界中的事物之间存在联系。以现实世界中的猫为例，猫中有布偶猫和狸花猫，显然狸花猫应该拥有猫的全部特性。在面向对象中这被称为继承，即细分的事物应该继承抽象事物的特点。

实现对象和继承有两种思路，分别是 CEOC 和 OLOO，下面简单介绍一下这两者。

CEOC（Class Extend Other Class）是一套基于类和实例的实现方式，类作为对象的抽象描述，对象是类的实例。这种机制与其说是面向对象编程，不如说是面向类编程更准确，在这种机制中，继承是在类上实现的，子类可以继承父类。

OLOO（Object Link Other Object）是一套基于对象和关系的实现方式。例如，有两个对象，如果能够直接让一个对象继承另一个对象，那么也能实现面向对象。在 OLOO 中，一般将父对象称为子对象的原型。在 OLOO 中没有类，只有对象，以及对象之间的关系。

7.2.2 原型之路

JavaScript 的面向对象是基于原型的。在 JavaScript 中，实现继承有多种方式，但是万变不离其宗，所有继承方式的背后，原理都是原型。下面介绍各种继承方式。

想要在 ECMAScript 3 中实现继承，需要用到构造函数的方式，其原理也是基于原型的。例如，有两个构造函数 Parent 和 Child，通过修改 Child 函数的 prototype 属性，即可实现 Child 函数继承 Parent 函数的功能，示例代码如下：

```
function Parent() {}

function Child() {}

function T() {}
T.prototype = Parent.prototype;
Child.prototype === new T();
```

构造函数的方式有些不伦不类，如同强行给原型套了一个很像类的壳子，这对熟悉类和熟悉原型的开发者都不友好。所以，后来的 ECMAScript 新版本对基于类和基于原型方向都做了探索。

构造函数的方式对熟悉类的开发者并不友好，所以 ECMAScript 2015 带来了基于类的新语法，但这个新语法只是一个语法糖，其背后的原理还是原型。下面用类改写上面的示例代码，改写后的示例代码如下：

```
class Parent {}

class Child extends Parent {}
```

构造函数的方式对熟悉原型的开发者也不友好。ECMAScript 对基于原型的方向也做了探索，ECMAScript 5 带来了 Object.create 方法，可以直接让对象继承对象，示例代码如下。最终 child 对象有两个属性，其中 a 属性是从 parent 对象继承的，b

属性是自己的。

```
const parent = {
  a: 1,
};

const child = Object.create(parent, {
  b: {
    value: 2,
    writable: true,
    enumerable: true,
    configurable: true,
  },
});
```

当使用 Object.create 方法创建子对象时，如果要定义子对象的属性，就需要用到上面的语法，没办法使用我们熟悉的对象字面量的方式了。为了解决这个问题，ECMAScript 2015 带来了 __proto__ 属性，使用 __proto__ 属性可以设置对象字面量的父对象。示例代码如下：

```
const parent = {
  a: 1,
};

const child = {
  __proto__: parent,
  b: 2
};
```

上面的方式都要求新建子对象，如果子对象已经存在，就无法修改其继承的父对象了。针对这个问题，ECMAScript 2015 带来了直接操作原型的方式，使用 Object.setPrototypeOf 方法可以修改已经存在的对象的继承关系。示例代码如下：

```
const parent = {};
const child = {};

Object.setPrototypeOf(child, parent);
```

不过需要注意的是，直接操作原型的方式会有性能问题和兼容性问题。下面是 MDN 上给出的警告信息：

> 警告：由于现代 JavaScript 引擎优化属性访问所带来的特性的关系，因

此更改对象的[[Prototype]]在各个浏览器和 JavaScript 引擎上都是一个很慢的操作。如果你关心性能，那么应该避免设置一个对象的[[Prototype]]。相反，你应该使用 Object.create 方法来创建带有你想要的[[Prototype]]的新对象。

7.2.3 原型入侵

了解原型的原理之后，下面来介绍原型入侵。JavaScript 世界的设计是基于原型的，所有的系统对象也是基于原型设计的。在 JavaScript 中，所有的对象都是继承自 Object.prototype，如果我们给 Object.prototype 添加属性，就会影响所有的对象。

来看一个例子，下面给 Object.prototype 添加一个 tree 方法，在 obj 对象上可以直接使用这个方法。示例代码如下：

```
Object.prototype.tree = function () {
  console.log(Object.keys(this));
};

const obj = {
  a: 1,
  b: 2,
};

obj.tree(); // ['a', 'b']
```

使用上面的方式扩展原型会带来两个问题。第一个问题是，这样做会给所有对象增加一个可枚举的方法，使用 for in 遍历一个对象时会遇到麻烦，tree 方法会出现在 for in 的遍历中。示例代码如下：

```
Object.prototype.tree = function () {
  console.log(Object.keys(this));
};

const obj = {
  a: 1,
  b: 2,
};

for (const key in obj) {
  console.log(key); // a, b, tree
}
```

为了避免遍历到原型上的属性，需要给 for in 添加防御判断，hasOwnProperty 方法可以判断对象的属性是自己的，而不是通过原型继承的。添加防御判断后的示例代码如下：

```js
Object.prototype.tree = function () {
  console.log(Object.keys(this));
};

const obj = {
  a: 1,
  b: 2,
};

for (const key in obj) {
  if (obj.hasOwnProperty(key)) {
    console.log(key); // a, b
  }
}
```

由于我们的库可能会被用到各种环境，因此无法确保 for in 都添加了防御判断。针对这个问题，ECMAScript 5 带来了新的方法，使用 defineProperty 方法可以配置属性的内部特性，但是需要注意 defineProperty 方法的兼容性问题。在旧的浏览器上，defineProperty 方法是不被支持的，也不能被类似 es5shim 这样的脚本打补丁[①]。

将 enumerable 特性设置为 false 的属性，就不会出现在 for in 的遍历中了。使用 defineProperty 方法改写后的示例代码如下：

```js
Object.defineProperty(Object.prototype, 'tree', {
  enumerable: false, // 是否可枚举
  configurable: false, // 是否可修改配置
  writable: false, // 是否可写
  value: function () {
    console.log(Object.keys(this));
  },
});

const obj = {
  a: 1,
  b: 2,
};
```

---

① es5shim 可以让不支持 ECMAScript 5 的浏览器使用 ECMAScript 5 的 API。

```
for (const key in obj) {
  console.log(key); // a, b
}
```

扩展原型带来的另一个问题是实现冲突。不同的库可能会扩展同一个方法，如果实现不一致，就会产生冲突，冲突的结果必然会导致一个库的代码失效，这会给稳定性带来巨大的挑战。

下面介绍一个真实案例。前端库 Mootools 和 prototype.js 都对原型进行了扩展，它们都给数组扩展了 flatten 方法，当同时引入这两个库时就会发生冲突。

扩展原型还可能和新版本的系统函数冲突。自从发布 ECMAScript 2015 以后，每年都会发布新的 JavaScript 版本，新版本使用年份命名，本章编写时最新的版本是 ECMAScript 2022，如果新版本的系统函数和我们扩展的原型属性重名，就会发生冲突。

下面介绍一个因为冲突而影响 ECMAScript 规范的案例。我们现在使用的 Array.prototype.flat 方法原本是想命名为 Array.prototype.flatten 的，但是 Mootools 也扩展了 Array.prototype.flatten 方法，由于 Mootools 的使用者众多，并且 Mootools 中 flatten 方法的实现和规范中的实现的逻辑不一致，ECMA 委员会担心冲突，因此 ECMAScript 规范被迫改了名字。使用 flatten 方法和 flat 方法扁平化嵌套数组的示例代码分别如下：

```
// Mootools 中的 flatten 方法
const myArray = [1, [2, [3]]];
const newArray = myArray.flatten(); //newArray is [1, 2, 3]

// ECMAScript 2019 中新增的 flat 方法，和 Mootools 中的 flatten 方法不兼容
const newArray = myArray.flat(2); // [1, 2, [3]]
```

类似的例子还有 Array.prototype.includes 原本想命名为 Array.prototype.contains，也是因为和 Mootools 中的方法名冲突而改名了。

综上所述，一定不要扩展原型属性，这是非常错误的做法。让我们一起保卫原型，保卫 JavaScript 生态。

7.3 原型污染事件

上一节介绍了扩展原型的危害，那么是不是只要我们自己不扩展原型就万事大吉了呢？正常来说确实如此，但有时候可能是在很隐晦的情况下修改了原型，从而

造成很大的伤害。本节将介绍与扩展原型相关的一个安全漏洞。

2019 年，较流行的前端库 Lodash 被曝出存在严重的安全漏洞——"原型污染"漏洞，该漏洞威胁超过 400 万个项目的服务安全性，其被指定为 CVE-2019-10744。下面介绍该漏洞的原理。

7.3.1 漏洞原因

上述漏洞很隐晦，存在于 Lodash 库中的 defaultsDeep 方法中。defaultsDeep 方法的使用示例如下：

```
_.defaultsDeep({ a: { b: 2 } }, { a: { b: 1, c: 3 } });
```

该方法将第二个参数的可枚举属性合并到第一个参数的属性上，上述代码返回合并后的对象，如下所示：

```
{ 'a': { 'b': 2, 'c': 3 } }
```

然而这个操作是有隐患的，例如，通过以下代码精心构造的一个数据，可以修改原型上的 toString 方法，这样会影响整个程序的安全。

```
const payload = '{"constructor": {"prototype": {"toString": true}}}';

_.defaultsDeep({}, JSON.parse(payload));
```

7.3.2 详解原型污染

想要理解原型污染，需要读者理解 JavaScript 中的原型链的知识。在 JavaScript 中，每个对象都有一个 __proto__ 属性指向自己的原型。例如，有一个对象 person，示例代码如下：

```
let person = { name: 'lucas' };
console.log(person.__proto__) // Object.prototype
console.log(Object.prototype.__proto__) // null
```

对象的 __proto__ 属性组合成一条链，这条链被叫作原型链。所有对象的原型链顶端都是 Object.prototype，Object.prototype 也是一个对象，Object.prototype 的原型是 null，null 没有原型。将 person、Object 和 Object.prototype 之间的关系绘制出来，如图 7-1 所示。

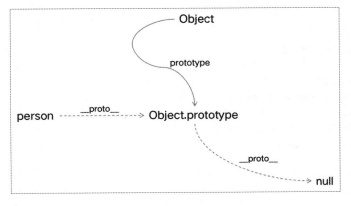

图 7-1

不过图 7-1 中绘制的关系并不完整，因为函数 Object 也是一个对象，Object 的原型指向 Function.prototype。完整的原型关系如图 7-2 所示。

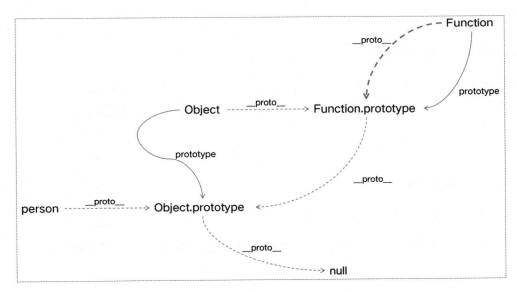

图 7-2

原型污染用到原型链的两个关键知识，一个是修改 Object.prototype 会影响到所有的对象，另一个是通过对象的 __proto__ 属性可以获取对象的原型引用。下面先来看一个例子，通过对象的 __proto__ 属性引用扩展 Object.prototype 属性，示例代码如下：

```
// person 是一个简单的 JavaScript 对象
let person = { name: 'lucas' };
```

```javascript
// 输出 "lucas"
console.log(person.name);

// 修改 person 的原型
person.__proto__.name = 'messi';

// 由于原型链顺序查找，因此 person.name 仍然是 lucas
console.log(person.name);

// 再创建一个空的 person2 对象
let person2 = {};

// 查看 person2.name，输出 "messi"
console.log(person2.name);
```

把危害扩大化，将代码修改为如下形式：

```javascript
let person = { name: 'lucas' };

console.log(person.name);

person.__proto__.toString = () => {
  alert('evil');
};

console.log(person.name);

let person2 = {};

console.log(person2.toString());
```

在浏览器中执行上面的代码，将会在弹窗中显示"evil"，如图 7-3 所示。

图 7-3

每个对象都有一个 toString 方法，当对象被表示为一个文本值时，或者当一个对象以预期的字符串方式被引用时，会自动调用该方法。在默认情况下，toString 方法被每个对象继承。如果该方法在自定义对象中未被覆盖，则 toString 方法会返回[object type]，其中 type 是对象的类型。

如果 Object 原型上的 toString 方法被污染，那么后果可想而知。以此为例，可见 Lodash 的这次漏洞算是比较严重的了。

7.3.3 防范原型污染

了解了漏洞的潜在问题及攻击手段，那么应该如何防范呢？Lodash 库的修复方法如图 7-4 所示。

```
6594        * @private
6595        * @param {Object} object The object to query.
6596        * @param {string} key The key of the property to get.
6597        * @returns {*} Returns the property value.
6598        */
6599       function safeGet(object, key) {
6600    +    if (key === 'constructor' && typeof object[key] === 'function') {
6601    +      return;
6602    +    }
6603    +
6604         if (key == '__proto__') {
6605           return;
6606         }
```

图 7-4

由图 7-4 可以看到，在遍历合并时，如果遇见 constructor 或 __proto__ 敏感属性，则退出程序。那么作为库的开发者，需要注意些什么来防止攻击出现呢？

（1）冻结 Object.prototype，使原型不能扩充属性。Object.freeze 方法可以冻结一个对象，如果一个对象被冻结，则该对象的原型也不能被修改。示例代码如下：

```
Object.freeze(Object.prototype);

Object.prototype.toString = 'evil';  // 修改失败
```

（2）规避不安全的递归性合并，类似 Lodash 库的修复手段，对敏感属性名跳过处理。

（3）Object.create(null)的返回值不会连接到 Object.prototype，这样一来，无论如

何扩充对象，都不会干扰到原型了。示例代码如下：

```
let foo = Object.create(null);
console.log(foo.__proto__);
// undefined
```

（4）采用新的 Map 数据类型代替 Object 类型。Map 对象用于保存键/值对，是键/值对的集合，任何值（对象或原始值）都可以作为一个键或一个值。使用 Map 数据结构，不会存在 Object 原型污染状况。

7.3.4　JSON.parse 补充

同样存在风险的是常用的 JSON.parse 方法。但是如果运行如下代码：

```
JSON.parse('{ "a":1, "__proto__": { "b": 2 }}');
```

会发现返回的结果如图 7-5 所示。

```
JSON.parse('{ "a":1, "__proto__": { "b": 2 }}')
▼ {a: 1, __proto__: {...}}
    a: 1
  ▼ __proto__:
    ▶ constructor: f Object()
    ▶ hasOwnProperty: f hasOwnProperty()
    ▶ isPrototypeOf: f isPrototypeOf()
    ▶ propertyIsEnumerable: f propertyIsEnumerable()
    ▶ toLocaleString: f toLocaleString()
    ▶ toString: f toString()
    ▶ valueOf: f valueOf()
    ▶ __defineGetter__: f __defineGetter__()
    ▶ __defineSetter__: f __defineSetter__()
    ▶ __lookupGetter__: f __lookupGetter__()
    ▶ __lookupSetter__: f __lookupSetter__()
    ▶ get __proto__: f __proto__()
    ▶ set __proto__: f __proto__()
```

图 7-5

复写 Object.prototype 失败了，__proto__ 属性还是我们熟悉的那个有安全感的 __proto__，这是因为浏览器 JavaScript 引擎（如 V8）在 JSON.parse 方法内部默认会忽略 __proto__ 属性。Chromium 浏览器 bugs 中有关于这个问题的讨论，其中提到 "V8 ignores keys named proto in JSON.parse"。

7.4　依赖的安全性问题

前面介绍了开发库的过程中要注意的安全问题，这些安全建议都是针对库的开发者自己编写的代码，只是保证了库代码自身的安全。在现代 Web 开发体系中，需要依赖很多其他人编写的库，如打包工具、工具函数库等。

一个开源库可能会直接依赖十几个到几十个其他开源库，这些库可能又依赖了别的库，这些库形成了一个巨大的依赖树。使用"npm list"命令可以查看完整的依赖树。图 7-6 所示为第 4 章中深拷贝库的直接依赖项。

```
→ clone git:(master) npm list -depth 0
clone@1.0.0 /Users/yan/jslib-book/jslib-book-code/cp4/clone
├── @babel/core@7.12.3
├── @babel/plugin-transform-runtime@7.12.1
├── @babel/preset-env@7.12.1
├── @babel/register@7.0.0
├── @babel/runtime-corejs2@7.12.5
├── @babel/runtime-corejs3@7.12.5
├── babel-plugin-istanbul@5.1.0
├── colors@1.4.0
├── core-js@3.8.0
├── cross-env@5.2.0
├── expect.js@0.3.1
├── mocha@3.5.3
├── nyc@13.1.0
├── ora@5.1.0
├── puppeteer@5.5.0
├──                        rollup@0.57.1
├── rollup-plugin-babel@4.4.0
├── rollup-plugin-commonjs@8.3.0
├── rollup-plugin-node-resolve@3.0.3
```

图 7-6

由此可见，保证依赖库的安全同样重要。但是依赖的代码不可控因素太多，下面从多个方面介绍依赖的安全性问题。

7.4.1 库的选择

npm 上托管了成千上万个库，其中不乏很多优秀的库，但也有很多库的质量一般，安全性也得不到保证，那么应该如何筛选一个安全的库呢？一般来说，可以参考下面的信息。

GitHub 上有很多有价值的信息，Start 数代表了一个库的知名度，知名度越高的库越值得信赖。图 7-7 所示为 Lodash 库在 GitHub 上的 Start 数，通过 Start 数可以看出 Lodash 库被很多人关注。

图 7-7

GitHub 上的 Issues 信息可以反映一个库的质量，一般 Issues 少的库质量更好，并且通过 Issues 信息还能看出一个库是否被积极维护中。图 7-8 所示为 Lodash 库在 GitHub 上的 Issues 信息截图，可以看出 Issues 修复数量较多。

图 7-8

npm 上的下载量也是重要指标，下载量可以反映真实环境的使用情况。图 7-9 所示为 Lodash 库的下载量，可以看出使用者较多。

图 7-9

建议使用前对依赖的库做一个完整检查，包括源码、打包、依赖项、使用情况和是否积极维护等。

7.4.2 正确区分依赖

npm 中存在以下 5 种不同类型的依赖，业务项目都用 dependencies 依赖即可，开源库需要正确区分和使用它们。这里重点介绍前 3 种的区别。

- dependencies。
- devDependencies。
- peerDependencies。
- bundleDependencies。
- optionalDependencies。

如果我们的库在运行时需要依赖的库要添加为 dependencies 依赖，那么在使用 npm 安装某个库时，会默认将这个库添加为 dependencies 依赖。

例如，我们的库依赖 Lodash 库中的某个函数，可以使用如下命令安装 Lodash 库：

```
$ npm install --save lodash
```

上面命令中的参数--save 可以省略，npm 在安装依赖的同时，会默认将依赖添加到 package.json 文件的 dependencies 字段中。示例代码如下：

```
{
  "dependencies": {
    "lodash": "^4.17.21"
  }
}
```

我们的库在开发时也会用到很多依赖，如构建打包、单元测试、Lint 等相关工具库，这些依赖应该放到 devDependencies 依赖中。当使用 npm 安装某个库时，不会安装这个库 devDependencies 依赖中的库。

一定要正确区分 devDependencies 和 dependencies，否则可能会给使用库的项目安装不必要的依赖。

添加参数--save-dev，npm 在安装时会将依赖添加为 devDependencies 依赖，示例如下：

```
$ npm install --save-dev rollup
```

peerDependencies 依赖平时用的不多，如果某个库需要依赖别的库才能使用，则可以用到 peerDependencies 依赖。例如，如果编写了一个 React 的插件，则可以将 React 作为插件的 peerDependencies 依赖，peerDependencies 依赖存放在 package.json 文件的 peerDependencies 字段中。示例代码如下：

```
{
  "peerDependencies": {
    "react": "^17.0.2"
  }
}
```

peerDependencies 依赖其实是把依赖环境的安装交给了使用者，npm 在安装一个库时，会检测这个库 peerDependencies 中的依赖是否存在，不存在时会给出警告提示[①]。

[①] npm v2 之前会自动安装同等依赖，npm v3 不再自动安装，会给出警告。

7.4.3 版本问题

假设有两个库 A 和 C,当这两个库都依赖同一个库 B,但是依赖的版本不一样时会发生什么呢?

在 npm v2 中,每个库的依赖都会安装在自己的目录下,但是这样完全不能复用,会存在重复安装的问题,这在 Node.js 中还好,但在浏览器应用中重复安装的库会被重复打包,一个库被重复打包会带来性能问题。

npm v3 修复了这个问题,如果两个库的版本能够复用,就会只安装一份。图 7-10 所示为 npm v2 和 npm v3 安装依赖的区别。

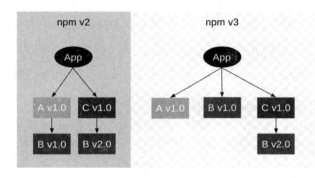

图 7-10

npm 如何确定两个库依赖的同一个库是否能够复用呢?判断版本必须完全一致是不可行的,想要搞清楚这个问题,需要先介绍语义化版本(Semantic Versioning,SemVer)。目前,社区在使用的 SemVer 的版本是 2.0,简称 SemVer 2.0。

SemVer 规定版本号的格式为"主版本号.次版本号.修订号",版本号的含义如下。

- 主版本号:当做了不兼容的 API 修改时。
- 次版本号:当做了向下兼容的功能性新增时。
- 修订号:当做了向下兼容的问题修正时。

当两个库同时依赖的一个库的主版本号一致,只有次版本号不一致时,npm 在安装依赖时,会自动选择次版本号更大的一个进行安装。按照 SemVer 规范,这样做是安全的,npm 能够这样做的前提是在两个库依赖的同一个库的版本号前面有个"^"。版本号前面的"^"叫作版本号前缀,前缀还可以是"~"和无前缀。不同前缀的区别如下:

```
{
  "dependencies": {
    "lodash": "^4.17.21", // 前缀为"^"：固定主版本，次版本和修订版本可以升级
    "lodash": "~4.17.21", // 前缀为"~"：固定主版本和次版本，修订版本可以升级
    "lodash": "4.17.21" // 无前缀：固定版本
  }
}
```

使用 npm 安装一个库时，默认会自动在版本号前面添加"^"，可以通过"npm config"命令改变这个默认行为，命令如下：

```
$ npm config set save-prefix="~"  # 默认为"~"
$ npm config set save-prefix=""   # 默认不添加前缀
```

对于 dependencies 和 peerDependencies 中的版本号，建议使用"^"作为前缀，这样用户在使用我们的库时，可以避免重复安装依赖；对于 devDependencies，建议使用固定版本号，这样可以避免每次安装时版本可能不一致的问题。

上面提到库的 dependencies 依赖使用"^"作为前缀，这样库的依赖库就是动态版本。

使用我们库的项目，依赖库还是可能每次安装都不一致。为了解决这个问题，npm v5 中引入了 lock 文件，现在使用 npm 安装完会在项目的根目录下创建一个 package-lock.json 文件，里面对整个 node_modules 目录做了记录，可以保证下次安装时的一致性。

需要注意的是，package-lock.json 文件不会被发布到 npm 上，也就是说，我们库中的 lock 文件不会影响使用我们库的项目。

7.4.4 依赖过期

一般来说，库的小版本更新会修复某些问题，升级到新的版本是风险比较小的操作，建议读者实时保持小版本的更新。但是我们的库可能依赖了很多库，每个库的更新都不会通知我们，那么如何知道哪个库又有了新版本呢？

对于上述问题，可以通过执行"npm outdated"命令来解决。图 7-11 所示为对我们的深拷贝库执行"npm outdated"命令的结果。

"npm outdated"命令将检查过时的软件包。图 7-11 中"Wanted"列是该命令给出的符合 SemVer 规范版本安全的最新软件包，"Latest"列是最新的软件包。借助这个命

令可以查看哪些依赖库有更新，然后进行升级，升级后不要忘记测试功能是否正常。

```
→ clone git:(master) npm outdated
Package                          Current  Wanted  Latest  Locatio
@babel/core                       7.12.3   7.16.0  7.16.0  clone
@babel/plugin-transform-runtime   7.12.1   7.16.4  7.16.4  clone
@babel/preset-env                 7.12.1   7.16.4  7.16.4  clone
@babel/register                   7.0.0    7.16.0  7.16.0  clone
@babel/runtime-corejs2            7.12.5   7.16.3  7.16.3  clone
@babel/runtime-corejs3            7.12.5   7.16.3  7.16.3  clone
babel-plugin-istanbul             5.1.0    5.2.0   6.1.1   clone
core-js                           3.8.0    3.19.1  3.19.1  clone
cross-env                         5.2.0    5.2.1   7.0.3   clone
mocha                             3.5.3    3.5.3   9.1.3   clone
nyc                               13.1.0   13.3.0  15.1.0  clone
ora                               5.1.0    5.4.1   6.0.1   clone
puppeteer                         5.5.0    5.5.0   11.0.0  clone
rollup                            0.57.1   0.57.1  2.60.1  clone
rollup-plugin-commonjs            8.3.0    8.4.1   10.1.0  clone
rollup-plugin-node-resolve        3.0.0    3.4.0   5.2.0   clone
```

图 7-11

7.4.5 安全检查

即便是拥有众多使用者的库，也不一定就是安全的。下面介绍社区中曾经发生过的一些安全问题。

2016 年 3 月，一个开发者因为对 npm 不满，所以将自己所有的库都从 npm 下架了[①]，其中包括被广泛使用的 left-pad 库，导致 Babel、React Native、Ember 等大量工具构建失败。这在当时引起了很多讨论，直接导致 npm 后来更改了规则，已经发布了的库不能随意下架。

left-pad 库仅有 11 行代码，可以实现格式化补充前缀功能，如今可以使用 ECMAScript 2015+引入的 String.prototype.padStart 方法代替。left-pad 库的代码和使用示例如下：

```
function leftpad(str, len, ch) {
  str = String(str);
  var i = -1;
  if (!ch && ch !== 0) ch = ' ';
  len = len - str.length;
  while (++i < len) {
```

---

① left-pad 库的开发者写了博文阐述原因，文章的标题是 "I've Just Liberated My Modules"。

```
    str = ch + str;
  }
  return str;
}

leftpad('1', 3, 0); // '001'
```

antd 是非常流行的前端组件库，被大量团队的大量项目使用。2018 年 12 月 25 日，antd 组件的样式悄悄变了，所有的 Button 组件都被加上了雪花，这在当时引起了非常大的社区问题，antd 的这次事件暴露出的问题是运行良好的库可能在未来某个时间点改变行为。

2018 年 11 月，event-stream 库曝出其依赖的库被注入恶意代码，黑客利用该恶意代码窃取安装这个库的用户的数字货币。

2021 年 10 月，一款名为 UAParser.js 的 npm 包遭到黑客攻击，并被恶意代码修改。

如果依赖了上面的库，那么我们的库也会突然不能运行；可能在某一天悄悄改变了行为；也可能被注入了恶意代码，所以要谨慎地选择依赖的库。

那么如何能够及时发现依赖的库是否安全呢？可以通过“npm audit”命令，该命令运行安全审核，扫描依赖是否存在漏洞。图 7-12 所示为我们的深拷贝库的扫描结果，提示 handlebars 库存在一个高风险问题，通过 Path 信息，还能清楚地看见 handlebars 库是如何被依赖引入的。

```
➜ clone git:(master) npm audit

                    === npm audit security report ===

# Run  npm install --save-dev nyc@15.1.0  to resolve 16 vulnerabilities
SEMVER WARNING: Recommended action is a potentially breaking change
```

High	**Arbitrary Code Execution in handlebars**
Package	handlebars
Dependency of	nyc [dev]
Path	nyc > istanbul-reports > handlebars
More info	https://github.com/advisories/GHSA-q2c6-c6pm-g3gh

图 7-12

执行“npm audit”命令后，在控制台输出的最后面汇总了错误信息，有了这些信息，就可以修复并替换有问题的依赖了，如图 7-13。

```
found 34 vulnerabilities (1 low, 16 moderate, 14 high, 3 critical) in 491 scanned packages
  run `npm audit fix` to fix 14 of them.
  20 vulnerabilities require semver-major dependency updates.
```

图 7-13

综上所述，一个核心原则是不要太依赖其他的库，依赖的库越少往往越安全，这需要库的开发者在效率和安全之间做好权衡。

7.5 本章小结

本章介绍了如何做好开源库的安全防护工作，主要包括如下内容：

- 如何防护意外。
- 如何避免原型入侵及防范原型污染。
- 如何保证依赖的安全。

同时介绍了在开源社区中出现过的典型安全案例。对于开源库来说，安全无小事，建议读者认真对待，用严格标准要求自己。

第 8 章 抽象标准库

前面介绍了开发库的最佳实践，本章将介绍开发库的过程中会用到的通用功能，并将这些功能抽象为基础库，这些库是为更好地开发库而编写的，使用这些库可以极大地提高库的开发效率。

8.1 类型判断

在 6.2 节中提到对函数参数做防御式编程，其中提到不同类型的参数会有不同的处理逻辑，这需要知道参数的类型，然而在 JavaScript 中获取参数的类型并不容易。下面介绍获取数据类型常用的方法和存在的问题。

8.1.1 背景知识

对于数据为空的情况，经常要做防御式编程，误区之一是使用非运算符直接判断，这会把很多假值计算在内。常见的假值有 0、""（空字符串）、false、null、undefined 等。示例代码如下：

```javascript
function double(x) {
  // 0 会被错误计算
  if (!x) {
    return NaN;
  }
  return x * 2;
}
```

对于判空，另一种写法是直接与 null 和 undefined 进行比较。示例代码如下：

```javascript
function double(x) {
  if (x === null || x === undefined) {
    return NaN;
  }
  return x * 2;
}
```

这种写法有一个比较严重的安全问题。在 JavaScript 中，undefined 并不是关键字，而是 window[1] 上的一个属性，在 ECMAScript 5 之前这个属性是可写的，如果 undefined 被重新赋值，则在过时浏览器中执行如下代码，由于 undefined 属性被改写了，因此会导致判断不能生效。

```javascript
window.undefined = 1;

var x; // x 未被赋值
// 判断不能生效，因为 undefined 为 1
if (x === undefined) {
  console.log(111);
}
```

虽然在现代浏览器中不会有这个 Bug，但是如果函数的作用域中存在名字为 undefined 的变量，则还是会有问题，这被称作 undefined 变量覆盖。示例代码如下：

```javascript
(function () {
  var undefined = 1;
  var x;
  // 判断不能生效
  if (x === undefined) {
    console.log(111);
  }
})();
```

---

[1] 浏览器环境下的全局对象是 window，Node.js 环境下的全局对象是 global。

对于判空，还有比较巧妙的方法。可以只和 null 判断相等，借助隐式转换达到同样的效果。由于 null 是 JavaScript 中的关键字，无法作为变量的名字，因此 null 没有 undefined 变量覆盖的问题。示例代码如下：

```
window.undefined = 1;

function double(x) {
  if (x == null) {
    return NaN;
  }
  return x * 2;
}
```

在全等操作符是最佳实践的背景下，这种做法并不被鼓励。还可以使用 typeof 操作符来判断 undefined，typeof 通过内部类型判断，不存在 undefined 变量覆盖的问题。示例代码如下：

```
window.undefined = 1;

function double(x) {
  if (x == null || typeof x === 'undefined') {
    return NaN;
  }
  return x * 2;
}
```

下面来看 number 类型数据的判断问题。对于 number 类型数据，有个需要注意的地方，在 JavaScript 中有个特殊的值叫作 NaN，NaN 的类型也是 number，编码中很少直接使用 NaN，通常都是在计算失败时会得到这个值。

虽然 NaN 的类型也是 number，但是将 NaN 作为正常 number 类型数据使用时就会报错，如调用 NaN 上的 toFixed 方法就会报错。更好的做法是添加 isNaN 判断，需要注意 number 类型数据要判断是否为 NaN 的特殊逻辑。示例代码如下：

```
const x = Math.sqrt(-1); // NaN

// 注意这里的 isNaN 判断
if (typeof x === 'number' && !isNaN(x)) {
  console.log(x.toFixed(2));
}
```

也可以使用 ECMAScript 2015 中新增的 Number.isNaN 方法。和全局函数 isNaN 相比，Number.isNaN 方法不会自行将参数的类型转换成数字类型。Number.isNaN 方法等价于如下代码逻辑，使用 Number.isNaN 方法是更好的办法，但是需要注意兼容性问题。

```
Number.isNaN = function (value) {
  return typeof value === 'number' && isNaN(value);
};
```

下面来看 typeof 操作符的问题。typeof 只能判断基本数据类型，对于引用数据类型，得到的值都是'object'。示例代码如下：

```
typeof []; // 'object'
typeof {}; // 'object'
typeof null; // 'object'
```

可以使用 instanceof 操作符来检测引用数据类型，其原理是检测 constructor.prototype 是否存在于参数 object 的原型链上。示例代码如下：

```
{} instanceof Object // true
[] instanceof Array // true
/reg/ instanceof RegExp // true
```

使用 instanceof 做类型判断时，存在的第一个问题是不够准确。例如，如下代码，数组类型对于 Array 和 Object 都返回 true，这是因为 Object.prototype 是所有对象的原型。

```
[] instanceof Array // true
[] instanceof Object // true，注意这里
```

使用 instanceof 做类型判断时，一定要注意顺序问题，如果顺序错误，则可能会得不到正确的结果。示例代码如下：

```
function type(x) {
  if (x instanceof Object) {
    return 'object';
  }

  // Array 永远得不到正确的类型
  if (x instanceof Array) {
    return 'array';
  }
}
```

```
}
type([]); // object
```

使用 instanceof 做类型判断时,存在的另一个冷门的问题是,当页面中存在多个 iframe 时,其判断可能会返回错误的结果,这个问题一般会在多窗口之间传递值时发生。示例代码如下:

```
[] instanceof window.frames[0].Array // 返回 false
[] instanceof window.Array // 返回 true
```

对于数组的判断,更好的办法是使用 ECMAScript 5 带来的新方法 Array.isArray,这个方法在任何情况下都可以得到可靠的结果。Array.isArray 方法的使用示例如下:

```
Array.isArray([]); // true
Array.isArray(1); // false
```

另一种常用的判断类型的方式是使用可以获取数据的内部类型的方法,借助 Object.prototype.toString 方法可以获取数据的内部类型。示例代码如下:

```
const toString = Object.prototype.toString;

toString.call({}); // [object Object]
toString.call(null); // [object Null]
toString.call(/reg/); // [object RegExp]
```

需要注意的是,在 ECMAScript 5 之前,Object.prototype.toString 方法对于 undefined 和 null 并不能返回正确的值,如果有兼容性需求,则需要注意这个问题。

ECMAScript 2015 引入了 Symbol.toStringTag 属性,可以修改内部类型的值,这会影响 toString 方法的返回值,示例代码如下,使用 Symbol.toStringTag 属性需要注意兼容性问题。

```
const toString = Object.prototype.toString;
const obj = {};

toString.call(obj); // '[object Object]'

obj[Symbol.toStringTag] = 'MyObject'; // 修改内部类型

toString.call(obj); // '[object MyObject]'
```

8.1.2 抽象库

通过前面的介绍可以知道，想在 JavaScript 中获取数据的类型不是一件容易的事情，需要开发者根据不同的场景选择正确的方式，这非常依赖开发者的经验。下面抽象一个类型判断库，其功能是可以简单、准确地获取数据的类型。

类型判断库对外暴露 type 函数，type 函数的设计示例代码如下，其接收一个参数，并返回参数类型的字符串表示。

```
export function type(x) {
  return 'unknown'; // 返回类型
}
```

下面来一步一步完成 type 函数，首先解决基本类型的判断。对于基本类型直接使用 typeof 操作符进行判断即可，但是对于 null 则需要特殊处理。示例代码如下：

```
export function type(x) {
  const t = typeof x;

  if (x === null) {
    return 'null';
  }

  if (t !== 'object') {
    return t;
  }

  return 'unknown'; // 返回类型
}
```

下面给我们的 type 函数添加单元测试代码，验证结果，这里只给出关键代码，如下所示：

```
expect(type(undefined), 'undefined');
expect(type(null), 'null');
expect(type(true), 'boolean');
expect(type(1), 'number');
expect(type(''), 'string');
expect(type(Symbol()), 'symbol');
```

对于对象类型数据，可以使用 toString 方法获取数据的内部类型，修改后的代码如下：

```
export function type(x) {
  const t = typeof x;

  if (x === null) {
    return 'null';
  }

  if (t !== 'object') {
    return t;
  }

  // 下面是新增的代码
  const toString = Object.prototype.toString;
  // toString 方法返回[object Array]，此处截取 Array
  const innerType = toString.call(x).slice(8, -1);
  // 转换为小写形式，Array => array
  const innerLowType = innerType.toLowerCase();
  // 占位符
  return innerLowType;
  // 上面是新增的代码

  return 'unknown'; // 返回类型
}
```

添加单元测试代码来测试效果，示例代码如下：

```
expect(type({}), 'object');
expect(type([]), 'array');
expect(type(/a/), 'regexp');
expect(type(Math), 'math');
```

在 JavaScript 中，有 3 个基本类型有对应的包装类型，分别是 Boolean、Number 和 String，包装类型需要使用 new 操作符来创建。在 JavaScript 中，可以直接在原始类型上调用原型方法，这是因为引擎会在内部自动创建包装类型。示例代码如下：

```
'1-2'.split('-'); // [1, 2]，在原始类型上可以直接调用原型方法
```

一般很少使用包装类型，但包装类型和原始类型是有区别的，通过全等判断可以看出二者之间的区别。示例代码如下：

```
new Boolean(true) === true; // false
new String('1') === '1'; // false
new Number(1) === 1; // false
```

现在,我们的 type 函数还不能区分两种类型,示例代码如下:

```
type(1); // 返回'number'
type(new Number(1)); // 返回'number',和原始类型返回值一样
```

下面修改我们的程序,使其可以区分两种类型。示例代码如下:

```
export function type(x) {
  // 在上面代码中占位符的位置添加如下代码
  // 区分 String()和 new String()
  if (['String', 'Boolean', 'Number'].includes(innerType)) {
    return innerType;
  }

  // 占位符
}
```

添加单元测试代码来测试效果,示例代码如下:

```
expect(type(new Number(1)), 'Number');
expect(type(new String('1')), 'String');
expect(type(new Boolean(true)), 'Boolean');
```

在 ECMAScript 5 中可以通过自定义构造函数来创建对象实例,在 ECMAScript 2015 中可以通过 Class 来创建对象实例,对于这种类型的实例,现在的 type 函数无法区分普通对象实例和通过自定义构造函数创建的对象实例。示例代码如下:

```
function A() {}

const a = new A();

type({}); // object
type(a); // object
```

对于上述这种情况,可以通过对象原型上的 constructor 属性来获取构造函数,进而获得函数名字,返回名字即可。示例代码如下:

```
function A() {}
const a = new A();

console.log(a.constructor.name); // 'A'
```

在上面代码中占位符的位置添加如下代码,即可区分通过自定义构造函数创建

的对象实例。

```
export function type(x) {
  // function A() {}; new A
  if (typeof x?.constructor?.name === 'string') {
    return x.constructor.name;
  }
}
```

添加单元测试代码来测试效果，示例代码如下：

```
function A() {}
expect(type(new A()), 'A');
```

至此，类型判断库已经初步完成，完整的例子可以查看随书代码。

下面将类型判断库发布到 npm 上，以便能够给其他的库使用。首先修改 package.json 文件中的 name 字段，示例代码如下：

```
{
  "name": "@jslib-book/type"
}
```

接下来，执行下面的命令，即可完成构建并发布。在看到发布成功的消息后，就大功告成了。

```
$ npm build
$ npm publish --access public
```

其他项目可以使用如下命令来安装我们的类型判断库：

```
$ npm install --save @jslib-book/type
```

8.2 函数工具

函数是开源库十分常见的对外接口。对于开源库来说，经常对函数进行一些常见包装后，才会对外导出，可以将这些操作抽象为通用的功能。本节将抽象一个函数工具库，其中包含多个操作函数的函数工具库。

8.2.1 once

有时候，函数只希望被执行一次，除了每次都实现一个只执行一次的函数，更好的做法是可以抽象一个公共函数，实现对传入函数的包装，使其只能执行一次。once 函数的示例代码如下：

```
export function once(fn) {
  let count = 0;
  return function (...args) {
    if (count === 0) {
      count += 1;
      return fn(...args);
    }
  };
}
```

假设有个函数 log，通过 once 函数包装，即可实现只执行一次。示例代码如下：

```
let i = 0;

const log = () => {
  console.log(i++);
};
const log1 = once(log);

// 原函数每次都执行
log(); // 输出 0
log(); // 输出 1

// 通过 once 函数包装后，函数只执行一次
log1(); // 输出 2
log1(); // 无输出
```

8.2.2 curry

curry（柯里化）也是比较常用的功能，它可以将普通函数变成可以传入部分参数的函数，一个典型的使用场景是可以给函数预设一些参数。例如，add 函数接收两个参数，通过 curry 可以生成预设加 10 的新函数 curryAdd10。示例代码如下：

```
function add(x, y) {
  return x + y;
}
```

```
add(1, 2); // 3

const curryAdd10 = curry(add)(10);

curryAdd10(2); // 12
```

下面是实现 curry 的代码，其核心是通过一个数组来存储传入的参数列表，当参数列表中实际存储的参数的个数达到预设参数个数时，就执行函数并返回执行结果。

```
export function curry(func) {
  const len = func.length;
  function partial(func, argsList, argsLen) {
    // 当参数的个数达到期望个数时，返回执行结果
    if (argsList.length >= argsLen) {
      return func(...argsList);
    }

    // 当参数的个数少于期望个数时，继续返回函数
    return function (...args) {
      return partial(func, [...argsList, ...args], argsLen);
    };
  }

  return partial(func, [], len);
}
```

8.2.3　pipe

将指定的函数串起来执行，每次都将前一个函数的返回值传递给后一个函数作为输入，这个过程在函数式编程中被称为 pipe，pipe 执行函数的顺序是从左往右。pipe 函数的使用示例如下：

```
function a() {
  console.log('a');
}
function b() {
  console.log('b');
}
function c() {
  console.log('c');
}
```

```javascript
const pipefn = pipe(a, b, c); // 等价于 c(b(a()))

pipefn(); // 先后输出'a'、'b'和'c'
```

下面是实现 pipe 函数的代码，其核心是使用数组的 reduce 方法。

```javascript
export function pipe(...fns) {
  return function (...args) {
    // 将前一个函数的输出 prevResult 传递给下一个函数的参数，第一个函数的参数是用户传入的参数 args
    return fns.reduce((prevResult, fn) => fn(...prevResult), args);
  };
}
```

8.2.4 compose

compose 和 pipe 类似，也是将函数串起来执行，每次都将前一个函数的返回值传递给后一个函数作为输入，compose 和 pipe 的区别是其执行函数的顺序是从右往左。compose 函数的使用示例如下：

```javascript
function a() {
  console.log('a');
}
function b() {
  console.log('b');
}
function c() {
  console.log('c');
}

const composefn = compose(a, b, c); // 等价于 a(b(c()))

composefn(); // 先后输出'c'、'b'和'a'
```

下面是实现 compose 函数的代码，compose 函数有很多种实现方式。参考实现 pipe 函数的代码，只要将其中的 reduce 改成 reduceRight 即可，reduceRight 和 reduce 类似，但其执行函数的顺序是从右往左。

```javascript
export function compose(...fns) {
  return function (...args) {
    // 将前一个函数的输出 prevResult 传递给下一个函数的参数，第一个函数的参数是用户传入的参数 args
    return fns.reduceRight((prevResult, fn) => fn(...prevResult), args);
  };
}
```

      };
    }

再来看另一种实现思路。由于已经有了上面的 pipe 函数，因此 compose 函数可以依赖 pipe 函数，这样只需要将传入的函数数组翻转顺序即可。下面是这种实现思路的代码：

```
export function compose(...fns) {
  return function (...args) {
    // 使用数组的 reverse 方法翻转顺序
    return pipe(...args.reverse());
  };
}
```

compose 函数可以被用来设计中间件系统，如状态管理库 redux 的中间件的设计就是使用了 compose 函数。下面的代码是 redux 库中对 compose 函数的实现：

```
export function compose(...funcs) {
  if (funcs.length === 0) {
    return (arg) => arg;
  }

  if (funcs.length === 1) {
    return funcs[0];
  }

  return funcs.reduce(
    (a, b) =>
      (...args) =>
        a(b(...args))
  );
}
```

可以看到其和我们前面的实现还是有很大不同的。在最开始考虑了函数个数为 0 和 1 的特殊情况，当函数个数大于 1 时，主要区别是嵌套关系的组合。我们的函数在执行时才将传入的函数按顺序嵌套起来，而 redux 库中的 compose 函数在执行阶段即返回嵌套好的函数。两者关键代码的区别如下：

```
// 我们的实现
return function (...args) {
  return fns.reduceRight((prevResult, fn) => fn(...prevResult), args);
};
```

```
// redux 库中的实现
return funcs.reduce(
  (a, b) =>
    (...args) =>
      a(b(...args))
);
```

下面将函数库发布到 npm 上，以便能够给其他的库使用。首先修改 package.json 文件中的 name 字段，示例代码如下：

```
{
  "name": "@jslib-book/functional"
}
```

接下来，执行下面的命令，即可完成构建并发布。在看到发布成功的消息后，就大功告成了。

```
$ npm build
$ npm publish --access public
```

其他项目可以使用如下命令安装我们的函数库：

```
$ npm install --save @jslib-book/functional
```

8.3 数据拷贝

本节将深入解析深拷贝难题，由浅入深，环环相扣，总共涉及 4 种深拷贝方式，每种方式都有自己的优点和缺点。

8.3.1 背景知识

先来介绍什么是深拷贝，和深拷贝有关系的另一个术语是浅拷贝，对这部分知识了解的读者可以跳过阅读。

其实深拷贝和浅拷贝都是针对引用类型数据的。JavaScript 中的变量类型分为值类型（基本类型）和引用类型；当将一个值类型的变量赋值给另一个变量时，会对值进行一份拷贝；而当将一个引用类型的变量赋值给另一个变量时，则会进行地址的拷贝，最终两个变量指向同一份数据。两者的区别示例如下：

```
// 基本类型
var a = 1;
var b = a;
a = 2;
console.log(a, b); // 2, 1；变量 a 和 b 指向不同的数据

// 引用类型指向同一份数据
var a = { c: 1 };
var b = a;
a.c = 2;
console.log(a.c, b.c); // 2, 2；全是 2，变量 a 和 b 指向同一份数据
```

当变量 a 为引用类型变量时，执行赋值操作后，变量 a 和 b 指向同一份数据，如果对其中一个变量进行修改，就会影响到另外一个变量。有时候这可能不是我们想要的结果，如果对这种现象不清楚的话，还可能造成不必要的 Bug。

那么应该如何切断变量 a 和 b 之间的关系呢？可以拷贝一份变量 a 的数据。根据拷贝的层级不同可以分为浅拷贝和深拷贝，浅拷贝就是只进行一层拷贝，而深拷贝则是无限层级拷贝。两种拷贝的区别示例如下：

```
var a1 = {b: {c: {}}};

var a2 = shallowClone(a1); // 浅拷贝
a2.b.c === a1.b.c // true

var a3 = clone(a1); // 深拷贝
a3.b.c === a1.b.c // false
```

浅拷贝的实现非常简单，并且有多种方法，其实就是遍历对象属性的问题。这里只给出一种方法，示例代码如下：

```
function shallowClone(source) {
  var target = {};
  for (var i in source) {
    if (source.hasOwnProperty(i)) {
      target[i] = source[i];
    }
  }

  return target;
}
```

8.3.2 最简单的深拷贝

本节来介绍深拷贝，深拷贝的问题其实可以分解成两个问题，即浅拷贝 + 递归。假设有如下数据：

```
var a1 = { b: { c: { d: 1 } } };
```

只要稍加改动，给前面实现浅拷贝的代码添加递归，即可实现最简单的深拷贝。示例代码如下：

```
function clone(source) {
  var target = {};
  for (var i in source) {
    if (source.hasOwnProperty(i)) {
      if (typeof source[i] === 'object') {
        target[i] = clone(source[i]); // 注意这里
      } else {
        target[i] = source[i];
      }
    }
  }

  return target;
}
```

相信大部分读者都能写出上面的代码，但是上面的代码问题很多。先来举几个例子：

- 没有对参数做校验。
- 判断是否是对象的逻辑不够严谨。
- 没有考虑数组的兼容性。

下面来看一下各个问题的解决办法。首先需要抽象一个判断对象的方法，比较常用的判断对象的方法如下：

```
function isObject(x) {
  return Object.prototype.toString.call(x) === '[object Object]';
}
```

函数需要添加参数校验，如果不是对象的话，则直接返回。示例代码如下：

```
function clone(source) {
  if (!isObject(source)) return source;
```

```
  // xxx
}
```

关于第三个问题，读者可以查看随书代码，本书不再展开介绍。其实上面的三个问题都是小问题，递归方法最大的问题在于爆栈，当数据的层级很深时就会发生栈溢出。

下面的 createData 函数可以生成指定深度和每层广度的数据，这个函数后面还会用到。createData 函数的代码实现和使用方式示例如下：

```
function createData(deep, breadth) {
  var data = {};
  var temp = data;

  for (var i = 0; i < deep; i++) {
    temp = temp['data'] = {};
    for (var j = 0; j < breadth; j++) {
      temp[j] = j;
    }
  }

  return data;
}

createData(1, 3); // 1层深度，每层有3个数据 {data: {0: 0, 1: 1, 2: 2}}
createData(3, 0); // 3层深度，每层有0个数据 {data: {data: {data: {}}}}
```

当传递给 clone 函数的数据层级很深时就会发生栈溢出，但是数据的广度不会造成溢出。示例代码如下：

```
clone(createData(1000)); // 不会溢出
clone(createData(10000)); // Maximum call stack size exceeded

clone(createData(10, 100000)); // 广度大，不会溢出
```

大部分情况下不会出现这么深层级的数据，但有一种特殊情况，就是循环引用。例如，以下代码就会导致栈溢出：

```
var a = {};
a.a = a;

clone(a); // Maximum call stack size exceeded，直接死循环了
```

解决循环引用问题的方法有两种，一种是循环检测，另一种是暴力破解。对于循环检测，读者可以自行思考一下；下面的内容将详细讲解暴力破解。

8.3.3 一行代码的深拷贝

使用系统自带的 JSON.stringify 方法和 JSON.parse 方法可以实现一行代码的深拷贝，这是非常聪明的做法。示例代码如下：

```
function cloneJSON(source) {
  return JSON.parse(JSON.stringify(source));
}
```

下面来测试 cloneJSON 方法有没有溢出的问题，看起来 cloneJSON 方法内部也是使用递归的方式。示例代码如下：

```
cloneJSON(createData(10000)); // Maximum call stack size exceeded
```

虽然用了递归，但是循环引用数据并不会造成栈溢出，JSON.stringify 方法内部做了循环引用的检测，正是上面提到解决循环引用的第一种方法——循环检测。示例代码如下：

```
var a = {};
a.a = a;

cloneJSON(a); // Uncaught TypeError: Converting circular structure to JSON
```

8.3.4 破解递归爆栈

破解递归爆栈的方法有两种：第一种是消除尾递归，但在这个例子中行不通；第二种是不用递归，改用循环。

例如，假设有如下数据：

```
var a = {
  a1: 1,
  a2: {
    b1: 1,
    b2: {
      c1: 1,
    },
```

```
    },
};
```

其数据结构是树状的,如下所示:

```
      a
     / \
    a1  a2
    |   / \
    1  b1  b2
       |   |
       1   c1
           |
           1
```

使用循环遍历一棵树需要借助一个栈,当栈为空时就遍历完了。栈里面存储下一个需要拷贝的节点,栈中每个节点要存储 3 个数据,分别是待拷贝的节点 data、待拷贝节点的父节点 parent、待拷贝节点在父节点中的属性值 key。

首先往栈中放入种子数据,第一个种子节点就是根节点。然后遍历当前节点下的子元素,如果是对象,就放到栈中,否则直接拷贝。示例代码如下:

```
function cloneLoop(x) {
  const root = {};

  // 栈
  const loopList = [
    {
      parent: root,
      key: undefined,
      data: x,
    },
  ];

  while (loopList.length) {
    // 深度优先
    const node = loopList.pop();
    const parent = node.parent;
    const key = node.key;
    const data = node.data;

    // 初始化赋值目标
    let res = parent;
```

```
    if (typeof key !== 'undefined') {
      res = parent[key] = {};
    }

    for (let k in data) {
      if (data.hasOwnProperty(k)) {
        if (typeof data[k] === 'object') {
          // 下一次循环
          loopList.push({
            parent: res,
            key: k,
            data: data[k],
          });
        } else {
          res[k] = data[k];
        }
      }
    }
  }

  return root;
}
```

改用循环后，再也不会出现爆栈的问题了，但是对于循环引用的数据，依然会死循环，无法完成拷贝。

8.3.5 破解循环引用

有没有一种办法可以破解循环引用呢？先来看另一个问题，上面的 3 种方法都存在引用丢失的问题，这在某些情况下也许是不能接受的。

例如，有一个对象 a，a 下面的两个键值都引用同一个对象 b，经过深拷贝后，a 的两个键值会丢失引用关系，从而变成两个不同的对象。示例代码如下：

```
var b = {};
var a = { a1: b, a2: b };

a.a1 === a.a2; // true

var c = clone(a);
c.a1 === c.a2; // false
```

如果发现一个新对象，就把这个对象和它的拷贝保存下来。每次拷贝对象前，都先看一下这个对象是否已经拷贝过了，如果已经拷贝过了，就不需要拷贝了，直接用之前拷贝的值，这样就能够保持引用关系了。

但是代码应该怎么编写呢？

本书的思路是引入一个数组 uniqueList，用来存储已经拷贝的数组，每次循环遍历时，先判断对象是否已经在数组 uniqueList 中了，如果在的话，就不执行拷贝逻辑了，find 函数的作用是查找指定对象是否在数组 uniqueList 中。完整的示例代码如下（这里要编写的代码其实和循环的代码大体一样，不一样的地方使用"// =========="标注出来了）：

```
// 保持引用关系
function cloneForce(x) {
  // =============
  const uniqueList = []; // 用来去重
  // =============

  let root = {};

  // 循环数组
  const loopList = [
    {
      parent: root,
      key: undefined,
      data: x,
    },
  ];

  while (loopList.length) {
    // 深度优先
    const node = loopList.pop();
    const parent = node.parent;
    const key = node.key;
    const data = node.data;

    // 初始化赋值目标，如果 key 为 undefined，则拷贝到 parent，否则拷贝到 parent[key]
    let res = parent;
    if (typeof key !== 'undefined') {
      res = parent[key] = {};
    }
```

```
    // =============
    // 数据已经存在
    let uniqueData = find(uniqueList, data);
    if (uniqueData) {
      parent[key] = uniqueData.target;
      continue; // 中断本次循环
    }

    // 数据不存在
    // 将拷贝过的数据存起来
    uniqueList.push({
      source: data,
      target: res,
    });
    // =============

    for (let k in data) {
      if (data.hasOwnProperty(k)) {
        if (typeof data[k] === 'object') {
          // 下一次循环
          loopList.push({
            parent: res,
            key: k,
            data: data[k],
          });
        } else {
          res[k] = data[k];
        }
      }
    }
  }

  return root;
}

function find(arr, item) {
  for (let i = 0; i < arr.length; i++) {
    if (arr[i].source === item) {
      return arr[i];
    }
  }

  return null;
}
```

下面来验证一下效果,现在深拷贝可以保留引用关系了。示例代码如下:

```
var b = {};
var a = { a1: b, a2: b };

a.a1 === a.a2; // true

var c = cloneForce(a);
c.a1 === c.a2; // true
```

接下来,看一下如何破解循环引用。其实上面的代码已经可以破解循环引用了,验证一下,示例代码如下:

```
var a = {};
a.a = a;

cloneForce(a);
```

那么看起来完美的 cloneForce 函数是不是就没有问题呢?其实 cloneForce 函数存在以下两个问题:

- 所谓成也萧何,败也萧何,如果保留的引用关系不是我们想要的,就不能用 cloneForce 函数了。
- cloneForce 函数在对象数量很多时会出现性能问题,所以,当数据量很大时,不适合使用 cloneForce 函数。

8.3.6 性能对比

下面对比一下 4 种深拷贝函数的性能。影响性能的原因有两个,一个是深度,另一个是每层的广度。下面采用控制变量法,即只让一个变量变化的方法来测试性能。

测试在指定的时间内深拷贝函数执行的次数,次数越多,证明函数的性能越好。

下面的 runTime 函数是测试代码的核心片段。在下面的例子中,测试在 2 秒内执行 clone(createData(500, 1))的次数。

```
function runTime(fn, time) {
  var stime = Date.now();
  var count = 0;
  while (Date.now() - stime < time) {
    fn();
```

```
    count++;
  }

  return count;
}

runTime(function () {
  clone(createData(500, 1));
}, 2000);
```

下面来做第一个测试。将广度固定在 100,深度由小到大变化,记录 1 秒内 4 种深拷贝函数执行的次数,测试结果如表 8-1 所示。

表 8-1

深　　度	clone	cloneJSON	cloneLoop	cloneForce
500	351	212	338	372
1000	174	104	175	143
1500	116	67	112	82
2000	92	50	88	69

将表 8-1 中的数据做成折线图,如图 8-1 所示。

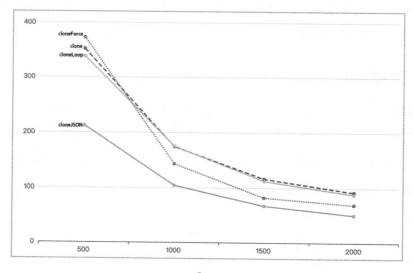

图 8-1

由图 8-1 可以发现如下规律:

- 随着深度变小，不同函数之间的差异在变小。
- clone 和 cloneLoop 函数之间的差别并不大。
- 性能对比：cloneLoop > cloneForce > cloneJSON，clone 函数的性能受层级影响较大。

下面分析各种函数的时间复杂度问题，4 种函数的关键区别如下：

- clone 时间=创建递归函数时间+每个对象处理时间。
- cloneJSON 时间=循环检测时间+每个对象处理时间×2（递归转字符串+递归解析）。
- cloneLoop 时间=每个对象处理时间。
- cloneForce 时间=判断对象是否在缓存中时间+每个对象处理时间。

cloneJSON 函数的速度只有 clone 函数的速度的 50%，这很容易理解，因为其会多进行一次递归操作。

cloneForce 函数要判断对象是否在缓存中，从而导致速度变慢。假设对象的个数是 n，则其时间复杂度为 $O(n^2)$，计算方法如下。对象的个数越多，cloneForce 函数的速度就会越慢。

```
1 + 2 + 3 ... + n = n^2/2 - 1
```

关于 clone 函数和 cloneLoop 函数这里有一点问题，看起来实验结果和推理结果不一致，这是为什么呢？

接下来做第二个测试。将深度固定在 10000，广度固定为 0，记录 2 秒内 4 种深拷贝函数执行的次数，测试结果如表 8-2 所示。

表 8-2

广度	clone	cloneJSON	cloneLoop	cloneForce
0	13400	3272	14292	989

排除广度的干扰，来看一下深度对各种函数的影响，总结如下：

- 随着对象的增多，cloneForce 函数的性能低下凸显。
- cloneJSON 函数的性能也大打折扣，这是因为循环检测占用了很多时间。
- cloneLoop 函数的性能略高于 clone 函数的性能，可以看到，比起 clone 函数中使用递归方法，cloneLoop 函数中使用循环方法带来的性能提升并不大。

下面测试一下 cloneForce 函数的性能极限，这次测试执行指定次数需要的时间，测试代码如下：

```
var data1 = createData(2000, 0);
var data2 = createData(4000, 0);
var data3 = createData(6000, 0);
var data4 = createData(8000, 0);
var data5 = createData(10000, 0);

cloneForce(data1);
cloneForce(data2);
cloneForce(data3);
cloneForce(data4);
cloneForce(data5);
```

测试结果如图 8-2 所示，通过测试可以发现，其时间成指数级增长，当对象个数大于万级别时，就会有 300ms 以上的延迟。

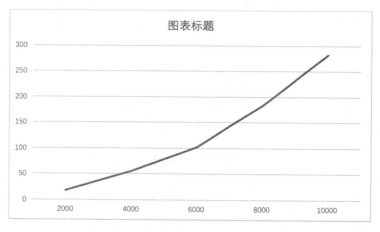

图 8-2

尺有所短，寸有所长，其实每种函数都有自己的优点和缺点及适用场景。表 8-3 所示为各种函数的对比，希望能够给读者提供一些帮助。

表 8-3

	clone	cloneJSON	cloneLoop	cloneForce
难度	☆☆	☆	☆☆☆	☆☆☆☆
兼容性	IE6	IE8	IE6	IE6

续表

	clone	cloneJSON	cloneLoop	cloneForce
循环引用	一层	不支持	一层	支持
栈溢出	会	会	不会	不会
保持引用	否	否	否	是
适合场景	一般数据拷贝	一般数据拷贝	层级很多	保持引用关系

下面将深拷贝库发布到 npm 上，以便能够给其他库使用。首先修改 package.json 文件中的 name 字段，示例代码如下：

```
{
  "name": "@jslib-book/clone"
}
```

接下来，执行下面的命令，即可完成构建并发布。在看到发布成功的消息后，就大功告成了。

```
$ npm build
$ npm publish --access public
```

其他项目可以使用如下命令安装我们的深拷贝库：

```
$ npm install --save @jslib-book/clone
```

8.4 相等性判断

判断两个值相等是非常常用的功能。虽然逻辑看似很简单，但是在 JavaScript 中想要准确地判断两个值相等，并且没有边界异常，并不是一件容易的事情。下面进行详细介绍。

8.4.1 背景知识

JavaScript 规范中存在四种相等算法。第一种算法叫作非严格相等，它使用两个等号，表示语义相等，不要求类型一样。非严格相等在比较前会先将要比较的参数的类型转换为一致的类型，再进行比较。示例代码如下：

```
1 == 1; // true
1 == '1'; // true；类型不同，不影响比较结果
```

非严格相等有十分复杂的转换规则，非常难以记忆。表 8-4 所示为 MDN 上记录的不同类型之间比较的转换规则。

表 8-4

	Undefined	Null	Number	String	Boolean	Object
Undefined	true	true	false	false	false	IsFalsy(B)
Null	true	true	false	false	false	IsFalsy(B)
Number	false	false	A === B	A === ToNumber(B)	A === ToNumber(B)	A == ToPrimitive(B)
String	false	false	ToNumber(A) === B	A === B	ToNumber(A) === ToNumber(B)	ToPrimitive(B) == A
Boolean	false	false	ToNumber(A) === B	ToNumber(A) === ToNumber(B)	A === B	ToNumber(A) == ToPrimitive(B)
Object	false	false	ToPrimitive(A) == B	ToPrimitive(A) == B	ToPrimitive(A) == ToNumber(B)	A === B

想要记住表 8-4 中的内容并不容易，对于非对象类型的值，可以总结如下 3 条规则：

- Undefined 只和 Null 相等。
- 和 Number 比较时，另一个值会自动转换为 Number。
- 和 Boolean 比较时，另一个值会转换为 Number。

如果值的类型为对象类型，则会使用内部的 ToPrimitive 方法进行转换，可以通过自定义 Symbol.toPrimitive 方法来改变返回值，示例代码如下。需要注意的是，在相等的判断中，Symbol.toPrimitive 方法接收的参数 hint 都是 default。

```
const obj = {
  [Symbol.toPrimitive](hint) {
    console.log(hint);
    if (hint == 'number') {
      return 1;
    }
    if (hint == 'string') {
```

```
    return 'yan';
  }
  return true;
 },
};

console.log(obj == 1);    // 返回 true
console.log(obj == '1');  // 返回 true
console.log(obj == true); // 返回 true
```

虽然非严格相等通过隐式的自动转换简化了部分场景的工作，如 Number 和 String 的自动转换简化了前端从表或 URL 参数中获取值的比较问题，但是自动转换带来的问题比便利还多。

隐式转换的规则在大部分情况下难以驾驭，现在主流的观点是不建议使用，本书建议只在判断 Undefined 和 Null 的场景下可以使用非严格相等。

严格相等是另一种比较算法，其和非严格想等的区别是不会进行类型转换，当类型不一致时直接返回 false。严格相等对应 "===" 操作符，因为使用 3 个等号，所以也被称作三等或全等。严格相等的示例如下：

```
1 === 1;    // true
1 === '1';  // false; 类型不同，影响比较结果
```

严格相等更符合直觉。虽然严格相等解决了非严格相等中隐式转换带来的问题，但是也丢失了隐式转换带来的便利，对于类型可能不一致的情况，如从表单中获取的值都是字符串，保险的做法是，在比较前手动进行类型转换。代码示例如下：

```
1 === Number('1'); // true; 手动进行类型转换
```

虽然严格相等几乎总是正确的，但是也有例外情况，如 NaN、+0 和-0 的问题。

Number 类型数据有个特殊的值——NaN，它用来表示计算错误的情况，比较常见的场景是当非 Number 类型数据和 Number 类型数据计算时，会得到 NaN 值，示例代码如下，这是从表单和接口请求获取数据时很容易出现的问题。

```
const a = 0 / 0;  // NaN
const b = 'a' / 1;
const c = undefined + 1; // NaN
```

在严格相等中，NaN 是不等于自己的，NaN 是(x !== x)成立的唯一情况。在某些场景下其实是希望能够判断 NaN 的，可以使用 isNaN 方法进行判断。ECMAScript

2015 引入了 Number.isNaN 方法，该方法和 isNaN 方法的区别是不会对传入的参数做类型转换，建议使用语义更清晰的 Number.isNaN 方法，但是要注意兼容性问题。判断 NaN 的示例代码如下：

```
NaN === NaN; // false

isNaN(NaN); // true
Number.isNaN(NaN); // true

isNaN('aaa'); // true；自动转换类型，'aaa'的类型转换为 Number 类型后为 NaN
Number.isNaN('aaa'); // false；不进行类型转换，类型不为 Number，直接返回 false
```

严格相等的另一个例外情况是无法区分+0 和-0，示例代码如下，在一些数学计算场景中是要区分+0 和-0 的。

```
+0 === -0; // true
```

JavaScript 中的很多系统函数和语句都使用严格相等，如数组的 indexOf 方法和 lastIndexOf 方法及 switch-case 语句等，需要注意的是，对于 NaN，这些系统函数和语句无法返回正确结果。示例代码如下：

```
[NaN].indexOf(NaN); // -1；数组中其实存在 NaN
[NaN].lastIndexOf(NaN); // -1
```

同值零是另一种相等算法，其名字来源于规范的直译，规范中叫作 SameValueZero。同值零的功能和严格相等的功能一样，除了处理 NaN 的方式，同值零认为 NaN 和 NaN 相等，这在判断 NaN 是否在集合中的语义下是非常合理的。

ECMAScript 2016 引入的 includes 方法使用此算法，此外，Map 的键去重和 Set 的值去重也使用此算法。代码示例如下：

```
[NaN].includes(NaN); // true；注意和 indexOf 方法的区别，includes 方法的语义更合理

new Set([NaN, NaN]); // [NaN]；Set 中只会有一个 NaN，如果 NaN!==NaN，则应该是[NaN, NaN]

new Map([
  [NaN, 1],
  [NaN, 2],
]); // {NaN => 2}；如果 NaN!==NaN，则应该是{NaN => 1, NaN => 2}
```

同值是最后一种相等算法，其和同值零类似，但认为+0 不等于-0，ECMAScript

2015 带来的 Object.is 方法使用同值算法。示例代码如下：

```
Object.is(NaN, NaN); // true
Object.is(+0, -0); // false  🔊 注意这里
```

同值算法用于确定两个值是否在任何情况下功能上都是相同的，比较不常用，Object.defineProperty 方法使用此算法确认键是否存在。例如，在将存在的只读属性值-0 修改为+0 时会报错，但如果将原本是-0 的值再次赋值为-0，则将正常执行，示例代码如下：

```
function test() {
  'use strict'; // 需要开启严格模式
  var a = {};

  Object.defineProperty(a, 'a1', {
    value: -0,
    writable: false,
    configurable: false,
    enumerable: false,
  });

  Object.defineProperty(a, 'a1', {
    value: -0,
  }); // 正常执行

  Object.defineProperty(a, 'a1', {
    value: 0,
  }); // Uncaught TypeError: Cannot redefine property: a1
}
test();
```

由于数组的 includes 方法无法区分+0 和-0，因此如果想区分+0 和-0，则可以使用 ECMAScript 2015 引入的 find 方法，自行控制判断逻辑。示例代码如下：

```
[0].includes(-0); // 不能区分+0 和-0
[0].find((val) => Object.is(val, -0)); // 能区分+0 和-0
```

最后来对比 4 种算法的区别，区别如表 8-5 所示。

表 8-5

	隐 式 转 换	NaN 和 NaN	+0 和-0
非严格相等（==）	是	false	true

续表

	隐式转换	NaN 和 NaN	+0 和 -0
严格相等（===）	否	false	true
同值零（includes 等）	否	true	true
同值（Object.is 等）	否	true	false

Number 类型数据还存在小数的比较问题，这是前端比较容易出问题的地方，一般运算时都会规避小数的运算。如果已经存在两个小数，想要对比两个小数是否相同，则可能会违反直觉，如 0.1+0.2 并不和 0.3 全等。示例代码如下：

```
var a = 0.1 + 0.2; // 0.30000000000000004

a === 0.3; // false
```

对于小数的比较，一般都是让两个数字做减法，如果其差值小于某一个很小的数字 X，就认为其相等，X 的值其实要依赖语言内部使用的浮点数规格，JavaScript 使用 IEEE 754 规范存储浮点数。

IEEE 754 规范使用双精度格式，这意味着每个浮点数占 64 位。虽然它不是二进制表示浮点数的唯一途径，但它是目前最广泛使用的格式，该格式用 64 位二进制数表示一个数组，如图 8-3 所示。

```
|seeeeeee eeee|ffff ffffffff ffffffff ffffffff ffffffff ffffffff ffffffff|
  1     11                              52
```

图 8-3

JavaScript 中的最小数字 X 是 2^{-52}，其对应的十进制数约等于 2.2204460492503130808472633361816E-16，这个数字比较难记忆，因此，ECMAScript 2015 引入了 Number.EPSILON 常量来表示这个数字，其使用示例如下：

```
var a = 0.1 + 0.2; // 0.30000000000000004

a - 0.3 < Number.EPSILON; // true；可认为 a === 0.3
```

可以将小数的相等抽象为一个函数，由于不知道哪个数字更大，因此通过 Math.abs 方法获取两个数字之差的绝对值后和 Number.EPSILON 进行比较。示例代码如下：

```
function equalFloat(x, y) {
  return Math.abs(x - y) < Number.EPSILON;
}

equalFloat(0.1 + 0.2, 0.3); // true
```

上面介绍了 JavaScript 中判断两个变量是否相等的各种方法，如果有两个内容一样的对象，那么使用上面的方法得到的结果可能不是我们希望的结果。

原因很简单，上面的 4 种算法都只比较变量的值是否一样，不会递归比较对象内部是否一样。对于两个对象来说，它们指向了不同的地址，所以会返回 false。示例代码如下：

```
const a1 = { a: 1 };
const a2 = { a: 1 };

a1 == a2; // false
a1 === a2; // false
Object.is(a1, a2); // false
```

在某些语义下，结构一样的对象希望得出相等的判断，但是 JavaScript 中缺少结构相似的内置判断。一种解决办法是先把对象序列化为字符串，然后比较字符串是否相等。将对象序列化可以使用 JSON.stringify 方法，示例代码如下：

```
const a1 = { a: 1 };
const a2 = { a: 1 };

JSON.stringify(a1) === JSON.stringify(a2); // true
```

这种方法简单好用，对于如下的基础类型数据、对象类型数据和数组类型数据都可以正常使用，没有问题。

```
const a = {
  a1: null,
  a2: 1,
  a3: true,
  a4: '',
};

JSON.stringify(a); // '{"a1":null,"a2":1,"a3":true,"a4":""}'
```

但是这种方法存在缺陷。其中一个缺陷是部分值序列化后会不可辨认，比如：

- NaN 序列化后和 null 无法区分。
- +0 和 -0 在序列化后无法区分。
- 溢出的数字和 null 无法区分。
- 普通类型值和包装类型值无法区分。
- 函数序列化后和 null 无法区分。

下面看一组例子，示例代码如下：

```
const a = {
  a1: NaN,
  a2: null,
};

JSON.stringify(a); // '{"a1":null,"a2":null}'

const b = {
  b1: +0,
  b2: -0,
};

JSON.stringify(b); // '{"b1":0,"b2":0}'

const c = {
  c1: Infinity,
  c2: null,
};

JSON.stringify(c); // '{"c1":null,"c2":null}'

JSON.stringify([1, new Number(1)]); // '[1,1]'：普通类型值和包装类型值序列化后一样

JSON.stringify([function a() {}]); // '[null]'
```

另一个缺陷是很多值不能序列化，如 undefined 和 symbol，序列化后就丢失了。示例代码如下：

```
const a = {
  a: undefined,
  b: Symbol(''),
};

JSON.stringify(a); // '{}'：值丢失了
```

ECMAScript 2015 新带来的 Map 和 Set 也无法序列化，会丢失数据信息，和空对象"{}"无法区分。示例代码如下：

```
JSON.stringify([new Set([1])]); // '[{}]'
JSON.stringify([new Map([[1, 2]])]); // '[{}]'
```

此外，绝大部分对象类型的值都无法序列化。示例如下：

```
JSON.stringify([/reg/]); // '[{}]'
JSON.stringify([Math]); // '[{}]'
JSON.stringify([new Image()]); // '[{}]'
JSON.stringify([class A {}]); // '[null]'
JSON.stringify([new (class A {})()]); // '[{}]'
```

不过需要注意的是，Date 对象是可以被序列化、比较相等的。示例代码如下：

```
JSON.stringify(new Date('2022.12.31')); // '"2022-12-30T16:00:00.000Z"'
```

此外，前面提到的小数比较问题，如 0.3 和 0.2+0.1，这两者序列化后的字符串并不相等，对于需要比较小数的场景，不能使用 JSON.stringify 方法，示例代码如下：

```
JSON.stringify([0.3, 0.1 + 0.2]); // '[0.3, 0.30000000000000004]'
```

8.4.2 抽象库

了解了前面介绍的背景知识，下面抽象一个判断变量结构相似的库，其目标是可以实现基本判断，并解决 JSON.stringify 方法无法处理部分类型值的问题。在社区里有一些类似的库，可以参考思路，如 Lodash 库中的 isEqual 函数。

函数的设计参数如下：

```
function isEqual(value, other) {}
```

函数的实现思路就是比较两个参数是否相等，如果参数是对象或数组的话，就递归比较。示例代码如下：

```
import { type } from '@jslib-book/type'; // 我们前面写的库

export function isEqual(value, other) {
  // 全等
  if (value === other) {
    return true;
```

```
  }

  const vType = type(value);
  const oType = type(other);

  // 类型不同
  if (vType !== oType) {
    return false;
  }

  if (vType === 'array') {
    // 数组判断
    return equalArray(value, other);
  }
  if (vType === 'object') {
    // 对象判断
    return equalObject(value, other);
  }

  return value === other;
}
```

上面的代码是大的框架，里面将对象和数组的递归比较逻辑抽象成了单独的函数。equalArray 和 equalObject 函数的实现代码分别如下：

```
function equalArray(value, other) {
  if (value.length !== other.length) {
    return false;
  }

  for (let i = 0; i < value.length; i++) {
    if (!isEqual(value[i], other[i])) {
      return false;
    }
  }

  return true;
}

function equalObject(value, other) {
  const vKeys = Object.keys(value);
  const oKeys = Object.keys(other);
```

```
  if (vKeys.length !== oKeys.length) {
    return false;
  }

  for (let i = 0; i < vKeys.length; i++) {
    const v = value[vKeys[i]];
    const o = other[vKeys[i]];
    if (!isEqual(v, o)) {
      return false;
    }
  }

  return true;
}
```

至此，基本版本的库就写好了，可以像下面这样使用：

```
const a1 = { a: 1 };
const a2 = { a: 1 };

isEqual(a1, a2); // true
```

但是前面提到的各种问题 isEqual 函数中仍然存在，如 NaN 问题、+0 和 -0 问题、各种对象的比较问题等。

这里有个比较有意思的设计问题，前面介绍 4 种比较算法时介绍了在不同的场景下，可能有不一样的希望，如对于 NaN 这个值，有人希望区分，有人希望不区分，所以才会有不同的比较算法。

针对这种需求，比较函数需要支持使用者自定义比较逻辑，一般这种功能都是通过扩展函数参数来实现的。参数设计示例如下：

```
// opt = { eqNaN: true, eqZero: false }，类似这种
export function isEqual(value, other, opt) {}
```

这样其实可以满足需求，但是如果有考虑不到的场景怎么办？例如，对于函数来说，库提供了基于字符串的比较，但是库的使用者可能希望基于函数名字的比较，对于这种情况，可以提供一个比较函数 compare。添加 compare 函数后，opt 参数设计示例如下：

```
/* opt = {
  eqNaN: true,
```

```
    eqZero: false,
    // 自定义比较函数
    compare: function (a, b) {
      if (typeof a === 'function' && typeof b === 'function') {
        return a.name === b.name
      }
    }
  }
*/
export function isEqual(value, other, opt) {}
```

比较函数的问题在于，这种自定义逻辑无法分享。在这里，可以借鉴 redux 中间件的思路，通过提供中间件，可以让社区共享比较逻辑，同时满足自定义逻辑。

修改后的代码如下，增加了参数 enhancer，如果传递了这个参数，就会执行这个参数的逻辑。

```
export function isEqual(value, other, enhancer) {
  const next = () => {
    // 这里是原来的比较逻辑，此处忽略
  };

  if (type(enhancer) === 'function') {
    return enhancer(next)(value, other); // 注意这里
  }

  return next();
}
```

上面的代码看起来可能难以理解，下面看一下中间件代码。以 NaN 为例子，中间件的代码都类似，只有 if 判断的地方有区别，如果两个值都是 NaN，则返回 true，否则返回下一个中间件的结果，参数 next 是下一个中间件。中间件代码的示例如下：

```
export function nanMiddleware() {
  return (next) => (value, other) => {
    if (typeof value === 'number' && typeof other === 'number') {
      if (isNaN(value) && isNaN(other)) {
        return true;
      }
    }

    return next(value, other);
```

```
  };
}
```

中间件会拦截 NaN 数据的比较逻辑，但是不影响其他类型的值，这里使用 NaN 中间件，示例代码如下：

```
const a1 = { a: NaN };
const a2 = { a: NaN };

isEqual(a1, a2); // false
isEqual(a1, a2, nanMiddleware()); // true
```

下面继续写一个函数的中间件，示例代码如下，默认函数会使用引用比较，这里使用字符串比较。

```
export function functionMiddleware() {
  return (next) => (value, other) => {
    if (type(value) === 'function' && type(other) === 'function') {
      return value.toString() === other.toString();
    }

    return next(value, other);
  };
}
```

下面看一下如何使用函数中间件，示例代码如下：

```
const a1 = { a: function () {} };
const a2 = { a: function () {} };

isEqual(a1, a2); // false
isEqual(a1, a2, functionMiddleware()); // true
```

对于上面中间件的写法，读者可能会疑惑为什么要有这么奇怪的写法呢，这其实都是为了让中间件能够串起来。思考一个问题，如果想要同时使用两个中间件，那么应该怎么办呢？可以在一个中间件中调用另一个中间件，示例代码如下：

```
const a1 = { a: function () {}, b: NaN };
const a2 = { a: function () {}, b: NaN };

isEqual(a1, a2); // false
isEqual(a1, a2, (next) => functionMiddleware(nanMiddleware())(next)); // true
```

这种嵌套写法在中间件变多以后会不太好书写，此时可以使用前面编写的 compose 函数解决，使用 compose 函数改写后的代码更简洁。示例代码如下：

```
import { compose } from '@jslib-book/functional';

isEqual(a1, a2, compose(functionMiddleware(), nanMiddleware())); // true
```

至此，相等性判断库就写完了，完整的代码可以查看随书代码。

下面将相等性判断库发布到 npm 上，以便能够给其他库使用。首先修改 package.json 文件中的 name 字段，示例代码如下：

```
{
  "name": "@jslib-book/isequal"
}
```

接下来，执行下面的命令，即可完成构建并发布。在看到发布成功的消息后，就大功告成了。

```
$ npm build
$ npm publish --access public
```

其他项目可以使用如下命令安装我们的相等性判断库：

```
$ npm install --save @jslib-book/isequal
```

8.5 参数扩展

参数是函数和外部交互的入口，有些参数是必选参数，有些参数是可选参数，一般可选参数在函数内部都会提供默认值。本节将介绍对象参数的默认值的问题。

8.5.1 背景知识

在 ECMAScript 2015 之前，语言层面并不支持函数参数默认值，一般都是函数内部自己处理，比较常见的做法是使用或逻辑运算符。示例代码如下：

```
function leftpad(str, len, char) {
  len = len || 2;
  char = char || '0';
}
```

或运算符是一个短路运算符。当前面的值是真值时，返回前面的值；当前面的值是假值时，返回后面的值。在参数默认值这个场景下，对于假值，或运算符是有问题的。

JavaScript 中的假值包括空字符串、0、undefined、null。对于参数默认值来说，当值为 undefined 时，返回默认值是正确的行为，但是如果使用或运算符来设置默认值，则会导致空字符串、0 和 null 都被设置为默认值。示例代码如下：

```
undefined || 1; // 1
null || 1; // 1
0 || 1; // 1
'' || 1; // 1
```

更好的做法是直接判断 undefined，前面介绍过可以使用 typeof 操作符判断 undefined。修改后的示例代码如下：

```
function leftpad(str, len, char) {
  len = typeof len === 'undefined' ? len : 2;
  char = typeof char === 'undefined' ? char : '0';
}
```

ECMAScript 2015 带来了原生默认参数，原生默认参数是最优选择。原生默认参数的示例代码如下：

```
function leftpad(str, len = 2, char = '0') {}
```

前面介绍了普通参数的默认值问题，如果可选参数是一个对象，对象的属性是可选的，那么此时应该如何提供默认值呢？如果简单地使用默认参数，比如像下面这样，那么并不能满足要求。

```
function leftpad(str, opt = { len: 2, char: '0' }) {}
```

```
leftpad('abc', { len: 4 }); // 想自定义 len，却把 char 给覆盖了
```

解决这个问题有多种办法。可以使用 ECMAScript 2015 带来的 Object.assign 函数，其可以将多个对象进行合并，位于后面的参数对象的属性可以覆盖前面的参数对象的属性。示例代码如下：

```
Object.assign({ a: 1 }, { a: 2, b: 1 }); // {a: 2, b: 1}
```

Object.assign 函数刚好满足对象默认值的需求，使用 Object.assign 函数改写后的

代码如下：

```
function leftpad(str, opt) {
  opt = Object.assign({ len: 2, char: '0' }, opt);
}
```

同样的思路，还可以使用 ECMAScript 2018 带来的对象解构，对象解构类似数组解构，解构的语法看起来更简洁。示例代码如下：

```
function leftpad(str, opt) {
  opt = { len: 2, char: '0', ...opt };
}
```

还可以使用另一种解构语法，在展开对象时，允许设置默认值。示例代码如下：

```
const { a = 1, b = 2 } = { a: 1 };

console.log(a); // 1
console.log(b); // 2：默认值
```

可以将解构默认值和函数参数结合起来，对于对象属性默认值，推荐使用这种办法。示例代码如下：

```
function leftpad(str, { len = 2, char = '0' }) {
  console.log(len, char);
}
```

下面来思考一下，假如对象的层级变深，那么会发生什么问题呢？下面看个例子，现在 len 变成了有最大值和最小值的对象，下面的代码依然存在覆盖的问题：

```
function leftpad(str, { len = { min = 1, max = 10 }, char = '0' }) {
    console.log(len, char)
}

leftpad('a', {len: {max: 5 }}) // min 会被覆盖
```

对于有两层数据或更多层数据的参数对象，前面的办法不能很好地保留默认值。

8.5.2 抽象库

针对两层及以上数据对象的问题，需要设计一个函数来支持功能，函数的接口设计和功能如下：

```
function extend(defaultOpt, customOpt) {
  // 此处先忽略代码
}

// {len: {min: 1, max: 5 }}执行 extend 函数，max 属性正确设置，min 属性正确保留
console.log(extend({ len: { min: 1, max: 10 } }, { len: { max: 5 } }));
```

下面来编写实现 extend 函数的代码，其思路是遍历 customOpt，将每个属性合并到 defaultOpt 上，如果属性值是对象的话，则递归合并过程。示例代码如下：

```
import { type } from '@jslib-book/type'; // 使用我们前面写的类型库

// 由于 Object.create(null)的对象没有 hasOwnProperty 方法，
// 这里使用借用 Object.prototype.hasOwnProperty 的方式
function hasOwnProp(obj, key) {
  return Object.prototype.hasOwnProperty.call(obj, key);
}

export function extend(defaultOpt, customOpt) {
  for (let name in customOpt) {
    const src = defaultOpt[name];
    const copy = customOpt[name];

    // 非可枚举属性，如原型链上的属性
    if (!hasOwnProp(customOpt, name)) {
      continue;
    }

    // 对于对象，需要递归处理
    if (copy && type(copy) === 'object') {
      // 当 default 上不存在值时，会自动创建空对象
      const clone = src && type(src) === 'object' ? src : {};
      // 递归合并
      defaultOpt[name] = extend(clone, copy);
    } else if (typeof copy !== 'undefined') {
      // 非对象且值不为 undefined
      defaultOpt[name] = copy;
    }
  }

  return defaultOpt;
}
```

上面的代码基本实现了功能，但是还有一个比较严重的问题就是会改写 defaultOpt，这对于使用者来说可能存在问题。考虑下面的场景：

```
// 使用方法一
// 改写了 defaultOpt，没问题
extend({ len: { min: 1, max: 10 } }, { len: { max: 5 } });

// 使用方法二
const defaultOpt = { len: { min: 1, max: 10 } };

extend(defaultOpt, { len: { max: 5 } }); // 改写了 defaultOpt
// 再次调用时会返回错误结果，max 返回 5，期望返回 10
extend(defaultOpt, { len: { min: 2 } });
```

想要解决上述问题其实并不难，只需要在最开始时将 defaultOpt 复制一份，后面修改复制的数据即可，这样就不会影响传入的 defaultOpt 了。复制操作需要使用深拷贝，深拷贝函数可以使用 8.3 节中编写的深拷贝库。添加深拷贝库后，关键代码如下：

```
import { clone } from '@jslib-book/clone';

export function extend(defaultOpt, customOpt) {
  defaultOpt = clone(defaultOpt); // 复制一份 defaultOpt，隔离数据

  // 此处省略代码，见上面

  return defaultOpt;
}
```

接下来，为了代码能够正确运行，需要安装依赖的两个库，分别是@jslib-book/type 和@jslib-book/clone。安装完成后，package.json 文件中会增加下面的代码：

```
{
  "dependencies": {
    "@jslib-book/type": "^1.0.0",
    "@jslib-book/clone": "^1.0.0"
  }
}
```

下面使用 extend 函数改写前面提到的例子代码，结果符合预期。示例代码如下：

```
function leftpad(str, opt) {
  // 使用 extend 函数合并参数
  opt = extend({ len: { min: 1, max: 10 }, char: '0' }, opt);
```

```
}
leftpad('a', { len: { max: 5 } }); // min 处理正确
```

下面将参数扩展库发布到 npm 上，以便能够给其他库使用。首先修改 package.json 文件中的 name 字段，示例代码如下：

```
{
  "name": "@jslib-book/extend"
}
```

接下来，执行下面的命令，完成构建并发布。在看到发布成功的消息后，就大功告成了。

```
$ npm build
$ npm publish --access public
```

其他项目可以使用如下命令安装参数扩展库：

```
$ npm install --save @jslib-book/extend
```

8.6 深层数据

JavaScript 中常用的引用数据结构是数组和对象，数组表示有序数据，对象表示无序数据，使用对象和数组可以组合出任何数据结构，如对象嵌套对象可以表示树形结构等。示例代码如下：

```
const tree = {
  left: { a: 1 },
  right: { b: 2 },
};
```

当嵌套层级很深时，读/写深层数据并不简单，本节将介绍如何读/写深层数据中的数据。

8.6.1 背景知识

先来了解读取深层数据的问题。在上面的例子中，如果想要读取 tree.left 中的 a 属性，一般会编写如下代码：

```
const tree = {
  left: { a: 1 },
  right: { b: 2 },
};

console.log(tree.left.a);
```

这么编写代码虽然在逻辑上正确，但是容错性较差，为什么这样说呢？因为 JavaScript 是动态类型的编程语言，在编译阶段无法发现类型的问题，如果数据是完全可控的，如上面代码中 tree 中的数据，这样编写问题不大。但是在更多的情况下，数据可能来源于接口数据、用户输入数据等，思考一下，如果 tree 中的 left 不存在，那么执行如下代码会发生什么呢？

```
const tree = {
  right: { b: 2 },
};

console.log(tree.left.a); // Uncaught TypeError: Cannot read properties of undefined
```

程序出错了，这是因为 left 的值是 undefined，访问 undefined 上的属性 a 就会报错。根据网络上的数据，从 undefined 和 null 上读取属性产生的错误，在 10 个最常见的 JavaScript 错误中排在第一位，如图 8-4 所示。

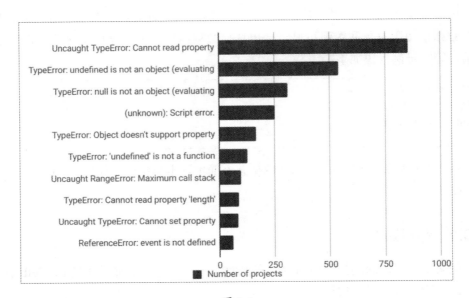

图 8-4

对于这种报错，之前常见的写法是借助或运算符的短路算法，在读取深层数据之前先判断父元素是否存在。示例代码如下：

```
const tree = {
  right: { b: 2 },
};

// 如果 tree.left 是 undefined，则直接返回 undefined，不执行后面的逻辑
console.log(tree.left && tree.left.a);
```

这种写法在层级较少时尚可，但是当层级较多时，每一层都可能为空，因此需要对每一层进行判断，这样会让判空代码变得很长。示例代码如下：

```
// 每一层都要判空
tree.left || tree.left.left || tree.left.left.left || tree.left.left.left.a;
```

在 ECMAScript 2020 之前，最佳实践是为这个问题编写一个库，社区中已经有不错的库可以直接使用，在本节后面的内容中将会编写一个库，这里继续介绍其他方法。

下面看一下语言层面的解决方案。TypeScript 是 JavaScript 的一个超集，在 TypeScript 中可以给数据添加类型约束，这样当数据可能为空时会在编译阶段给出提示，而不是在运行时才会报错，不过这需要开启 TypeScript 的严格模式才可以。下面是 TypeScript 版本代码：

```
interface Tree {
  left?: { a: number }; // left 是可选属性
  right: { b: number };
}

const tree: Tree = {
  right: { b: 2 },
};

console.log(tree.left.a); // 编译时报错，提示 left 可能为空
```

在 TypeScript 中，对于可能为空的数据，不需要使用或逻辑运算符，可以使用可选操作符。可选操作符用英文问号"?"表示，使用方法是在可能为空的数据后面添加"?"，添加可选操作符后，当数据为空时也不会报错。示例代码如下：

```
console.log(tree.left?.a); // 不报错，返回 undefined
```

但并不是所有项目都使用 TypeScript，由于这个问题实在太普遍了，因此

ECMAScript 2020 引入了可选链操作符（Optional Chaining），从语言层面带来了原生支持，ECMAScript 的可选链操作符也使用"?"表示。示例代码如下：

```
const tree = {
  right: { b: 2 },
};

console.log(tree.left?.a); // 不会报错
```

不过只有现代浏览器环境才能原生支持可选链操作符，如果要兼容不支持可选链操作符的旧浏览器，则可以使用 Babel 转换代码。使用 Babel 转换完的示例代码如下，可以看到组合了或逻辑运算符和三目运算符。

```
var _tree$left;
var tree = {
  right: {
    b: 2,
  },
};
(_tree$left = tree.left) === null || _tree$left === void 0
  ? void 0
  : _tree$left.a;
```

对于读取深层数据的问题，建议使用语言原生的解决方案。

下面介绍写深层数据的问题。如果父对象不存在，那么直接写的话会报错，示例代码如下：

```
const tree = {
  right: { b: 2 },
};

tree.left.a = 1;
// Uncaught TypeError: Cannot set properties of undefined (setting 'a')
```

语言层面未提供解决上述问题的能力，使用上面的可选链操作符是不行的，原因是表达式左边的值是不能存在可选链操作符的，当表达式左边的值存在可选链操作符时，执行代码会报错。示例代码如下：

```
const tree = {
  right: {b: 2}
}
```

```
tree.left?.a = 1 // Uncaught SyntaxError: Invalid left-hand side in assignment
```

一般比较简单的思路是把判空操作符提取到上层的判断中，这样即便层级变多也不会报错了。示例代码如下：

```
const tree = {
  right: { b: 2 },
};

// 赋值之前先判断父路径是否存在，结合可选链操作符使用
if (tree.left?.left) {
  tree.left.left.a = 1;
}
```

但是这种方法有个严重缺陷，如果父路径不存在，则不会进行赋值操作，判断中的逻辑不会执行，对于希望赋值能够成功，给不存在的层级自动创建默认值的场景，这种方法是不支持的。下面我们会抽象一个深层数据库来解决这个问题。

8.6.2 抽象库

实现写深层数据的函数的设计如下。函数的名字为 setany；第一个参数是数据根节点；第二个参数是赋值路径，路径是一个字符串，使用"."符号隔开表示每一层容器的名字；第三个参数是要设置的值。

```
export function setany(obj, key, val) {}

const tree = {
  right: { b: 2 },
};

setany(tree, 'left.a', 1); // 等价于 tree.left.a = 1
```

setany 函数的第一版示例代码如下，整体思路比较简单。首先解析 key，然后遍历判断每一层是否存在，如果不存在，则自动创建空对象作为容器。

```
export function setany(obj, key, val) {
  const keys = key.split('.');

  const root = keys.slice(0, -1).reduce((parent, subkey) => {
    // 如果不存在，则自动创建空对象
```

```
    return (parent[subkey] = parent[subkey] ? parent[subkey] : {});
  }, obj);

  root[keys[keys.length - 1]] = val;
}
```

上面的代码存在一个问题，如果数据层级中存在数组的话，就会被错误地初始化为对象，也就是说，不支持容器是数组。示例代码如下：

```
const tree = {};
setany(tree, 'arr.1', 1); // 希望得到{ arr: [1] }，实际得到的是{ arr { 1: 1 } }
```

那么如何能够让键区分出对象和数组呢？可以简单地给数组类型的键后面添加"[]"后缀。示例代码如下：

```
const tree = {};
setany(tree, 'arr[].1', 1); // 可以得到{arr: [1] }
```

改造后的示例代码如下，能够自动识别键是对象还是数组，从而自动创建不同类型的默认值。

```
function parseKey(key) {
  return key.replace('[]', '');
}

export function setany(obj, key, val) {
  const keys = key.split('.');

  const root = keys.slice(0, -1).reduce((parent, subkey) => {
    const realkey = parseKey(subkey);
    // 键值是 a.b[].c 的情况，此时需要判断 b[]表示数组
    return (parent[realkey] = parent[realkey]
      ? parent[realkey]
      : subkey.includes('[]')
      ? []
      : {});
  }, obj);

  root[keys[keys.length - 1]] = val;
}
```

目前，已经支持对象和数组作为容器，这能够满足大部分场景的需求，但 ECMAScript 2015 带来了原生的 Map 和 Set，Map 和 Set 弥补了 JavaScript 中原有对

象和数组的缺陷。下面先来简单介绍 Map 和 Set 的功能。

Map 的功能和对象的功能一样，也是表示无序键/值对。JavaScript 中的对象实际上承载了数据结构中的键/值对和面向对象中的对象实例两个功能，在作为数据结构中的键/值对这一方面存在一些缺点，比较明显的缺点有两个，一个是键的类型只能是字符串，另一个是空对象可以读取到原型上的值。示例代码如下：

```javascript
const obj = {};
obj['str'] = '1'; // 键值只能是字符串

// 非字符串值都要转换为字符串值，无法区分如下 3 种不同类型的键值
obj[1];
obj['1'];
obj[new Number(1)];

obj.toString; // 空对象也能够读取到原型上的值
```

Map 的键的类型可以是任意类型，Map 的键使用同值零算法确认是否相同，同值零算法认为 NaN 和 NaN 是相同的，认为+0 和-0 是相同的。示例代码如下：

```javascript
new Map([
  [NaN, 1],
  [NaN, 2],
]); // Map(1) {NaN => 2}

new Map([
  [0, 1],
  [-0, 2],
]); // Map(1) {0 => 2}
```

简单对比一下 Map 和对象的使用方法，两者的区别示例如下：

```javascript
// 新建
const map = new Map([['a', 1]])
const obj = { a: 1 }

// 读取属性
map.get('a')
obj.a

// 设置属性
map.set('b', 2)
obj.b = 2
```

Set 可以理解为自带去重功能的数组，Set 中的数据是有序的，遍历时按照插入的顺序输出，Set 和 Array 的区别是，重复向 Set 中放入同一个值，最终只会存在一份。两者的区别示例如下：

```
const arr = [];
arr.push(1);
arr.push(1);
console.log(arr); // [1, 1]

const set = new Set();
set.add(1);
set.add(1); // Set(1) {1}
```

Set 中的值总是唯一的，判断两个元素是否相等使用的是同值零算法，在 8.4 节中已经介绍过这种算法，同值零算法认为 NaN 和 NaN 是相同的，认为 +0 和 -0 是相同的。示例代码如下：

```
new Set([+0, -0]); // Set(1) {0}
new Set([NaN, NaN]); // Set(1) {NaN}
```

利用 Set 的唯一值特性，可以使用 Set 完成数组的去重。示例代码如下：

```
const arr = [1, 1, 2, 3];
const uniqArr = [...new Set(arr)]; // [1, 2, 3]
```

Set.prototype 属性指向 Object.prototype，而不是 Array.prototype，可以使用 instanceof 操作符来验证这个问题。示例代码如下：

```
const set = new Set();
set instanceof Set; // true
set instanceof Array; // false
set instanceof Object; // true
```

所以，Set 上并没有数组上的方法，Set 有一套自己的接口，和数组完全不同。下面是 Set 和数组的简单对比：

```
let arr = [];
let set = new Set();

// 添加元素
arr.push(1);
set.add(1);
```

```js
// 获取长度
arr.length;
set.size;

// 删除元素
set.delete(1);
// 数组没有 delete，只能使用 filter 代替
// 如果知道 key 的话，也可以使用 splice，注意还需要修改原数组
// 如果想要删除开头和结尾的元素的话，可以使用 pop 和 shift
arr = arr.filter((v) => v !== 1);
```

那么我们的库如何支持 Map 和 Set 作为容器呢？参考上面的思路，可以继续扩展，如扩展键值增加冒号，冒号后面代表类型。示例代码如下：

```js
setany(tree, 'arr:Array.0.m:Map.a.', 1);
// 上面设置后，会生成下面的数据结构

const tree = {
  arr: [new Map(['a', 1])],
};
```

具体的代码实现留给读者来完成，当作本节的一个小的作业吧。

写深层数据的问题已经解决，前面提到读深层数据时建议使用 JavaScript 原生的可选链操作符，但是对于写操作使用了我们深层数据库的代码，则可能希望能够有对应的读操作。下面完成通过一套 key 提供完整读和写的功能。

读数据的思路比较简单，和写数据的思路类似，但是却不用创建数据，只需要区分数据类型，使用不同的 API 读取即可。这里只提供了对象和数组版本的代码，Map 和 Set 版本的代码同样交给读者来实现吧，对象和数组的读操作可以统一使用[]语法。示例代码如下：

```js
export function getany(obj, key) {
  return key.split('.').reduce((prev, subkey) => {
    // 键值是 a.b[].c 的情况，此时需要判断 b[]表示数组
    return prev == null ? prev : prev[parseKey(subkey)];
  }, obj);
}
```

下面将深层数据库发布到 npm 上，以便能够给其他库使用。首先修改 package.json 文件中的 name 字段，示例代码如下：

```
{
  "name": "@jslib-book/anypath"
}
```

接下来，执行下面的命令，即可完成构建并发布。在看到发布成功的消息后，就大功告成了。

```
$ npm build
$ npm publish --access public
```

其他项目可以使用如下命令安装我们的深层数据库：

```
$ npm install --save @jslib-book/anypath
```

8.7 本章小结

本章介绍了库的开发过程中可能会遇到的 6 个问题，内容如下：

- 获取数据类型。
- 常用函数工具。
- 深拷贝数据。
- 判断数据值相等。
- 合并多个对象参数。
- 读取对象深层数据。

本章对上述每个问题的基础知识都进行了详细的介绍，并提供了对应的工具库可供读者直接使用，希望本章中的内容能够帮助读者编写出更好的库。

第 9 章 命令行工具

在上一章中，我们新建了多个库，每新建一个库，都要手动拷贝之前的库，并做一些改动，这种方式比较原始。新建库是非常高频的操作，本章将构建一款命令行（command line interface，cli）工具，以实现库的快速新建和初始化功能。

本章的内容来源于 jslib-base。jslib-base 是我维护的开源工具，支持 JavaScript 和 TypeScript 开源库的快速初始化。jslib-base 是一款用于实战的 cli 工具，而本章将介绍的是用于教学的 cli 工具。

9.1 系统设计

一个现代库需要很多预设配置，包括 lint、test、build 等。下面是第 5 章介绍的深拷贝库的目录结构：

```
➜  clone1 git:(master) tree -L 2
.
├── CHANGELOG.md
```

```
├── LICENSE
├── README.md
├── TODO.md
├── commitlint.config.js
├── config
│   ├── rollup.config.aio.js
│   ├── rollup.config.esm.js
│   ├── rollup.config.js
│   └── rollup.js
├── doc
│   └── api.md
├── package-lock.json
├── package.json
├── src
│   └── index.js
└── test
    ├── browser
    └── test.js
```

只有 src 目录是库的开发者真正需要完成的内容，每新建一个库，都要手动初始化项目，并删除和修改一些内容。手动方式的缺点如下：

- 手动拷贝费时费力。
- 拷贝完需要清理无关内容。
- 拷贝完需要修改部分内容。

解决上述问题有两种方法，第一种办法是新建一个空的模板项目，该模板项目中只包含基础内容，每次基于模板项目创建新的库，但是这样还是无法解决拷贝完需要手动修改部分内容的问题。

如果读者熟悉 React，则可能知道 create-react-app，其可以使用一条命令快速新建一个项目。示例如下：

```
$ npx create-react-app my-app
```

另一种更好的办法是参考 create-react-app，提供一款命令行工具，使用者通过一条命令即可快速初始化一个项目。类似下面这样：

```
$ jslibbook new mylib
```

第 5 章中的深拷贝库包含了很多功能，有些功能是必选的，有些功能是可选的，比较好的做法是将选择权交给库的开发者，由库的开发者决定自己需要的功能。

命令行支持的完整功能如下所述。

- 必选核心功能：
  - README.md。
  - TODO.md。
  - CHANGELOG.md。
  - doc。
  - LICENSE。
  - .gitignore。
  - .editorconfig。
  - .vscode。
  - .github。
  - src。
  - build 相关。
- 可选功能：
  - eslint。
  - prettier。
  - commitlint。
  - standard-version。
  - husky。
  - test。

在接下来的章节中，将一步一步实现一个可以使用的命令行工具。

9.2 标准命令行工具

本节将介绍如何搭建标准命令行工具，同时会介绍命令行的基础知识，以及如何使用开源库 yargs。

首先，新建一个项目，并使用 npm 进行初始化，命令如下：

```
$ mkdir jslib-book-cli
$ npm init
```

接下来，新建一个文件 bin/index.js，并在该文件中添加如下代码：

```
#!/usr/bin/env node
console.log('hello');
```

在 macOS 和 Linux 系统中，普通文件并不能直接执行，直接执行我们的 index.js 文件会报错。示例如下：

```
$ ./bin/index.js
zsh: permission denied: ./bin/index.js
```

这是因为普通文件没有执行权限。在 macOS 和 Linux 系统中，每个文件都可以设置读、写和可执行这 3 种权限，在默认情况下，用户对系统文件拥有只读权限，用户对自己创建的文件拥有读和写权限。通过下面的 ll 命令可以查看一个文件的权限信息：

```
$ ll ./bin/index.js
-rw-r--r--  1 yan  staff    0B  2 17 11:33 ./bin/index.js
```

上面的 "-rw-r--r--" 是 3 个角色的权限，最前面的 "-rw-" 代表当前用户对该文件拥有读和写权限。可以使用 chmod 命令修改文件权限。下面的命令可以让当前用户对 bin/index.js 文件拥有可执行权限：

```
$ chmod 755 ./bin/index.js
```

再次查看文件权限，可以看到 "-rw-" 变成了 "-rwxr"，"x" 表示当前文件可执行，示例如下：

```
$ ll ./bin/index.js
-rwxr-xr-x  1 yan  staff   86B  2 17 11:28 ./bin/index.js
```

再次执行 index.js 文件，可以看到输出 "hello"：

```
$ ./bin/index.js
hello
```

上面的执行方式存在一个问题，如果想要在其他目录中执行我们的 index.js 文件，则需要通过相对路径或绝对路径执行命令。使用绝对路径执行命令的示例如下：

```
$ /Users/yan/jslib-book/jslib-book-cli/bin/index.js  # 需要路径
hello
```

但是作为对比，系统命令却可以直接执行，如 echo 命令，echo 命令不需要路径就可以直接执行的原因是它是系统内置命令。示例如下：

```
$ echo hello  # 不需要路径
hello
$ which echo
echo: shell built-in command
```

并不是所有命令都是系统内置命令，如 git 命令，使用 git 命令时也不需要路径。通过 which 命令可以查看到 git 命令位于 /usr/local/bin 目录中，位于 /usr/local/bin 目录中的可执行文件可以不带路径直接执行。which 命令的示例如下：

```
$ which git
/usr/local/bin/git
```

这里需要介绍一个操作系统的背景知识，为了解决第三方命令需要路径的问题，操作系统都支持设置 PATH，PATH 中的路径下存在的命令都可以直接调用。

在 macOS 系统中，可以使用全局变量 $PATH 来查看系统中已经存在的 PATH，示例如下：

```
$ echo $PATH
/usr/local/bin:/usr/bin:/bin:/usr/sbin:/usr/local/mysql/bin/
```

需要注意的是，在读者的计算机上可能和上面的输出不同，PATH 规范要求使用冒号连接多个路径，上面的 PATH 中存在 4 个路径。

macOS 系统支持将自定义命令的路径添加到 PATH 中，修改完配置文件后，需要使用 source 命令让配置即刻生效，需要注意 Windows、Linux 和 macOS 系统中设置方式的区别。下面将我们的 cli 工具库路径添加到 PATH 中，示例如下：

```
$ vi ~/.bash_profile
export PATH=$PATH:/Users/yan/jslib-book/jslib-book-cli/bin

$ source ~/.bash_profile
$ index.js
```

还有另一种更简单的办法。既然位于 /usr/local/bin 目录中的命令可以直接执行，那么在 macOS 和 Linux 系统中可以使用软链接。在 /usr/local/bin 目录中创建一个软链接，指向可执行文件即可，示例如下：

```
$ ln -s /Users/yan/jslib-book/jslib-book-cli/bin/index.js /usr/local/bin/hello

$ hello
hello
```

上面的方法可行，但是需要了解命令行的背景知识，npm 将上面的过程做了封装，并提供了简单的接口。首先修改 package.json 文件，在该文件中添加如下内容，jslibbook 就是命令的名字。

```
{
  "bin": {
    "jslibbook": "./bin/index.js"
  }
}
```

然后执行"npm link"命令，在 macOS 系统中如果提示没有权限，则可以添加 sudo 再次执行。执行命令和控制台输出如下：

```
$ npm link # sudo npm link
npm WARN @jslib-book/cli@1.0.0 No description

up to date in 0.646s
found 0 vulnerabilities

/usr/local/bin/jslibbook -> /usr/local/lib/node_modules/@jslib-book/cli/bin/index.js
/usr/local/lib/node_modules/@jslib-book/cli -> /Users/yan/jslib-book/jslib-book-cli
```

通过上面的提示可以知道，执行"npm link"命令会创建两个软链接，其中一个软链接/usr/local/bin/jslibbook 和上面介绍的背景知识是一致的。

"npm link"命令执行成功后，就可以像下面这样直接执行命令了：

```
$ jslibbook
hello
```

接下来介绍命令行参数问题，通过 process.argv 可以获取命令执行时的参数，示例代码如下：

```
#!/usr/bin/env node

const process = require('process');
console.log(process.argv[0]);
console.log(process.argv[1]);
console.log(process.argv[2]);
```

再次执行命令,可以打印执行 jslibbook 命令的参数,示例如下:

```
$ jslibbook 123
/usr/local/bin/node
/usr/local/bin/jslibbook
123
```

"process.argv[2]"就是传给命令的参数,通过 process.argv 手动处理命令行参数并不简单,因为一个标准命令行参数需要支持两种格式。示例如下:

```
$ jslibbook --name=mylib
$ jslibbook --name mylib
```

yargs 是一个开源库,专门用来处理命令行参数问题。首先使用如下命令安装 yargs:

```
$ npm install --save yargs
```

yargs 的使用非常简单,其提供的 argv 属性是对 process.argv 的封装。下面使用 yargs 改写上面的示例代码,改写后的示例代码如下:

```
#!/usr/bin/env node
var yargs = require('yargs');
console.log(process.argv);
console.log(yargs.argv);
```

再次执行命令,可以查看 yargs 支持两种格式的参数,示例如下:

```
$ jslibbook --name=mylib

[ '/usr/local/bin/node', '/usr/local/bin/jslibbook', '--name=mylib' ]
{ _: [], name: 'mylib', '$0': 'jslibbook' }

$ jslibbook --name mylib
[
  '/usr/local/bin/node',
  '/usr/local/bin/jslibbook',
  '--name',
  'mylib'
]
{ _: [], name: 'mylib', '$0': 'jslibbook' }
```

yargs.argv 是一个对象,通过 yargs.argv.name 可以获取执行命令时的 name 参数值,比起 process.argv 的输出,yargs 的接口更好用,并且兼容两种参数格式。

yargs 不仅对参数进行了上述封装，还对参数提供了更多支持，如可以通过 option 配置参数属性。示例代码如下：

```
#!/usr/bin/env node
const yargs = require('yargs');

const argv = yargs.option('name', {
  alias: 'N',
  demand: false,
  default: 'mylib',
  describe: 'your library name',
  type: 'string',
}).argv;

console.log(argv);
```

alias 代表别名，可以用来指定短参数形式。下面两种方式是等价的：

```
$ jslibbook --name=mylib
$ jslibbook -N=mylib
```

demand 表示参数是否必填，describe 是参数的描述信息，会在提示信息界面显示。

default 是默认值，对于可选参数，在没有传入时会自动填充默认值。默认值示例如下：

```
$ jslibbook
{ _: [], name: 'mylib', n: 'mylib', '$0': 'jslibbook' }

$ jslibbook -n yourlib
{ _: [], name: 'yourlib', n: 'yourlib', '$0': 'jslibbook' }
```

type 代表参数类型，支持的常用类型如下，其中前两种类型比较常用。

- string。
- boolean。
- number。

将 type 修改为 number，再次执行命令，同样的输入，name 的类型由 string 变为 number。示例如下：

```
$ jslibbook -n 1 # string
{ _: [], n: '1', name: '1', '$0': 'jslibbook' }
```

```
$ jslibbook -n 1 # number
{ _: [], n: 1, name: 1, '$0': 'jslibbook' }
```

yargs 支持给命令设置版本信息，示例代码如下：

```
#!/usr/bin/env node

const yargs = require('yargs');

yargs.alias('v', 'version').argv;
```

再次执行命令，yargs 会自动读取 package.json 文件中的 version 字段值，示例如下：

```
$ jslibbook -v
1.0.0

$ jslibbook --version
1.0.0
```

yargs 还可以设置帮助信息，支持如下字段：

- usage：用法格式。
- example：提供例子。
- help：显示帮助信息。
- epilog：出现在帮助信息的结尾。

下面使用上面的字段给我们的命令添加更多内容，示例代码如下：

```
#!/usr/bin/env node
const yargs = require("yargs");

yargs
    .usage('usage: jslibbook [options]')
    .usage('usage: jslibbook <command> [options]')
    .example('jslibbook new mylib', '新建一个库 mylib')
    .alias("h", "help")
    .alias("v", "version")
    .epilog('copyright 2019-2022')
    .demandCommand()
    .argv;
```

再次执行命令，可以查看帮助信息，在最后执行 demandCommand 函数，可以使得执行 jslibbook 命令时默认输出帮助信息，现在执行命令后，控制台输出的内容如下：

```
$ jslibbook -h # jslibbook
usage: jslibbook [options]
usage: jslibbook <command> [options]

选项:
  -h, --help       显示帮助信息                                    [布尔]
  -v, --version    显示版本号                                      [布尔]

示例:
  jslibbook new mylib    新建一个库 mylib

copyright 2019-2022
```

yargs 还允许通过 command 方法来设置 Git 风格的子命令，对于一个要提供多个功能的命令，这是非常有用的功能。示例代码如下：

```
#!/usr/bin/env node
const yargs = require('yargs');

yargs
  .usage('usage: jslibbook [options]')
  .usage('usage: jslibbook <command> [options]')
  .example('jslibbook new mylib', '新建一个库 mylib')
  .alias('h', 'help')
  .alias('v', 'version')
  .command(['new', 'n'], '新建一个项目', function (argv) {
    // TODO: 初始化逻辑
  })
  .epilog('copyright 2019-2022')
  .demandCommand().argv;
```

一般子命令会有自己的参数，可以给 command 方法传递一个初始化参数的函数，实现一个标准子命令的示例代码如下：

```
#!/usr/bin/env node
const yargs = require('yargs');

yargs
  .usage('usage: jslibbook [options]')
  .usage('usage: jslibbook <command> [options]')
  .example('jslibbook new mylib', '新建一个库 mylib')
  .alias('h', 'help')
  .alias('v', 'version')
```

```
    .command(
      ['new', 'n'],
      '新建一个项目',
      function (yargs) {
        return yargs.option('name', {
          alias: 'n',
          demand: false,
          default: 'mylib',
          describe: 'your library name',
          type: 'string',
        });
      },
      function (argv) {
        console.log(argv);
        // TODO：初始化逻辑
      }
    )
    .epilog('copyright 2019-2022')
    .demandCommand().argv;
```

接下来，执行刚刚实现的子命令，控制台输出的内容如下：

```
$ jslibbook n -h
jslibbook new

新建一个项目

选项：
  -n, --name       your library name                [字符串] [默认值: "mylib"]
  -h, --help       显示帮助信息                                          [布尔]
  -v, --version    显示版本号                                            [布尔]

$ jslibbook n --name yourlib
{ _: [ 'n' ], name: 'yourlib', n: 'yourlib', '$0': 'jslibbook' }
```

至此，完成了一个标准命令行工具的搭建。

9.3 交互界面

在 9.1 节中曾提到希望能够让开发者自定义功能，包括测试、校验等，可以将自定义功能暴露给用户参数，使用方法类似下面这样：

```
$ jslibbook new -n=mylib --test --lint
```

如果自定义参数较多,那么命令行参数的方式对于用户来说并不友好,使用方式不够直接,比较好的方式是类似执行"npm init"命令时,通过询问式的交互完成 package.json 文件内容的填充。使用 npm 初始化交互的示例如下:

```
$ npm init
package name: (bin)
version: (1.0.0)
description:
entry point: (index.js)
test command:
git repository:
keywords:
author:
license: (ISC)

About to write to /Users/yan/jslib-book/jslib-book-cli/bin/package.json:
{
  "name": "bin",
  "version": "1.0.0",
  "description": "",
  "main": "index.js",
  "scripts": {
    "test": "echo \"Error: no test specified\" && exit 1"
  },
  "author": "",
  "license": "ISC"
}
```

开发询问式的交互需要用到 Inquirer.js,Inquirer.js 的定位是为 Node.js 做一个可嵌入的美观的命令行界面。Inquirer.js 对处理以下几种事情提供能力,我们下面会用到前 3 种事情:

- 询问用户问题。
- 获取并解析用户的输入。
- 检测用户的答案是否合法。
- 提供错误回调。
- 管理多层级的提示。

Inquirer.js 的使用非常简单,首先使用如下命令安装:

```
$ npm install --save inquirer
```

新建一个 test.js 文件，该文件中的内容如下：

```
const inquirer = require('inquirer');

inquirer
  .prompt([
    {
      type: 'input',
      name: 'name',
      message: '仓库的名字',
      default: 'mylib',
    },
    {
      type: 'confirm',
      name: 'test',
      message: 'Are you test?',
      default: true,
    },
  ])
  .then((answers) => {
    console.log('结果为:');
    console.log(answers);
  });
```

使用 node 命令执行 test.js 文件，效果如图 9-1 所示。

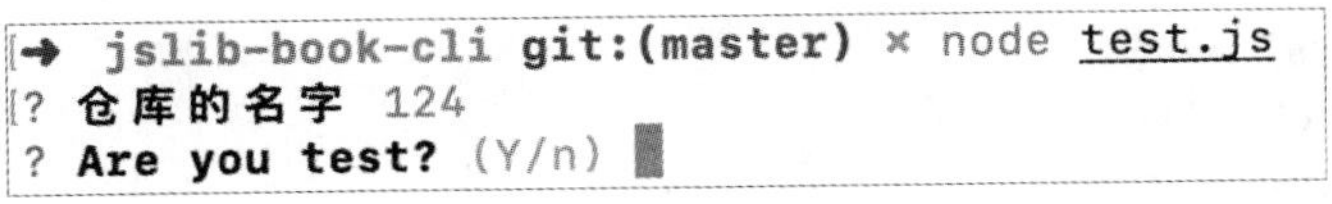

```
➜  jslib-book-cli git:(master) ✗ node test.js
? 仓库的名字 124
? Are you test? (Y/n)
```

图 9-1

prompt 函数接收一个数组，数组的每一项都是一个询问项，询问项有很多配置参数，下面是常用的配置项。

- type：提问的类型，包括 input、confirm、list、rawlist、expand、checkbox、password、editor。
- name：存储当前问题答案的变量。
- message：问题的描述。
- default：默认值。

- choices：列表选项，在某些 type 下可用，并且包含一个分隔符（separator）。
- validate：对用户的答案进行校验。
- filter：对用户的答案进行过滤处理，返回处理后的值。

type 支持多种类型的交互，上面的例子中使用了 input 和 confirm 类型，下面介绍 list，list 会提供一个选择界面，通过 choices 提供可选项，通过 filter 将输入数据标准化。示例代码如下：

```javascript
const inquirer = require('inquirer');

inquirer
  .prompt([
    {
      type: 'list',
      message: '请选择一种水果:',
      name: 'fruit',
      choices: ['苹果', '香蕉', '梨子'],
      filter: function (val) {
        const map = {
          苹果: 'apple',
          香蕉: 'banana',
          梨子: 'pear',
        };
        return map[val];
      },
    },
  ])
  .then((answers) => {
    console.log('结果为:');
    console.log(answers);
  });
```

使用 node 命令执行 test.js 文件，效果如图 9-2 所示，用户选择的是"苹果"，但最终得到的 answers.fruit 值是'apple'，而不是'苹果'。

```
→ jslib-book-cli git:(master) ✗ node test.js
? 请选择一种水果: (Use arrow keys)
❯ 苹果
  香蕉
  梨子
```

图 9-2

checkbox 和 list 非常像，区别是 checkbox 是可以多选的，需要注意的是，filter 接收的是一个数组。示例代码如下：

```js
const inquirer = require('inquirer');

inquirer
  .prompt([
    {
      type: 'checkbox',
      message: '请选择喜欢的水果:',
      name: 'fruits',
      choices: ['苹果', '香蕉', '梨子'],
      default: ['苹果'],
      filter: function (vals) {
        const map = {
          苹果: 'apple',
          香蕉: 'banana',
          梨子: 'pear',
        };

        return vals.map((val) => map[val]);
      },
    },
  ])
  .then((answers) => {
    console.log('结果为:');
    console.log(answers);
  });
```

使用 node 命令执行 test.js 文件，效果如图 9-3 所示。

```
→ jslib-book-cli git:(master) × node test.js
? 请选择喜欢的水果: (Press <space> to select, <a> to toggle all,
? 请选择喜欢的水果: (Press <space> to select, <a> to toggle all,
? 请选择喜欢的水果: (Press <space> to select, <a> to toggle all,
<i> to i
nvert selection, and <enter> to proceed)
 ◉ 苹果
>◉ 香蕉
 ◯ 梨子
```

图 9-3

最终得到的 answers.fruits 值是一个转换后的数组，如下所示：

```
→ jslib-book-cli git:(master) X node demo/checkbox.js
? 请选择喜欢的水果：苹果，香蕉
结果为：
{ fruits: [ 'apple', 'banana' ] }
```

validate 用来对用户输入做校验，如校验输入的名字不能包含空格，示例代码如下：

```
$ const inquirer = require("inquirer");

inquirer
    .prompt([
        {
            type: "input",
            name: "name",
            message: "仓库的名字",
            default: "mylib",
            validate: function (input) {
                if (input.match(/\s+/g)) {
                    return "名字中不能包含空格";
                }
                return true;
            },
        },
    ])
    .then((answers) => {
        console.log("结果为:");
        console.log(answers);
    });
```

使用 node 命令执行 test.js 文件，效果如图 9-4 所示，当校验不通过时，会有错误提示。

```
→ jslib-book-cli git:(master) × node test.js
? 仓库的名字 (mylib) 11 11
>> 名字中不能包含空格
```

图 9-4

在介绍完 Inquirer.js 的基础知识后，下面给我们的命令行工具添加交互界面，根据 9.1 节的功能梳理，表 9-1 所示为所有可自定义的功能。

表 9-1

功能	参数	默认值&可选择值
项目名字	name	mylib
npm 包名	npmname	可能和项目名不一致，默认值为项目名称
用户名	username	jslibbook
prettier	prettier	true
eslint	eslint	true
commitlint	commitlint	可选择的值包括 commitlint 和 standard-version，可以多选，默认值为 commitlint
单元测试	test	可选择的值包括 mocha 和 puppeteer，可以多选，默认值为 mocha
husky	husky	true
ci	ci	可选择的值包括 github、circleci、travis 和 none，单选，默认值为 github

表 9-1 中的功能都需要配置交互界面，对应的 Inquirer.js 示例代码如下：

```
const inquirer = require('inquirer');
const validate = require('validate-npm-package-name');

function runInitPrompts(pathname, argv) {
  const { name } = argv;

  const promptList = [
    {
      type: 'input',
      message: 'library name:',
      name: 'name',
      default: pathname || name,
      validate: function (val) {
        if (!val) {
          return 'Please enter name';
        }
        if (val.match(/\s+/g)) {
          return 'Forbidden library name';
        }
        return true;
      },
    },
    {
```

```
      type: 'input',
      message: 'npm package name:',
      name: 'npmname',
      default: pathname || name,
      validate: function (val) {
        if (!validate(val).validForNewPackages) {
          return 'Forbidden npm name';
        }
        return true;
      },
    },
    {
      type: 'input',
      message: 'github user name:',
      name: 'username',
      default: 'jslibbook',
    },
    {
      type: 'confirm',
      name: 'prettier',
      message: 'use prettier?',
      default: true,
    },
    {
      type: 'confirm',
      name: 'eslint',
      message: 'use eslint?',
      default: true,
    },
    {
      type: 'checkbox',
      message: 'use commitlint:',
      name: 'commitlint',
      choices: ['commitlint', 'standard-version'],
      default: ['commitlint'],
      filter: function (values) {
        return values.reduce((res, cur) => ({ ...res, [cur]: true }), {});
      },
    },
    {
      type: 'checkbox',
      message: 'use test:',
      name: 'test',
```

```js
      choices: ['mocha', 'puppeteer'],
      default: ['mocha'],
      filter: function (values) {
        return values.reduce((res, cur) => ({ ...res, [cur]: true }), {});
      },
    },
    {
      type: 'confirm',
      name: 'husky',
      message: 'use husky?',
      default: true,
    },
    {
      type: 'list',
      message: 'use ci:',
      name: 'ci',
      choices: ['github', 'circleci', 'travis', 'none'],
      filter: function (value) {
        return {
          github: 'github',
          circleci: 'circleci',
          travis: 'travis',
          none: null,
        }[value];
      },
    },
  ];

  return inquirer.prompt(promptList);
}

exports.runInitPrompts = runInitPrompts;
```

配置好交互界面后，执行"jslibbook n"命令查看效果，上面代码的执行效果如图 9-5 所示。

上面的代码最终会返回一个结果对象，图 9-5 中的输入得到的结果对象的内容如下：

图 9-5

```
{
  name: 'mylib',
  npmname: 'mylib',
  username: 'jslibbook',
  prettier: true,
  eslint: true,
  commitlint: { commitlint: true },
  test: { mocha: true },
  husky: true,
  ci: 'github'
}
```

至此，完成了配置对象的生成，下一节会使用这个对象实现对应的逻辑。

最后补充一个小知识，上面在校验 npm 包名是否合法时使用了一个第三方库 validate-npm-package-name，这是因为 npm 包名有非常多的要求，如果手动校验会非常麻烦，建议直接使用这个库。

下面是 validate-npm-package-name 支持的校验逻辑：

- 包名不能是空字符串。
- 所有的字符串必须小写。
- 可以包含连字符 "-"。
- 包名不得包含任何非 URL 安全字符。
- 包名不得以 "." 或 "_" 开头。
- 包名首尾不得包含空格。
- 包名不得包含 "~"、")"、"("、"'"、"!"、"\" 和 "*" 中的任意一个字符。
- 包名不得与 Node.js 的核心模块名、保留名、黑名单相同。
- 包名的长度不得超过 214 个字符。

9.4 初始化功能

目前，我们的命令执行完后还没有任何实际效果，只得到了一个配置对象。再来看一下深拷贝库目录下的内容，具体如下：

```
➜  clone1 git:(master) tree -L 1 -a
.
├── .babelrc
```

```
├── .editorconfig
├── .eslintignore
├── .eslintrc.js
├── .github
├── .gitignore
├── .husky
├── .lintstagedrc.js
├── .npmrc
├── .nycrc
├── .prettierignore
├── .prettierrc.json
├── .vscode
├── CHANGELOG.md
├── LICENSE
├── README.md
├── TODO.md
├── commitlint.config.js
├── config
├── doc
├── package.json
├── src
└── test
13 directories, 20 files
```

这么多内容都要完成初始化，并且不同的文件有不同的初始化需求。

初次面对初始化需求可能毫无头绪，不知道如何开始。其实解决这个问题的最好办法就是使用分治思想，即将一个大问题分解成多个简单的小问题，对应的技术术语就是拆成模块，每个模块负责部分文件的逻辑，每个模块都比较简单，这样可以极大地降低整体复杂度。

如何划分模块是另一个问题，最简单的办法是一个文件一个模块，但是这会造成模块数量太多，建议的办法是按照功能拆分模块。表 9-2 所示为不同模块的功能描述和关联配置。

表 9-2

模　　块	功 能 描 述	关 联 配 置
root	公共文件	name，npmname，username
build	构建类，包含 rollup.js 和 Babel	name，test.mocha
prettier	格式化	prettier

续表

模 块	功 能 描 述	关 联 配 置
eslint	ESLint 配置	eslint，prettier
commitlint	提交信息校验	commitlint.commitlint，commitlint.standard-version
test	单元测试类，包含 Mocha 和 nyc	test.mocha，test.puppeternname
husky	Git hook 检验	husky，eslint，commitlint.commitlint
ci	持续集成，包含 GitHub Actions	ci，commitlint.commitlint

9.4.1 代码架构

确定了方案，下面来实现代码。首先在获取用户的配置信息后，调用初始化函数，下面的代码只保留了关键部分：

```
#!/usr/bin/env node
const yargs = require('yargs');
const { runInitPrompts } = require('./run-prompts');
const { init } = require('./init');

yargs.command(['new', 'n'], '新建一个项目', function (argv) {
  runInitPrompts(argv._[1], yargs.argv).then(function (answers) {
    // 注意这里
    init(argv, answers);
  });
}).argv;
```

初始化逻辑被抽象为 init 函数，init 最开始是一些检测逻辑，如果目录已经存在，则提示避免覆盖。

接下来调用各个模块的初始化函数。init 函数只是简单调用各个模块的初始化函数，这样 init 函数中的代码非常简洁，各个模块的具体初始化逻辑由各个模块实现，这样就做到了分治和解耦。init 函数关键代码示例如下：

```
const { checkProjectExists } = require('./util/file');
const root = require('./root');
// ... 省略部分导入代码

function init(argv, answers) {
  const cmdPath = process.cwd();

  const option = { ...argv, ...answers };
```

```
  const { name } = option;

  const pathname = String(typeof argv._[1] !== 'undefined' ? argv._[1] : name);

  if (checkProjectExists(cmdPath, pathname)) {
    console.error('error: The library is already existed!');
    return;
  }

  root.init(cmdPath, pathname, option);
  // ... 省略部分代码
}

exports.init = init;
```

9.4.2 公共逻辑

接下来介绍会用到的公共逻辑。首先是拷贝目录，在 Node.js 中拷贝目录并不简单，需要用到递归，推荐使用开源库 copy-dir，其提供了同步和异步两种模式。这里不用考虑性能问题，使用更简单的同步拷贝即可。

首先使用如下命令安装开源库 copy-dir：

```
$ npm install --save copy-dir
```

copy-dir 库的使用非常简单，通过如下代码即可实现将 /a 目录中的内容递归拷贝到 /b 目录中：

```
const copydir = require('copy-dir');
copydir.sync('/a', '/b');
```

为了将目录拷贝和系统拷贝功能封装到一起，在 util/copy.js 文件中提供了一个 copyDir 函数，后面统一使用 copyDir 函数。copyDir 函数的示例代码如下：

```
const copydir = require('copy-dir');
function copyDir(from, to, options) {
  copydir.sync(from, to, options);
}
```

单个文件的拷贝功能也很常用，因此，我们的公共逻辑需要支持将某个文件拷贝到任意目录下的功能。示例代码如下：

```
const fs = require('fs');
function copyFile(from, to) {
  const buffer = fs.readFileSync(from);
  const parentPath = path.dirname(to);
  fs.writeFileSync(to, buffer);
}
```

当目标目录不存在时，上面代码中的 copyFile 函数不会自动创建目录，而是会报错，为了避免报错，可以先判断目录是否存在，当目录不存在时自动创建目录。添加判断目录是否存在逻辑的示例代码如下：

```
function copyFile(from, to) {
  if (!fs.existsSync(parentPath)) {
    fs.mkdirSync(target, { recursive: true });
  }
}
```

recursive 表示会递归创建目录，但 recursive 是 Node.js 10.12 引入的功能，在 10.12 版本之前只会创建第一层缺失的目录，如果想要创建多层级目录，则需要通过递归一层一层手动创建，并且需要自己处理兼容性问题。示例代码如下：

```
function copyFile(from, to) {
  if (!fs.existsSync(parentPath)) {
    try {
      fs.mkdirSync(target, { recursive: true });
    } catch (e) {
      mkdirp(target);
      function mkdirp(dir) {
        if (fs.existsSync(dir)) {
          return true;
        }
        const dirname = path.dirname(dir);
        mkdirp(dirname);
        fs.mkdirSync(dir);
      }
    }
  }
}
```

可以将"当目录不存在时自动创建目录"的逻辑从 copyFile 函数中提取出来，抽象成一个目录守卫函数 mkdirSyncGuard，方便后面复用。抽象 mkdirSyncGuard 函数后的示例代码如下：

```
function copyFile(from, to) {
  const buffer = fs.readFileSync(from);
  const parentPath = path.dirname(to);

  mkdirSyncGuard(parentPath); // 目录守卫函数

  fs.writeFileSync(to, buffer);
}

function mkdirSyncGuard(target) {
  try {
    fs.mkdirSync(target, { recursive: true });
  } catch (e) {
    mkdirp(target);
    function mkdirp(dir) {
      if (fs.existsSync(dir)) {
        return true;
      }
      const dirname = path.dirname(dir);
      mkdirp(dirname);
      fs.mkdirSync(dir);
    }
  }
}
```

copyFile 函数的使用方法如下，将 a 文件中的内容递归拷贝到任意目录下，支持修改文件名。

```
copyFile('./a', './x/y/z');
```

如果想拷贝一个文件到指定目录下的同时修改文件中的内容，这时应该怎么办呢？例如，对于 README.md 文件，需要修改里面的名字为用户自定义的名字。

最简单的办法是，在 README.md 文件中添加一个占位符，在拷贝时使用字符串方法替换，比如像下面这样：

```
`#name#`.replace('#name#', 'mylib');
```

这种办法无法处理逻辑问题，如当某个参数为 true 时，才显示某一段内容，类似这种场景，是前端模板库的范畴，本章使用我维护的前端模板库 template.js（第 11 章将会详细地介绍这个前端模板库）。

使用前首先需要安装 template.js，安装命令如下：

```
$ npm install --save template_js
```

template.js 是一款 JavaScript 模板引擎，使用 JavaScript 原生语法。template.js 支持模板插值，使用<%=%>语法，示例代码如下：

```
const template = require('template_js');

const str = `<span><%=name%></span>`;
template(str, { name: 'yan' }); // 输出字符串'<span>yan</span>'
```

除了支持模板插值，template.js 还支持完整的 JavaScript 语法，可以在模板中加入逻辑控制，<%%>中可以放入任意 JavaScript 代码。示例代码如下：

```
const str = `
   <span><%if (win) {%>胜利<% } else {%>失败<% } %></span>
`;

template(str, { win: true }); // 输出字符串'<span>胜利</span>'
template(str, { win: true }); // 输出字符串'<span>失败</span>'
```

我们的公共逻辑可以提供一个 copyTmpl 函数，实现将指定模板拷贝到指定目录下的功能。如果文件的后缀名不为.tmpl，则直接拷贝文件，拷贝之前先使用前面的 mkdirSyncGuard 函数保证目标目录存在。

readTmpl 函数负责读取模板文件，将模板和数据渲染并得到最终的字符串，然后使用 fs.writeFileSync 函数将生成的字符串写入指定路径文件中。copyTmpl 函数的示例代码如下：

```
const template = require('template_js');

function copyTmpl(from, to, data = {}) {
  if (path.extname(from) !== '.tmpl') {
    return copyFile(from, to);
  }
  const parentPath = path.dirname(to);

  mkdirSyncGuard(parentPath);

  fs.writeFileSync(to, readTmpl(from, data), { encoding: 'utf8' });
}

function readTmpl(from, data = {}) {
```

```
const text = fs.readFileSync(from, { encoding: 'utf8' });
return template(text, data);
}
```

假设模板文件 a.tmpl 中的内容如下：

```
<span><%=name%></span>
```

copyTmpl 函数的使用方法如下，将 a.tmpl 模板文件渲染后拷贝到任意目录下，支持修改文件名。

```
copyTmpl('./a.tmpl', './a', { name: 'yan' }); // a 文件中的内容为<span>yan</span>
```

JSON 文件的需求场景更复杂，package.json 文件是所有模块的共用文件，如果抽象一个 package.json 模块，将所有逻辑都放到里面，则 package.json 模块会非常复杂，因此希望能够将各个模块处理逻辑分开。

我们的公共逻辑可以提供一个将两个 JSON 文件合并起来的程序，从而实现上面的需求。例如，ESLint 和 Prettier 虽然都会修改 package.json 文件，但是会修改不同的字段。

ESLint 修改的字段如下：

```
{
  "scripts": {
    "lint": "eslint src config test"
  },
  "devDependencies": {
    "eslint": "^8.7.0"
  }
}
```

Prettier 修改的字段如下：

```
{
  "scripts": {
    "lint:prettier": "prettier --check ."
  },
  "devDependencies": {
    "prettier": "2.5.1"
  }
}
```

下面来一步一步实现合并 JSON 文件的功能，先来实现最简单的版本，将一个已知对象合并到已经存在的对象。首先需要读取 JSON 文件中的内容，接下来合并两个 JavaScript 对象，这里可以直接使用 8.5 节中编写的@jslib-book/extend 库，然后将合并得到的新对象转换为 JSON 格式字符串，并写入指定文件中。示例代码如下：

```
const { extend } = require('@jslib-book/extend');
function mergeObj2JSON(object, to) {
  const json = JSON.parse(fs.readFileSync(to, { encoding: 'utf8' }));

  extend(json, object);

  fs.writeFileSync(to, JSON.stringify(json, null, '  '), { encoding: 'utf8' });
}
```

接下来实现合并两个 JSON 文件。只需要先读取 JSON 文件到 JavaScript 对象，然后就和上面的 mergeObj2JSON 函数一致了。示例代码如下：

```
function mergeJSON2JSON(from, to) {
  const json = JSON.parse(fs.readFileSync(from, { encoding: 'utf8' }));

  mergeObj2JSON(json, to);
}
```

最后实现合并 JSON 模板和 JSON 文件。首先读取模板内容，并将其渲染为替换后的字符串，这一步可以直接使用前面的 readTmpl 函数，接下来使用 JSON.parse 方法将字符串解析为 JavaScript 对象，然后就和上面的 mergeObj2JSON 函数一致了。示例代码如下：

```
function mergeTmpl2JSON(from, to, data = {}) {
  const json = JSON.parse(readTmpl(from, data));
  mergeObj2JSON(json, to);
}
```

至此，初始化涉及的 4 种公共逻辑都介绍完了。接下来看各个模块的实现。

9.4.3 模块设计

本节将介绍几个典型模块的设计流程。

1. root 模块

root 模块负责公共文件的初始化。root 模块的目录结构如下所示，模块初始化逻辑位于 index.js 文件中，模板文件位于 template 目录中。

```
.
├── index.js
└── template
    ├── README.md.tmpl
    ├── base
    │   ├── .editorconfig
    │   ├── .github
    │   ├── .gitignore
    │   ├── .vscode
    │   ├── CHANGELOG.md
    │   ├── TODO.md
    │   ├── doc
    │   └── src
    ├── license.tmpl
    └── package.json.tmpl
```

index.js 文件对外暴露 init 函数，init 函数内部拷贝了 1 个目录和 3 个文件：

- base 目录。
- README.md.tmpl 文件，需要替换项目名、用户名和包名。
- license.tmpl 文件，需要替换用户名。
- package.json 文件，需要替换包名。

index.js 文件中的示例代码如下：

```js
const path = require('path');
const { copyDir, copyTmpl } = require('../util/copy');
function init(cmdPath, name, option) {
  console.log('@js-lib/root: init');
  const lang = option.lang;
  // 初始化 base
  copyDir(
    path.resolve(__dirname, `./template/base`),
    path.resolve(cmdPath, name)
  );
  // 初始化 readme
  copyTmpl(
    path.resolve(__dirname, `./template/README.md.tmpl`),
    path.resolve(cmdPath, name, 'README.md'),
    option
  );
```

```
    // 初始化 license
    // 此处省略代码
    // 初始化 package.json
    // 此处省略代码
}
module.exports.init = init;
```

2. build 模块

build 模块负责 Babel 和 rollup.js 的初始化工作，目录结构如下：

```
.
├── index.js
└── template
    ├── .babelrc.tmpl
    ├── package.json
    ├── rollup.config.aio.js
    ├── rollup.config.esm.js
    ├── rollup.config.js
    └── rollup.js.tmpl
```

涉及拷贝文件和拷贝模板功能，在 root 模块部分已经看过例子，这里不再给出代码，其中 package.json 文件的初始化要用到前面介绍的合并 JSON 文件功能。init 函数的示例代码如下：

```
const path = require('path');
const { mergeTmpl2JSON } = require('../util/copy');
function init(cmdPath, name, option) {
  console.log('@js-lib/build: init');
  mergeTmpl2JSON(
    path.resolve(__dirname, `./template/package.json.tmpl`),
    path.resolve(cmdPath, name, 'package.json'),
    option
  );
}
module.exports.init = init;
```

3. prettier 模块

prettier 模块负责初始化 Prettier 相关功能，功能比较简单，目录结构如下所示，这里不再给出示例代码。

```
.
├── index.js
```

```
└── template
    ├── .prettierignore
    ├── .prettierrc.json
    └── package.json.tmpl
```

4. eslint 模块

eslint 模块负责 ESLint 功能，目录结构如下：

```
.
├── index.js
└── template
    ├── .eslintignore
    ├── .eslintrc.js.tmpl
    └── package.json.tmpl
```

ESLint 和 Prettier 之间是有耦合关系的，如果项目开启了 Prettier，则 ESLint 中需要做响应的配置支持，这里并没有把 Prettier 和 ESLint 写到一起，而是拆成了两个模块，耦合关系放到了 eslint 模块中处理，eslint 模块会感知参数 prettier。

.eslintrc.js.tmpl 模板文件在参数 prettier 不同时，生成的.eslintrc.js 文件会有所区别。示例代码如下：

```
module.exports = {
  env: {
    // ...
  },
  parserOptions: {
    // ...
  },
  extends: ['eslint:recommended'<%if (prettier) {%>, 'prettier'<%}%>],
  plugins: [<%if (prettier) {%>'prettier'<%}%>],
  rules: {
    <%if (prettier) {%>'prettier/prettier': 'error',<%}%>
  },
};
```

package.json.tmpl 模板文件中的内容如下，当参数 prettier 的值为 true 时，需要安装对应的依赖。

```
{
  "devDependencies": {
    "eslint": "^8.7.0"<%if (prettier) {%>,
```

```
            "eslint-config-prettier": "^8.3.0",
            "eslint-plugin-prettier": "^4.0.0"<%}%>
    }
}
```

5. commitlint 模块

commitlint 模块负责提交信息标准化工作，目录结构如下：

```
.
├── index.js
└── template
    ├── commitlint.config.js
    └── package.json.tmpl
```

用户可以选择是否开启 standard-version，在 package.json.tmpl 模板文件中需要添加对应的判断逻辑。示例代码如下：

```
{
    "scripts": {
        "ci": "commit",
        "cz": "git-cz"<%if (commitlint['standard-version']) {%>,
        "sv": "standard-version --dry-run"<%}%>
    },
    "devDependencies": {
        "@commitlint/cli": "^16.1.0",
        "@commitlint/config-conventional": "^16.0.0",
        "@commitlint/cz-commitlint": "^16.1.0",
        "@commitlint/prompt-cli": "^16.1.0",
        "commitizen": "^4.2.4"<%if (commitlint['standard-version']) {%>,
        "standard-version": "^9.3.2"<%}%>
    }
}
```

6. test 模块

test 模块负责单元测试初始化，目录结构如下：

```
.
├── index.js
└── template
    ├── .nycrc
    ├── index.html.tmpl
    ├── package.json.tmpl
```

```
├── puppeteer.js
└── test.js
```

用户可以选择是否使用 puppeteer，在 package.json.tmpl 模板文件中需要添加对应的判断逻辑。示例代码如下：

```
{
    "scripts": {
        "test": "cross-env NODE_ENV=test nyc mocha"<%if (test.puppeteer) {%>,
        "test:puppeteer": "node test/browser/puppeteer.js"<%}%>
    },
    "devDependencies": {
        "babel-plugin-istanbul": "^5.1.0",
        "cross-env": "^5.2.0",
        "expect.js": "^0.3.1",
        "mocha": "^3.5.3",
        "nyc": "^13.1.0"<%if (test.puppeteer) {%>,
        "puppeteer": "^5.5.0"<%}%>
    }
}
```

7. husky 模块

husky 模块负责 Git hook 相关的初始化，目录结构如下：

```
.
├── index.js
└── template
    ├── .lintstagedrc.js
    ├── commit-msg.tmpl
    ├── package.json.tmpl
    └── pre-commit.tmpl
```

这里将 husky 工具的配置单独拆分为 husky 模块，husky 工具只是 Git hook 的封装，本身不提供任何功能，所以其会和 prettier、eslint 和 commitlint 模块产生关系，因此 husky 模块内部需要感知其他模块的参数。

package.json.tmpl 模板文件中的关键代码如下，参数 prettier 影响是否安装 pretty-quick 依赖。

```
{
    "devDependencies": {
        "husky": "^7.0.0",
```

```
        "lint-staged": "^12.3.1"<%if (prettier) {%>,
        "pretty-quick": "^3.1.3"<%}%>
    }
}
```

pre-commit.tmpl 模板文件中的代码如下，参数 prettier 和 eslint 影响校验逻辑。

```
#!/bin/sh
. "$(dirname "$0")/_/husky.sh"

<%if (prettier) {%>npx pretty-quick --staged<%}%>
<%if (eslint) {%>npx lint-staged<%}%>
```

commit-msg.tmpl 模板文件中的代码如下，需要注意参数 commitlint 的逻辑。

```
#!/bin/sh
. "$(dirname "$0")/_/husky.sh"

<%if (commitlint.commitlint) {%>npx --no -- commitlint --edit $1<%}%>
```

8. ci 模块

ci 模块负责持续集成相关的初始化，目录结构如下：

```
.
├── index.js
└── template
    ├── .circleci.yml.tmpl
    ├── .github.yml.tmpl
    └── .travis.yml.tmpl
```

index.js 文件会根据用户选择的不同，初始化不同的 ci 工具，如果没有选择 ci 参数，则不初始化任何工具。示例代码如下：

```
function init(cmdPath, name, option) {
  if (!option.ci) return;

  console.log('@js-lib/ci: init');
  if (option.ci === 'github') {
    // ...
  } else if (option.ci === 'circleci') {
    // ...
  } else if (option.ci === 'travis') {
    // ...
```

    }
}

至此，所有模块都完成了，下面体验一下我们的命令行工具。执行"jslibbook n"命令，选择参数后，会看到各个模块的提示信息，如图 9-6 所示，完成后即会在目标目录下创建一个新的标准库。

```
→ temp git:(master) jslibbook n
? library name: mylib
? npm package name: mylib
? github user name: jslibbook
? use prettier? Yes
? use eslint? Yes
? use commitlint: commitlint
? use test: mocha
? use husky? Yes
? use ci: github
? package manager: no install
@js-lib/root: init
@js-lib/build: init
@js-lib/prettier: init
@js-lib/eslint: init
@js-lib/commitlint: init
@js-lib/test: init
@js-lib/husky: init
@js-lib/ci: init
✓ Create lib successfully
```

图 9-6

9.5 命令行颜色

命令行工具需要和用户进行交互，交互包括输入和输出两部分，前面重点优化了输入的交互。命令行工具通过控制台输出向用户传递信息，输出信息根据功能不同可以归为以下几类。

- 成功消息：提示某个操作成功了。
- 失败消息：提示某个操作失败了，或者提示失败原因。
- 警告类消息：提示可能出现问题的信息。
- 提示类消息：提示用户需要注意的信息。
- 普通消息：不需要特别关注的信息。

Node.js 中支持上面的后 4 种消息，没有提供成功消息的语义接口，示例如下：

```
console.error('失败消息');
console.warn('警告类消息');
console.info('提示类消息');
console.log('普通消息');
```

在 Node.js 中，console.x 在控制台的输出效果是一样的，并没有显示效果的区别。虽然 Node.js 这样做有其自身考虑，但是不同类型消息的显示效果一样，使得用户体验非常不好，显示效果不够直观。

对于控制台来说，通过颜色来区分信息是最直接的方式。不同信息用什么颜色显示是一个设计问题，社区常用的最佳实践如下所述。

- 成功消息：绿色。

- 失败消息：红色。
- 警告类消息：橘黄色。
- 提示类消息：蓝色。
- 普通消息：黑色。

想要在控制台显示颜色并不简单，因为需要考虑到各种终端的兼容性问题。chalk 是一个开源库，专门用来处理命令行的样式问题，其不仅支持字体颜色，还支持背景色和文字样式等，图 9-7 所示为 chalk 开源库官网的效果图（因为本书为单色印刷，无法显示色彩，所以在图 9-7 中无法区分不同的颜色）。

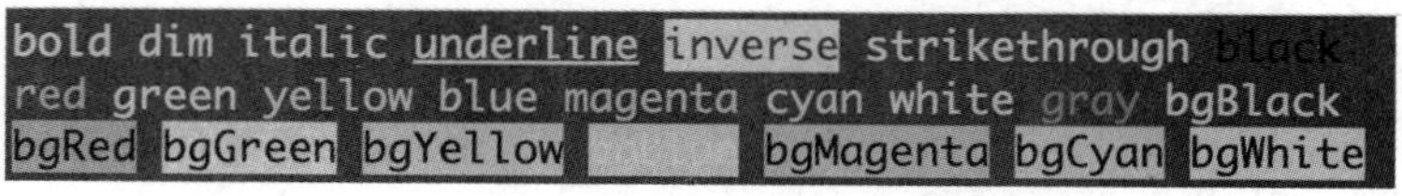

图 9-7

想要使用 chalk 开源库，首先需要安装，安装命令如下：

```
$ npm install --save chalk@4
```

下面是几个使用 chalk 的例子，需要将经过 chalk 处理的字符串传给 console.log，示例代码如下：

```
const chalk = require('chalk');
console.log(chalk.red('红色字体'));
console.log(chalk.red.bgGreen('绿底红字'));
console.log(chalk.bold('加粗'));
console.log(chalk.underline('下画线'));
```

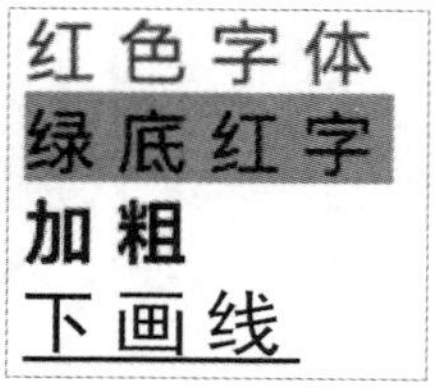

上面代码的显示效果如图 9-8 所示（也无法区分不同的颜色）。

chalk 只提供了样式支持，下面结合上面的最佳实践来改造我们的命令行工具。想要使用颜色，需要使用 chalk 包裹传递给 console.log 的字符串，这需要改造所有用到 console 的地方，一个简单的方案是直接修改 console 的行为。

图 9-8

新建一个 util/log.js 文件，提供 init 函数，调用 init 函数会修改 console.error、console.warn 和 console.info 的行为，为输出添加方便区分的颜色，同时新增一个 console.success 函数，代表成功时的输出。示例代码如下：

```
const chalk = require('chalk');

const error = console.error;
const log = console.log;
const info = console.info;
const warn = console.warn;
function init() {
  console.success = function (...args) {
    log(chalk.bold.green(...args));
  };
  console.error = function (...args) {
    error(chalk.bold.red(...args));
  };
  console.warn = function (...args) {
    warn(chalk.hex('#FFA500')(...args));
  };
  console.info = function (...args) {
    info(chalk.bold.blue(...args));
  };
}

exports.init = init;
```

不用修改已有代码，之前如果使用了 error、warn 和 info，则会自动带上颜色提示。例如，之前校验库名是否存在的报错输出是没有颜色的，而现在则会呈现红色，效果如图 9-9 所示[①]。

```
➜ temp git:(master) ✗ jslibbook n
? library name: mylib
? npm package name: mylib
? github user name: jslibbook
? use prettier? Yes
? use eslint? Yes
? use commitlint: commitlint
? use test: mocha
? use husky? Yes
? use ci: github
? package manager: npm
error: The library is already existed!
```

图 9-9

9.6 进度条

初始化完成后，用户还需要手动安装依赖，本节将实现自动安装依赖的功能。

先来介绍 Node.js 包管理工具的背景知识。Node.js 官方的包管理工具是 npm。截至本书写作之时，npm 最新的版本是 v8，其经过多个版本的迭代，功能已经能够满足大部分需求，并且较为稳定，因此对于一般项目来说，推荐使用 npm。

---

① 因为本书为单色印刷，无法显示色彩，读者可以注意图片中文本的灰度差异，通过灰度差异来表现文本颜色的区别。

npm 在 v3 版本时做了一些大的改动，其中最大的改动是将 node_modules 目录扁平化。在 npm v2 中，会把每个库的依赖都安装到自己的 node_modules 目录中，这带来了两个较大的问题：一个是会造成层级非常深；另一个是当一个库被多个库依赖时，会存在多个副本。

例如，假设某个应用依赖一个库 A，但是库 A 又依赖库 B，图 9-10 所示为 npm 官网给出的 npm v2 和 npm v3 的依赖区别。

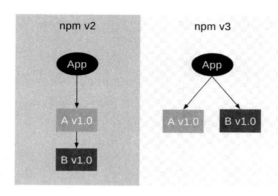

图 9-10

npm 一直存在一个重大问题，那就是不支持 lock 功能，这可能导致每一次安装的依赖都不是固定的。例如，本地开发时安装的依赖和发布时安装的依赖不一致，这可能带来线上问题，直到 npm v5 带来的 package-lock.json 文件才解决了这个问题。

yarn 是普及程度仅次于 npm 的包管理工具。在 yarn 发布时，npm 刚好处于 v3 版本。yarn 是一款快速、可靠、安全的依赖管理工具，发布后快速普及，其最新的版本是 v2（截至本书写作之时）。

pnpm 是另一款包管理工具，采用硬链接和软链接的方式提高了安装速度，节约了磁盘空间，避免了"幽灵依赖"。pnpm 作为后起之秀，逐渐得到社区关注，前端框架 Vue.js 就是使用 pnpm 在管理依赖的。

综上所述，用户有使用不同的包管理工具的诉求，我们的命令行工具不能默认使用 npm，需要让用户自己选择使用何种工具。下面在 runInitPrompts 函数中增加一个 manager 配置，示例代码如下：

```
function runInitPrompts(pathname, argv) {
  const promptList = [
```

```
  // ... 省略部分代码
  {
    type: 'list',
    message: 'package manager:',
    name: 'manager',
    default: 'npm',
    choices: ['no install', 'npm', 'yarn', 'pnpm'],
    filter: function (value) {
      return {
        npm: 'npm',
        yarn: 'yarn',
        pnpm: 'pnpm',
        'no install': null,
      }[value];
    },
  },
];
return inquirer.prompt(promptList);
}
```

再次执行命令，会提示选择使用哪种工具进行安装，也可以选择跳过安装，默认选择 npm，如图 9-11 所示。

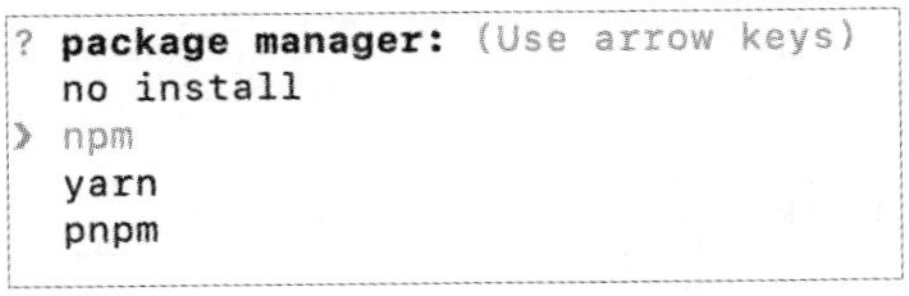

接下来，新建一个 manager 模块，并添加 init 函数，init 函数首先检测 manager 的值，如果用户选择不安装，则直接跳过。

图 9-11

执行命令，可以使用 Node.js 的系统函数。由于 exec 是一个异步函数，因此使用 Promise 包装一下，两个 exec 函数是嵌套的，第一个执行 git init 命令，第二个执行 install 命令。init 函数的完整示例代码如下：

```
const path = require('path');
const { exec } = require('child_process');
function init(cmdPath, name, option) {
  const manager = option.manager;
  if (!manager) {
    return Promise.resolve();
  }
  return new Promise(function (resolve, reject) {
    exec(
      'git init',
```

```
        { cwd: path.resolve(cmdPath, name) },
        function (error, stdout, stderr) {
          if (error) {
            console.warn('git init 失败，跳过 install 过程');
            resolve();
            return;
          }
          exec(
            `${manager} install`,
            {
              cwd: path.resolve(cmdPath, name),
            },
            function (error, stdout, stderr) {
              if (error) {
                reject();
                return;
              }
              resolve();
            }
          );
        }
      );
    });
}
module.exports = { init: init };
```

如果不执行 git init 命令，而是直接执行 npm install 命令[①]，则可能会报错。因为如果使用了 husky，则 husky 在执行 npm install 命令时会进行自动初始化，其会修改 Git 的 hook 路径，如果不是一个 Git 仓库，则会直接报错，导致安装过程失败。

接下来，运行如下新建命令，即可看到如下的输出结果。再次查看新建的库，即可看到 node_modules 目录安装成功。

```
➜  temp git:(master) jslibbook n
# 省略一些输出
? package manager: npm

# 省略一些输出
@js-lib/ci: init

Create lib successfully
```

[①] 此处也可能是其他包管理工具，如 yarn 和 pnpm，为了表达方便，所以使用 npm。

目前的程序基本上可以使用了，但是安装依赖的过程较慢，安装时命令行界面不会给出任何反馈，就像安装停止了一样，这样的体验并不好，应该提示当前的操作，并给出进度提示。

ora 是一个开源库，其专门用来实现命令行加载状态。首先需要安装 ora 库，安装命令如下：

```
$ npm install --save ora
```

在使用 ora 库时，我们可以控制何时开始加载，中途还可以改变文本和颜色，结束状态可以使用 "succeed" 和 "fail" 来分别代表 "成功" 和 "失败"。示例代码如下：

```
const ora = require('ora');

const spinner = ora('Loading 1').start();

setTimeout(() => {
  spinner.color = 'yellow';
  spinner.text = 'Loading 2';
}, 1000);

setTimeout(() => {
  spinner.succeed('Loading success');
}, 2000);
```

接下来，修改 manager 模块代码，添加加载提示，下面是部分关键代码：

```
const ora = require('ora');
function init(cmdPath, name, option) {
  return new Promise(function (resolve, reject) {
    exec(
      'git init',
      { cwd: path.resolve(cmdPath, name) },
      function (error, stdout, stderr) {
        // 开始安装
        const spinner = ora();
        spinner.start(`Installing packages from npm, wait for a second...`);
        exec(
          `${manager} install`,
          { cwd: path.resolve(cmdPath, name) },
          function (error, stdout, stderr) {
            if (error) {
              reject();
```

```
          return;
        }
        // 安装成功
        spinner.succeed(`Install packages successfully!`);
        resolve();
      }
    );
  }
 );
});
}
```

再次执行命令，即可看到安装中的提示，如图 9-12 所示。

```
→ temp git:(master) jslibbook n
? library name: mylib
? npm package name: mylib
? github user name: jslibbook
? use prettier? Yes
? use eslint? Yes
? use commitlint: commitlint
? use test: mocha
? use husky? Yes
? use ci: github
? package manager: npm
@js-lib/root: init
@js-lib/build: init
@js-lib/prettier: init
@js-lib/eslint: init
@js-lib/commitlint: init
@js-lib/test: init
@js-lib/husky: init
@js-lib/ci: init
⸱ Installing packages from npm, wait for a second...
```

图 9-12

9.7 发布

目前，其他人还不能使用我们的工具，接下来把 cli 工具发布到 npm 上。首先修改 package.json 文件，在该文件中添加如下内容：

```
{
  "name": "@jslib-book/cli",
  "publishConfig": {
    "registry": "https://registry.npmjs.org",
    "access": "public"
```

```
    }
}
```

如果包名中包含@，则表示这个包位于用户名下，位于用户名下的包默认是私有的，只有用户自己能访问。如果想让其他人也能访问，那么在发布时需要给 npm 命令添加参数--access=public。如果在 package.json 文件中设置了 publishConfig 字段，则在发布包时可以省略参数--access=public。发布命令如下：

```
$ npm publish # npm publish --access=public
```

在将包发布到 npm 上后，就可以使用 npx 命令来执行我们的 cli 命令了，示例如下：

```
$ npx @jslib-book/cli n
```

执行 npx 命令时会先安装@jslib-book/cli 包，然后执行其中的二进制命令，效果类似下面的两行代码，但是使用 npx 命令的好处是，每次都会拉取新的包，这样每次都使用最新发布的包。

```
$ npm install -g @jslib-book/cli
$ jslibbook n
```

下面补充一个知识点，npm 6.1 给 npm init 命令引入了自定义初始化器的功能，简单来说，下面两条命令是等价的：

```
$ npx create-jslib-book
$ npm init jslib-book
```

位于用户名下的包需要像下面这样使用：

```
$ npx @jslib-book/create
$ npm init @jslib-book
```

如果读者构建了一款命令行工具，只提供初始化功能，那么也可以将包名改为上面的格式，并在主命令中提供初始化逻辑，这样就可以直接使用 npm init 命令进行初始化了。

9.8　本章小结

本章逐步介绍了如何搭建一款真实可用的命令行初始化工具，其中介绍了很多命令行相关的知识，这部分内容在开发其他命令行工具时也是通用的。

第 10 章
工具库实战

前面学习的知识可以用来开发开源库,也可以和项目集合起来,改造项目中的公共函数。本章将介绍一个公共库的实战,在实践中学习,可以更好地掌握知识。

10.1 问题背景

一个前端项目的全部代码,按照结构划分可以包含如图 10-1 所示的内容。

其中,公共逻辑层是项目内部沉淀的一些公共函数等,虽然开源社区提供了大量现成库可以直接使用,但是很多项目会沉淀自己的公共逻辑。我曾经调研过数百个项目,其中 60% 的项目都存在公共函数。公共函数在项目中的名字可能如下:

- util。
- utils。
- common。
- tool。

第 10 章 工具库实战

图 10-1

如果维护多个项目，每个项目都会存在公共逻辑层，则各个项目的公共逻辑可能存在重复，如图 10-2 所示。

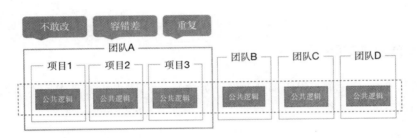

图 10-2

如果各个项目独立维护，则会存在不能共享的问题，最佳实践也无法推广，由于只在本项目中使用，其质量也参差不齐，整体来看维护成本更高。

上述问题的解决思路是，将公共逻辑层从项目中抽象出来独立维护，并通过 npm 包的方式给项目使用，如图 10-3 所示。

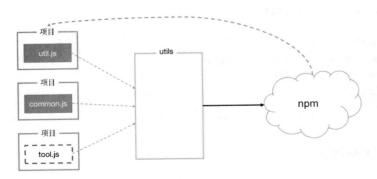

图 10-3

上面是解决业务问题的思路，那么如何构建 utils 呢？构建一个 utils 的标准解决方案包括抽象工具函数、建设项目文档站以便分享、接入项目后需要关注数据，如图 10-4 所示。

图 10-4

10.2 代码实现

本节将完成工具库的代码部分，在开始之前，需要先收集需求，本节选择项目中常见的以下 4 个例子：

- 字符串操作。
- 数组操作。
- 对象操作。
- URL 参数处理。

首先搭建项目，直接使用我们的命令行工具，完成命令行提问，就搭建好了项目。示例如下：

```
$ npx @jslib-book/cli n utils

? library name: utils
? npm package name: @jslib-book/utils
? github user name: jslibbook
? use prettier? Yes
...
```

10.2.1 字符串操作

字符串操作是十分常见的逻辑，字符串超长截断是很常见的需求，在业务中可以通过 CSS 来实现，也可以通过 JavaScript 来实现。下面的代码是 truncate 函数的设计，位于 src/string.js 文件中：

```
function truncate(str, len, omission = '...') {}
```

truncate 函数的使用方法如下。当字符串的长度没有超过限制时，返回原字符串；当字符串的长度超过限制时，截断为指定限制，并在最后添加参数 omission 指定的字符。

```
truncate('12345', 5); // 12345
truncate('123456', 5); // 12...
truncate('123456', 5, '-'); // 1234-
```

truncate 函数的逻辑不太复杂，首先对传入参数做一些防御和检查，然后判断字符串的长度并做处理，完整代码如下：

```
export function truncate(str, len, omission = '...') {
  str = String(str);
  omission = String(omission);
  len = Math.round(len);

  if (isNaN(len)) {
    return '';
  }

  if (str.length > len) {
    str = str.slice(0, len - omission.length) + omission;
  }

  return str;
}
```

接下来是单元测试，在实际开发中有以下两种编写单元测试的方式：

（1）先写单元测试，再写代码。

（2）先写代码，再写单元测试。

方式 1 更符合 TDD 原则，也就是通过测试驱动开发。对于比较复杂的逻辑，建议使用方式 1；对于简单的功能，建议使用方式 2。

设计良好的单元测试可以提高代码的质量，同时单元测试在代码重构时，也能保证重构不出问题。关于如何设计测试用例，在 3.2 节中已经介绍过，这里不再赘述。

新建 test/test_string.js 文件，同时在该文件中添加如下代码，这里分别测试正常和异常情况，并对每个参数都设计测试用例。

```javascript
var expect = require('expect.js');
var { truncate } = require('../src/index.js');

describe('测试功能', function () {
  it('异常', function () {
    expect(truncate()).to.be.equal('');
    expect(truncate('')).to.be.equal('');
    expect(truncate('', {})).to.be.equal('');
  });

  it('正常', function () {
    expect(truncate('12345', 5)).to.be.equal('12345');
    expect(truncate('123456', 5)).to.be.equal('12...');
    expect(truncate('123456', 5, '..')).to.be.equal('123..');
  });
});
```

接下来，运行单元测试，如果看到如图 10-5 所示的结果，则表示代码通过测试。

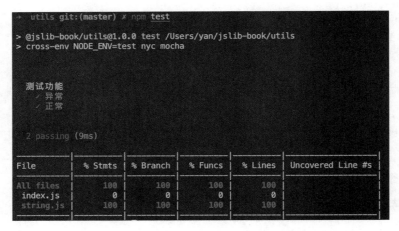

图 10-5

10.2.2 数组操作

数组操作也很常见，在业务需求中，经常需要生成指定范围的数组，但是这可能并没有想象中那么简单。

如果想得到[1, 2, 3, 4, 5]范围的数组，那么使用下面的代码是无法得到想要的结果的，这是因为 Array(5)得到的是稀疏数组[empty × 5]，map 函数会跳过 empty 的数组项。

```
Array(5).map((_, index) => index + 1);
```

在 ECMAScript 2015 之前，如果想得到正确的结果，则只能使用 for 循环。示例代码如下：

```
var arr = Array(5);
for (var i = 0; i < arr.length; i++) {
  arr[i] = i + 1;
}

console.log(arr); // [1, 2, 3, 4, 5]
```

ECMAScript 2015 带来了新的办法，展开运算符和 Array.from 函数都可以将稀疏数组转换为非稀疏数组，需要注意[empty × 5]和[undefined × 5]的区别，map 函数不会跳过 undefined 的值。示例代码如下：

```
const arr = Array(5); // [empty × 5]
Array.from(arr) // [undefined × 5]
[...arr] // [undefined × 5]
```

展开运算符更简洁，Array.from 函数语义更好，至于使用哪种方式，读者可以自己选择。下面是使用展开运算符获取范围的代码：

```
[...Array(5)].map((_, index) => index + 1); // [1, 2, 3, 4, 5]
```

虽然展开运算符结合 map 函数的方式使得代码量大大降低了，但是其语义还是不太清晰，看到上述代码后，需要理解才能明白其意图。

我们提供一个生成范围的函数 range，其位于 src/string.js 文件中。range 函数的设计如下：

```
function range(start, stop, step = 1) {}
```

该函数提供 3 个参数，分别是起点、终点和步长。range 函数的使用方法如下，需要注意 stop 是不包含在最终的数组中的，可以看到 range 函数的语义非常友好。

```
range(1, 6); // [1, 2, 3, 4, 5]
range(1, 6, 2); // [1, 3, 5]
```

下面介绍如何实现 range 函数。前面做了很多防御逻辑，主要逻辑就是一个 for 循环，值得注意的是，当 start 的值比 stop 的值大时，也可以生成合法的范围。range 函数的示例代码如下：

```javascript
export function range(start, stop, step = 1) {
  start = isNaN(+start) ? 0 : +start;
  stop = isNaN(+stop) ? 0 : +stop;
  step = isNaN(+step) ? 1 : +step;

  // 保证 step 正确
  if (start > stop && step > 0) {
    step = -step;
  }

  const arr = [];
  for (let i = start; start > stop ? i > stop : i < stop; i += step) {
    arr.push(i);
  }

  return arr;
}
```

下面来添加单元测试。range 函数的测试相对比较复杂，下面从不同情况分别做了测试，包括错误情况、负数、正数、单个参数和步长的测试。完整的单元测试示例代码如下：

```javascript
var expect = require('expect.js');
var { range } = require('../src/index.js');

describe('测试功能', function () {
  it('error', function () {
    expect(range()).to.eql([]);
  });

  it('-2 到 2', function () {
    expect(range(-2, 2)).to.eql([-2, -1, 0, 1]);
    expect(range(2, -2)).to.eql([2, 1, 0, -1]);
  });

  it('1 到 10', function () {
    expect(range(1, 5)).to.eql([1, 2, 3, 4]);
    expect(range(5, 1)).to.eql([5, 4, 3, 2]);
```

```
  });

  it('1', function () {
    expect(range(2)).to.eql([2, 1]);
    expect(range(-2)).to.eql([-2, -1]);
  });

  it('step', function () {
    expect(range(1, 3, 1)).to.eql([1, 2]);
    expect(range(3, 1, -1)).to.eql([3, 2]);
    expect(range(1, 10, 2)).to.eql([1, 3, 5, 7, 9]);
  });
});
```

10.2.3 对象操作

数组代表了有序数据，对象代表了无序数据，对象的使用场景更多。在对象数据结构中有两种需求非常常见，一种是从对象中挑选出指定属性，另一种是从对象中剔除指定属性，这里只讨论第一种需求。

从对象中挑选出指定属性并不简单，一般思路是，首先获取对象的全部键，然后过滤需要的键，最后使用 reduce 函数组装新的对象。示例代码如下：

```
var obj1 = { a: 1, b: 2, c: 3 };

var obj2 = Object.keys(obj1)
  .filter((k) => ['a', 'b'].indexOf(k) !== -1)
  .reduce((a, k) => {
    a[k] = obj1[k];
    return a;
  }, {});

console.log(obj2); // { a: 1, b: 2 }
```

ECMAScript 2016 带来了 Array.prototype.includes 方法，可以判断数组中是否包含指定值，用来代替原来的 Array.prototype.indexOf 方法；ECMAScript 2017 带来了 Object.entries 方法，可以获取对象的键/值对数组；ECMAScript 2019 带来了 Object.fromEntries 方法，可以将键/值对数组转换为新的对象。Object.entries 和 Object.fromEntries 方法让对象和数组可以相互转化，赋予了对象使用数组方法的能力。

使用这 3 种方法改写上面的示例代码，改写后的示例代码如下，可以看到简洁了很多。

```javascript
const obj1 = { a: 1, b: 2, c: 3 };

const obj2 = Object.fromEntries(
  Object.entries(obj1).filter((k) => ['a', 'b'].includes(k))
);

console.log(obj2); // { a: 1, b: 2 }
```

ECMAScript 2018 带来了对象的解构，使用解构也可以快速挑选出对象中的属性。示例代码如下：

```javascript
const obj1 = { a: 1, b: 2, c: 3 };

const { a, b } = obj1;

const obj2 = { a, b };

console.log(obj2); // { a: 1, b: 2 }
```

解构 + 剩余属性还可以实现剔除指定属性的功能，示例代码如下：

```javascript
const obj1 = { a: 1, b: 2, c: 3 };

const { a, ...obj2 } = obj1; // 剔除 a 属性

console.log(obj2); // { b: 2, c: 3 }
```

新的语法简化了获取指定属性的代码，但还是需要过程式代码，其语义并不友好。

我们提供一个挑选出指定属性的函数 pick，其位于 src/object.js 文件中。pick 函数的设计如下：

```javascript
function pick(obj, paths) {}
```

pick 函数的使用方法如下，第二个参数是保留属性的数组。

```javascript
const obj1 = { a: 1, b: 2, c: 3 };

const obj2 = pick(obj1, ['a', 'b']);

console.log(obj2); // { a: 1, b: 2 }
```

pick 函数的实现代码如下。需要注意的是，这里使用 hasOwnProperty 方法来判断属性是否属于对象，如果不添加判断，则会拷贝对象原型上的属性，这里并没有直接调用对象上的 hasOwnProperty 方法，而是通过 call 函数借用 Object.prototype.hasOwnProperty 方法，这是因为 Object.create(null)创建的对象上没有 hasOwnProperty 方法。

```
import { type } from '@jslib-book/type';

function hasOwnProp(obj, key) {
  return Object.prototype.hasOwnProperty.call(obj, key);
}
export function pick(obj, paths) {
  if (type(obj) !== 'Object') {
    return {};
  }

  if (!Array.isArray(paths)) {
    return {};
  }

  const res = {};

  for (let i = 0; i < paths.length; i++) {
    const key = paths[i];
    console.log('key', key, obj[key]);
    if (hasOwnProp(obj, key)) {
      res[key] = obj[key];
    }
  }

  return res;
}
```

下面添加单元测试，pick 函数比较简单，测试了正常流程和异常流程。单元测试的代码如下：

```
var expect = require('expect.js');
var { pick } = require('../src/index.js');

describe('测试功能', function () {
  it('异常流程', function () {
    expect(pick()).to.eql({});
```

```javascript
      expect(pick(123)).to.eql({});
      expect(pick({})).to.eql({});
      expect(pick({}, 123)).to.eql({});
    });
    it('正常流程', function () {
      expect(pick({ a: 1 }, [])).to.eql({});
      expect(pick({ a: 1, b: 2, c: 3 }, ['a'])).to.eql({ a: 1 });
      expect(pick({ a: 1, b: 2, c: 3 }, ['a', 'c', 'd'])).to.eql({ a: 1, c: 3 });
    });
});
```

10.2.4 URL 参数处理

获取 URL 参数是十分常见的需求，但是浏览器并未提供原生方法获取 URL 参数，例如，当访问 "https://***.com/?a=1&b=2" 页面时，浏览器中的全局变量 location 只能拿到如下的 query 片段：

```
location.search; // '?a=1&b=2'
```

对于单页应用，可以通过使用的响应的路由直接获取，如 react-router，对于传统页面来说，要获取其中 a 和 b 的值，需要自己解析字符串。

我们设计一个获取 URL 参数的函数 getParam，其位于 src/param.js 文件中，包含两个参数。getParam 函数的设计如下：

```
function getParam(name, url) {}
```

getParam 函数的使用方法如下：

```
getParam('https://***.com/?a=1&b=2', 'a'); // 1
getParam('https://***.com/?a=1&b=2', 'b'); // 2
getParam('https://***.com/?a=1&b=2', 'c'); // ''
```

下面是 getParam 函数的实现代码，采用的思路是使用正则表达式匹配。

```javascript
export function getParam(name, url) {
  name = String(name);
  url = String(url);
  const results = new RegExp('[\\?&]' + name + '=([^&#]*)').exec(url);
  if (!results) {
    return '';
  }
```

```
    return results[1] || '';
}
```

下面添加单元测试,包括获取成功和获取失败的情况。单元测试的代码如下:

```
var expect = require('expect.js');
var { getParam } = require('../src/index.js');

const urlList = [
  {
    value: 'name',
    url: 'http://localhost:8888/test.html?name=张三&id=123',
    expectation: '张三',
  },
  {
    value: 'random',
    url: 'http://localhost:8888/test.html?name=张三&id=123',
    expectation: '',
  },
];

describe('测试功能', function () {
  it('参数(id)的值', function () {
    urlList.forEach((item) => {
      expect(getParam(item.value, item.url)).to.be.equal(item.expectation);
    });
  });
});
```

10.3 搭建文档

对于内部工具库来说,文档非常重要,团队内部的人进行开发都要阅读文档,对于项目的长久维护来说,良好的文档也非常重要。本书 4.2 节中介绍的文档是一个 Markdown 文件,位于 doc/api.md。

但是这种文档形式感较弱,对于内部工具库来说,更好的方式是创建一个文档站。目前,创建文档站比较流行的方案是使用静态生成器,社区中存在很多优秀的静态生成器。

对于写博客来说,推荐选择 Gatsby 或 Hexo;对于写文档来说,推荐选择 Docusaurus

或 VuePress。Docusaurus 是 Facebook 维护文档生成工具，其基于 React，对于了解 React 的读者，二次开发会非常方便；对于熟悉 Vue 的读者，推荐使用 VuePress。

Docusaurus 在设计之初就极度重视开发者和贡献者的体验，其不仅提供了一个文档站需要的全部常用功能，还提供了插件功能，有大量社区插件解决特殊的需求。

首先需要安装 Docusaurus。在项目的根目录下执行如下命令，会在项目的根目录下新建 docs 目录，并在这里初始化文档。

```
$ npx create-docusaurus@latest docs classic
```

docs 目录结构如下，可以看到这里是一个独立的项目，有自己的 package.json 文件。

```
$ tree -L 1 -a
.
├── README.md
├── babel.config.js
├── blog
├── docs
├── docusaurus.config.js
├── package.json
├── sidebars.js
├── src
└── static
```

接下来，切换到 docs 目录，运行下面的命令启动项目，如果在控制台看到如下输出，就表示运行成功了。

```
$ npx start
[INFO] Starting the development server...
[SUCCESS] Docusaurus website is running at http://localhost:3000/.

✓ Client
  Compiled successfully in 1.83s

client (webpack 5.72.0) compiled successfully
```

接下来，使用本地浏览器打开网址 http://localhost:3000/，即可看到文档效果，如图 10-6 所示。

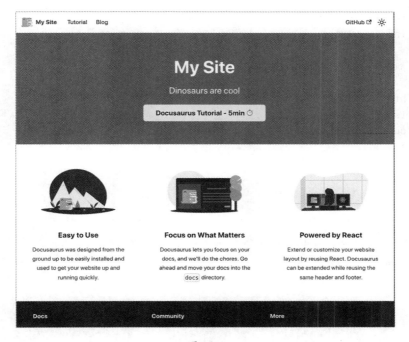

图 10-6

接下来修改文档站配置，自定义 utils 的信息，打开 docusaurus.config.js 文件，修改 config 的下列属性，这会影响网站的 title 和首页 banner 的展示。

```
const config = {
  title: 'utils',
  tagline: '公共函数库',
  organizationName: 'jslib-book', // Usually your GitHub org/user name.
  projectName: 'utils', // Usually your repo name.
};
```

接下来修改导航信息，修改 docusaurus.config.js 文件中的 themeConfig 配置，修改后的内容如下：

```
const config = {
  themeConfig: {
    navbar: {
      title: 'utils',
      items: [
        {
          type: 'doc',
          docId: 'intro',
```

```
            position: 'left',
            label: '文档',
          },
          { to: '/blog', label: '博客', position: 'left' },
          {
            href: 'https://github.com/jslib-book/utils',
            label: 'GitHub',
            position: 'right',
          },
        ],
      },
    },
};
```

修改完 docusaurus.config.js 文件中的内容后，稍等片刻，页面会自动刷新，此时导航和 banner 如图 10-7 所示。

图 10-7

接下来，修改首页 3 个特色介绍的展示。打开 src/components/HomepageFeatures/index.js 文件，将 FeatureList 对象修改为如下内容：

```
const FeatureList = [
  {
    title: '提升效率',
    Svg: require('@site/static/img/undraw_docusaurus_mountain.svg').default,
    description: <>代码共享，跨项目，跨团队使用</>,
  },
  {
    title: '保证质量',
    Svg: require('@site/static/img/undraw_docusaurus_tree.svg').default,
    description: <>测试驱动 + 最佳实践</>,
  },
```

```
{
  title: '文档齐全',
  Svg: require('@site/static/img/undraw_docusaurus_react.svg').default,
  description: <>良好的文档，让维护和使用变简单</>,
},
];
```

修改完成后的效果如图 10-8 所示。

图 10-8

接下来开始写文档。首先写"快速开始"文档，其位于 docs/intro.md 文件中，内容包括简介、安装和使用方案，完成后的效果如图 10-9 所示。

图 10-9

接下来写每个函数的文档，每个函数都要介绍清楚其作用、参数、返回值和使用示例，完整文档如图 10-10 所示。

图 10-10

10.4　ESLint 插件

抽象了工具库后，需要让业务接入使用，一般工作中的一个项目可能由多个开发者负责，而工具库可能由其中部分开发者建设，在这样的背景下，很难做到每个开发者都熟悉工具库中包含哪些内容。

虽然可以通过代码审查发现问题，但是代码审查存在两个问题：一个是滞后问题，代码审查时已经开发完了；另一个是靠人来审查，难以 100% 保证质量。

如果能有一个智能助手，实时提示代码中的哪些部分可以使用工具库中的函数代替就好了。从头开始开发这个智能助手不太可行，而在前面的章节中介绍了 ESLint 可以提示代码中的错误，因此扩展 ESLint，让 ESLint 能够支持自定义的提示就可以了，恰好 ESLint 支持通过自定义插件的方式扩展。

先创建一个 ESLint 插件的空项目，ESLint 推荐使用 Yeoman generator。首先需要安装 Yeoman，安装命令如下：

```
$ npm i -g yo
```

Yeoman 是一款通用的初始化工具，想要初始化 ESLint 插件，需要安装 ESLint 模板，安装命令如下：

```
$ npm i -g generator-eslint
```

接下来，新建一个目录，命令如下：

```
$ mkdir eslint-plugin-utils
```

切换到上面新建的目录，执行"yo eslint:plugin"命令会进入交互界面，询问作者、插件名字等，输入如图 10-11 所示的内容即可。

```
→ eslint-plugin-utils git:(master) × yo eslint:plugin
? What is your name? jslib-book
? What is the plugin ID? utils
? Type a short description of this plugin: eslint plugin for utils
? Does this plugin contain custom ESLint rules? Yes
? Does this plugin contain one or more processors? No
```

图 10-11

稍等片刻即可完成自动初始化，初始化成功后的目录结构如下所示。其中，lib/rules 目录存放自定义规则，tests/lib/rules 目录存放规则对应的单元测试代码。

```
.
├── .eslintrc.js
├── README.md
├── lib
│   ├── index.js
│   └── rules
├── package-lock.json
├── package.json
└── tests
    └── lib
        └── rules
```

ESLint 推荐使用测试驱动开发，要求每个规则都有完整的单元测试。

10.4.1 type-typeof-limit

在 8.1 节中介绍@jslib-book/type 库时曾提到，使用 typeof 操作符判断一个变量为对象时可能存在问题，如下面的 3 行代码都返回 true：

```
typeof {} === 'object';
typeof [] === 'object';
typeof null === 'object';
```

下面写一个新规则，当发现"typeof * === 'object'"时给出报错提示。首先使用"yo eslint:rule"命令新建一个规则，在询问界面中输入如图 10-12 所示的内容。

```
➜  eslint-plugin-utils git:(master) × yo eslint:rule
? What is your name? jslib-book
? Where will this rule be published? ESLint Plugin
? What is the rule ID? type-typeof-limit
? Type a short description of this rule: typeof不能用于对象和数组，请使用@jslib-book/type
? Type a short example of the code that will fail:
```

图 10-12

完成上述操作后，会生成两个文件，分别是 lib/rules/type-typeof-limit.js 和 tests/lib/rules/type-typeof-limit.js。打开前一个文件，其内容如下：

```
module.exports = {
  meta: {
    type: null, // `problem`, `suggestion`, or `layout`
    docs: {
      description: 'typeof不能用于对象和数组，请使用@jslib-book/type',
      category: 'Fill me in',
      recommended: false,
      url: null, // URL to the documentation page for this rule
    },
    fixable: null, // Or `code` or `whitespace`
    schema: [], // Add a schema if the rule has options
  },

  create(context) {
    return {
      // visitor functions for different types of nodes
    };
  },
};
```

其中，meta 是规则的元数据，这里需要关注的字段的含义如下，更多字段可以查看 ESLint 官网。

- type：规则的类型，problem 代表报错，这里需要将 type 的值修改为 problem。
- docs：存放规则文档信息。
  - description：指定规则的简短描述，需要填写。
  - category：指定规则的分类信息，包括 Possible Errors、Best Practices、Variables 等，这里可以填入 Best Practices。
- fixable：表示这个规则是否提供自动修复功能，当其值被设置为 true 时，还需要提供自动修复的代码。

create 函数里面是具体的逻辑，其返回一个对象，该对象的属性名表示节点类型，在向下遍历树时，当遍历到和属性名匹配的节点时，ESLint 会调用属性名对应的函数。例如，我们要写的这个规则的 create 函数如下，其含义是每次遇到 BinaryExpression 节点，都会调用传递给 BinaryExpression 属性的函数。

```
module.exports = {
  create(context) {
    return {
      BinaryExpression: (node) => {},
    };
  },
};
```

现在读者可能还不理解 BinaryExpression 的含义，这里需要介绍 ESLint 的原理。ESLint 会将每个 JavaScript 文件解析为抽象语法树（Abstract Syntax Tree，AST），简称语法树。ESLint 官网提供了一款工具，可以查看指定代码解析后的 AST。例如，下面的代码：

```
typeof a === 'object';
```

ESLint 解析上述代码后会返回一个嵌套的 AST，每个节点中的 type 属性表示当前节点的类型，观察下面的 AST，上面的判断表达式可以用下面的逻辑来判断：

- BinaryExpression 节点。
- left.operator 为 typeof。
- operator 为===或==。
- right 为 Literal，并且 value 为 object。

ESLint 会把 JavaScript 代码解析为 AST，该 AST 使用 JSON 格式表示的代码如下：

```json
{
  "type": "Program",
  "start": 0,
  "end": 21,
  "body": [
    {
      "type": "ExpressionStatement",
      "start": 0,
      "end": 21,
      "expression": {
        "type": "BinaryExpression",
        "start": 0,
        "end": 21,
        "left": {
          "type": "UnaryExpression",
          "start": 0,
          "end": 8,
          "operator": "typeof",
          "prefix": true,
          "argument": {
            "type": "Identifier",
            "start": 7,
            "end": 8,
            "name": "a"
          }
        },
        "operator": "===",
        "right": {
          "type": "Literal",
          "start": 13,
          "end": 21,
          "value": "object",
          "raw": "'object'"
        }
      }
    }
  ],
  "sourceType": "module"
}
```

ESLint 遍历到 BinaryExpression 节点后会执行传递给 BinaryExpression 属性的函数，并将 BinaryExpression 节点传递给这个函数，然后进行上面的逻辑判断，如果为 true，则使用 context.report 报告错误。示例代码如下：

```javascript
module.exports = {
  create(context) {
    return {
      BinaryExpression: (node) => {
        const operator = node.operator;
        const left = node.left;
        const right = node.right;

        if (
          (operator === '==' || operator === '===') &&
          left.type === 'UnaryExpression' &&
          left.operator === 'typeof' &&
          right.type === 'Literal' &&
          right.value === 'object'
        ) {
          context.report({
            node,
            message: 'typeof 不能用于对象和数组，请使用 @jslib-book/type',
          });
        }
      },
    };
  },
};
```

前面提到了 ESLint 推荐使用测试驱动开发，上面的代码可以通过写单元测试来快速验证结果，修改 tests/lib/rules/type-typeof-limit.js 文件中的内容如下，其中包括三个单元测试：一个合法的单元测试和两个非法的单元测试。

```javascript
const rule = require('../../../lib/rules/type-typeof-limit'),
  RuleTester = require('eslint').RuleTester;

const msg = 'typeof 不能用于对象和数组，请使用@jslib-book/type';

const ruleTester = new RuleTester();
ruleTester.run('type-typeof-limit', rule, {
  valid: [{ code: 'typeof a == "number"' }, { code: 'a == "object"' }],
```

```
    invalid: [
      {
        code: 'typeof a == "object"',
        errors: [
          {
            message: msg,
          },
        ],
      },
      {
        code: 'typeof a === "object"',
        errors: [
          {
            message: msg,
          },
        ],
      },
    ],
});
```

写好单元测试后，执行"npm test"命令即可运行测试，如果看到如图 10-13 所示的输出，则表示单元测试通过了。

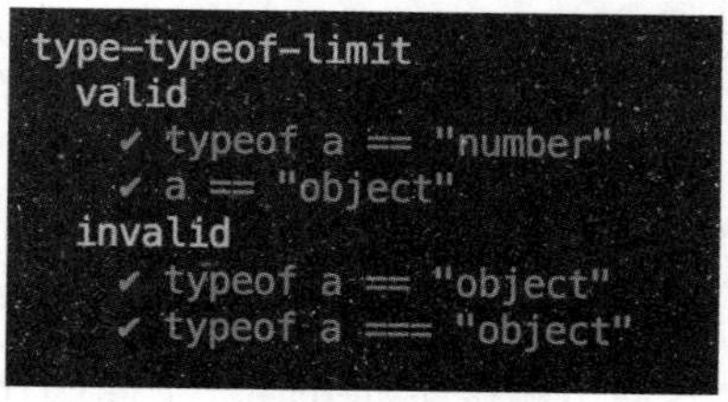

```
type-typeof-limit
  valid
    ✓ typeof a == "number"
    ✓ a == "object"
  invalid
    ✓ typeof a == "object"
    ✓ typeof a === "object"
```

图 10-13

下面在真实实验环境下新建插件，由于我们的插件还没有发布，因此需要通过 link 的方式使用。

首先在插件目录下执行如下命令，这会将本地的插件链接到本地的 npm 全局目录。

```
$ npm link
```

新建一个空项目 eslint-plugin-utils-demo，并初始化 ESLint 配置，接下来，在 eslint-plugin-utils-demo 根目录下执行下面的命令，这会在 node_modules 目录下创建一个软链接。

```
$ npm link @jslib-book/eslint-plugin-utils
```

接下来，修改 eslint-plugin-utils-demo 根目录下的.eslintrc.js 文件，添加如下代码：

```
module.exports = {
  plugins: ['@jslib-book/utils'],
  rules: {
    '@jslib-book/utils/type-typeof-limit': 2,
  },
};
```

在本地新建一个 xxx.js 文件，并在该文件中输入如下代码：

```
typeof a === 'object';
```

如果能够看到如图 10-14 所示的红色波浪线（由于本书为单色印刷，无法显示色彩，因此图中的波浪线无法显示为红色），当将鼠标指针悬停到波浪线上时，显示如图 10-14 所示的错误信息，则表示成功了。

图 10-14

10.4.2　type-instanceof-limit

参考 10.4.1 节中 type-typeof-limit 插件的内容，可以实现校验如下的代码：

```
a instanceof Object;
```

新建一个名字为 type-instanceof-limit 的插件，这部分就不再展开介绍了，该插件的核心代码如下：

```
module.exports = {
  create(context) {
    function check(node) {
      const operator = node.operator;

      if (operator === 'instanceof') {
        context.report({
```

```
      node,
      message: 'instanceof 操作符可能存在问题,请使用@jslib-book/type',
    });
   }
  }

  return {
    BinaryExpression: check,
  };
 },
};
```

10.4.3 no-same-function

目前，utils 工具库中有 4 个函数，如果项目中定义的函数和 utils 工具库中的函数同名，则可以给一个提示，建议直接使用 utils 工具库中的函数。

先来看一个函数定义的 AST，假设有如下的代码：

```
function truncate() {}
```

则其 AST 使用 JSON 格式表示的代码如下：

```
{
  "type": "Program",
  "start": 0,
  "end": 23,
  "body": [
    {
      "type": "FunctionDeclaration",
      "start": 0,
      "end": 22,
      "id": {
        "type": "Identifier",
        "start": 9,
        "end": 17,
        "name": "truncate"
      },
      "expression": false,
      "generator": false,
      "params": [],
      "body": {
        "type": "BlockStatement",
```

```
          "start": 20,
          "end": 22,
          "body": []
        }
      }
    ],
    "sourceType": "module"
}
```

通过观察上面的 AST，可以先找到 FunctionDeclaration 节点，再判断其 id.name 为 truncate。no-same-function 插件的核心代码如下：

```
const { isExist } = require('../utils/index');
// 可能会冲突的函数名
const limitList = ['truncate', 'c', 'pick', 'getParam'];

function isExist() {
  let hasAllArguments = true;
  let i = 0;
  let a = arguments[i];

  for (i; i < arguments.length; i++) {
    if (a) {
      a = a[arguments[i + 1]];
    } else {
      hasAllArguments = false;
    }
  }
  return hasAllArguments;
}

module.exports = {
  create(context) {
    function isInLimitList(funcName, node) {
      if (limitList.indexOf(funcName) !== -1) {
        context.report({
          node,
          message: '@jslib-book/utils 中已存在此函数',
        });
      }
    }

    function check(node) {
```

```
      let funcName;
      if (isExist(node, 'id', 'name')) {
        funcName = node.id.name;
        isInLimitList(funcName, node.id);
      }
    }

    return {
      FunctionDeclaration: check,
    };
  },
};
```

这里需要注意的是，定义函数还可能有其他写法，如将函数赋值给变量，对于这种函数的支持代码，这里不再给出，感兴趣的读者可以自行探索，详细代码可以查看随书源代码。不同定义函数的示例代码如下：

```
function truncate() {}
const pick = function () {};
const range = () => {};
```

10.4.4　recommended

现在已经有 3 个规则了，随着规则的增多，需要用户手动修改 rules。ESLint 配置示例如下：

```
module.exports = {
  plugins: ['@jslib-book/utils'],
  rules: {
    '@jslib-book/utils/type-typeof-limit': 2,
    '@jslib-book/utils/type-instanceof-limit': 2,
    '@jslib-book/utils/no-same-function': 'error',
  },
};
```

其实插件可以提供推荐的配置，类似 eslint:recommended，用户直接使用推荐的配置即可。修改 lib/index.js 文件中的 exports，添加 configs 配置，示例代码如下：

```
module.exports = {
  rules: requireIndex(__dirname + '/rules'),
  configs: {
    plugins: ['@jslib-book/utils'],
```

```
  rules: {
    '@jslib-book/utils/type-typeof-limit': 'error',
    '@jslib-book/utils/type-instanceof-limit': 'error',
    '@jslib-book/utils/no-same-function': 'error',
  },
 },
};
```

接下来，用户就可以直接像下面这样使用，而不需要单独配置 plugins 和 rules 了。

```
module.exports = {
  extends: ['@jslib-book/utils:recommended'],
};
```

10.4.5 发布

将插件发布到 npm 上，命令如下：

```
$ npm publish --access public
```

在插件发布完成后，用户可以通过如下命令安装我们的插件：

```
$ npm i -D @jslib-book/eslint-plugin-utils
```

接下来修改.eslintrc.js 文件，在该文件中添加如下代码就可以使用我们的插件了。

```
module.exports = {
  extends: ['@jslib-book/utils:recommended'],
};
```

10.5 数据统计

工具库写好了，接下来就是落地使用。可以通过很多方式让团队的人用起来，但落地效果如何不能只靠感觉描述，最直观的方式是使用能够量化的数据。本节将介绍可以从哪些方面衡量落地效果。

10.5.1 统计接入项目

如果公共库对团队外也开放的话，则库的开发者可能希望知道都有哪些项目在使用其所开发的库。在 4.4 节中介绍过一种方法，即在 npm 提供的 postinstall 钩子中执行统计代码，具体做法可以查看本书 4.4 节中的内容。

10.5.2 下载量

下载量可以在一定程度上反映包的使用情况，如果想要统计 npm 上某个包的下载量，则可以使用 npm trends 工具。图 10-15 所示为前端框架 React 最近一年的下载量趋势变化。

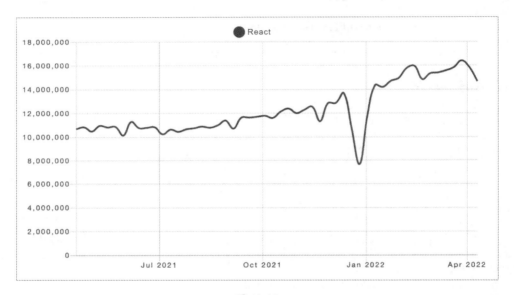

图 10-15

一般内部包都要发到公司内部的私有 npm 源上，由于内部源不能使用 npm trends，因此可以自己写一款统计下载量的工具，下面以淘宝私有部署镜像为例。

通过/downloads/range/2021-04-20:2022-04-20/react 接口，可以获取淘宝私有部署镜像上前端框架 React 每天的下载量，如图 10-16 所示。

每天下载量的趋势参考意义不大，在工作中一般是按周来安排工作的，因此周下载量的趋势参考意义更大，有了每天的下载量，可以写个 day2week 函数，将一周中的每天下载量累加，即可得到周下载量。day2week 函数的核心代码如下：

```
// 将每天下载量转换为周下载量
function day2week(dayDownloadList) {
  const weekDownloadList = [];
  let weekRange = 7 - new Date(stime).getDay();
  let i = 0;
  while (i < dayDownloadList.length) {
    weekDownloadList.push(sumArr(dayDownloadList.slice(i, i + weekRange)));

    i = i + weekRange;
    weekRange = 7;
  }

  return weekDownloadList;
}
```

有了周下载量，再结合绘图工具（如 ECharts 等），即可绘制成类似 npm trends 工具中的下载趋势图，效果如图 10-17 所示。

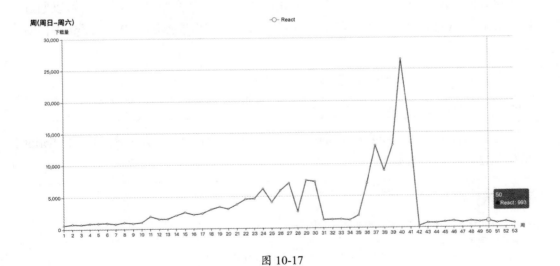

图 10-17

10.5.3 包和函数被引用的次数

能够比较准确地衡量接入效果的数据是包实际被引用的次数和函数被引用的次

数,虽然可以通过编辑器的全局搜索来确认包被引用的次数,但是对于函数来说就有些困难了。下面实现一款命令行工具,用于统计项目中的包和函数被引用的次数。

观察下面的代码可以得出,包被引用了一次,函数被引用了两次。

```
import { range, pick } from '@jslib-book/utils';
```

但是应该如何通过程序自动计算引用次数呢?比较简单的思路是,遍历每一个文件,通过字符串搜索找到统计数据。代码示例如下:

```
const fs = require('fs');
const text = fs.readFileSync('path', { encoding: 'utf-8' });

const libcount = text.includes('@jslib-book/utils');
const funcount = text.match(/range|pick/g).length;
```

正则表达式方式存在的问题在于可能不准确,需要评估误差是否能够接受,如下面的代码虽然并没有引用函数,但是也会被错误地统计进来。

```
function pick() {}
```

更好的方法是通过 AST,在介绍 ESLint 插件时已经介绍过 AST 了。可以通过 ESLint 获取 AST,也可以通过其他工具获取 AST,这里选择使用 TypeScript 提供的工具。

首先需要安装 TypeScript,安装命令如下:

```
$ npm i --save typescript
```

通过 TypeScript 提供的 createSourceFile 方法可以获取 AST,这里设置 ECMAScript 2022 语法,示例代码如下:

```
const ts = require('typescript');

const sourcefile = ts.createSourceFile(
  'pathname',
  fs.readFileSync('pathname', { encoding: 'utf-8' }),
  ts.ScriptTarget.ES2022
);
```

sourcefile 是 TypeScript 返回的 JSON 格式的 AST,如对于下面的代码:

```
import { range, pick } from '@jslib-book/utils';
```

TypeScript 返回的关键 AST 的结构如图 10-18 所示。

```
ImportDeclaration {
    flags: 0
    modifierFlagsCache: 0
    transformFlags: 0
  - importClause: ImportClause {
        flags: 0
        modifierFlagsCache: 0
        transformFlags: 0
        isTypeOnly: false
      - namedBindings: NamedImports {
            flags: 0
            modifierFlagsCache: 0
            transformFlags: 0
          - elements: [
              - ImportSpecifier {
                    flags: 0
                    modifierFlagsCache: 0
                    transformFlags: 0
                    isTypeOnly: false
                  - name: Identifier {
                        flags: 0
                        modifierFlagsCache: 0
                        transformFlags: 0
                        escapedText: "range"
                    }
                }
              + ImportSpecifier {flags, modifierFlagsCache, transformFlags, isTypeOnly, name}
                hasTrailingComma: false
                transformFlags: 0
            ]
        }
    }
  - moduleSpecifier: StringLiteral = $node {
        flags: 0
        modifierFlagsCache: 0
        transformFlags: 0
        text: "@jslib-book/utils"
        hasExtendedUnicodeEscape: false
    }
}
```

图 10-18

观察上面的结构，通过如下思路可以获取引用数据：

- 找到 ImportDeclaration 节点。
- moduleSpecifier.text 是包名。

- importClause.namedBindings.elements 里面是函数信息。

想要遍历节点,可以通过 TypeScript 提供的 forEachChild 方法,但这个方法只能遍历一层,还需要自己写一个递归。这里抽象一个 traverseNode 函数,其功能是判断传入的参数 node 中是否使用 import 导入了 @jslib-book/utils 包。traverseNode 函数的示例代码如下:

```
const traverseNode = (node) => {
  let res = [];
  if (ts.isImportDeclaration(node)) {
    const library = node.moduleSpecifier.text;

    if (library === '@jslib-book/utils') {
      const names = node.importClause?.namedBindings.elements.map(
        (item) => item.name.escapedText
      );

      res.push({
        library,
        names,
      });
    }
  }

  ts.forEachChild(node, (node) => {
    res = res.concat(traverseNode(node));
  });

  return res;
};
```

再抽象一个 findImport 函数,用于处理文件的读取操作,然后调用 traverseNode 函数获取文件的引用数据。findImport 函数的示例代码如下:

```
const findImport = (pathname) => {
  const sourcefile = ts.createSourceFile(
    pathname,
    fs.readFileSync(pathname, { encoding: 'utf-8' }),
    ts.ScriptTarget.ES2022
  );

  const imports = traverseNode(sourcefile);
```

```
  return { pathname, imports };
};
```

接下来实现遍历目录文件的功能,并对每个文件调用 findImport 函数,关键代码示例如下:

```
travel(
  rootPath,
  (pathname) => {
    const type = path.extname(pathname);

    if (!['.ts', '.tsx', '.js', '.jsx'].includes(type)) {
      return;
    }
    console.log('scan:', pathname);
    res.push(findImport(pathname));
  },
  []
);
```

travel 函数中封装递归遍历文件的功能,travel 函数的示例代码如下:

```
function travel(dir, callback, excludePath) {
  fs.readdirSync(dir).forEach(function (file) {
    const pathname = path.join(dir, file);

    if (fs.statSync(pathname).isDirectory()) {
      const flag = excludePath.some(function (pattern) {
        return typeof pattern === 'function'
          ? pattern(pathname)
          : pathname.match(pattern);
      });

      // 命中 excludePath
      if (!flag) {
        travel(pathname, callback, excludePath);
      }
    } else {
      callback(pathname);
    }
  });
}
```

最后将上面的查找逻辑嵌入一个标准 cli 里面，这样就可以直接使用一条命令分析项目中的依赖情况了，第 9 章已经提到过 cli 的写法，这里不再展开介绍。

测试代码中提供了 utils analyse 命令的代码，使用 utils analyse 命令的示例如下，结果包含包的引用数据和每个函数的引用数据。

```
$ utils analyse -O
start analyze ...
scan: /Users/yan/jslib-book/utils-cli/demo-js/index.js
scan: /Users/yan/jslib-book/utils-cli/demo-js/test.js

包引用次数: 2
函数总引用: 4
range: 1
pick: 2
truncate: 1
```

有了命令行工具，可以快速统计项目中的 utils 使用数据。有了命令行工具，接下来不仅可以做一个数据展示平台，还可以将 utils 的统计加入项目构建流程中，使得每次构建都自动统计项目中的 utils 使用情况。

10.6 本章小结

本章从问题出发，介绍了业务项目公共逻辑层的解决思路，包括如下内容：

- 项目搭建与示例工具函数实现。
- 文档站搭建。
- 如何开发自定义 ESLint 插件。
- 如何统计项目数据。

将本章介绍的工具结合在一起，就是可以快速落地的工具库解决方案。

第 11 章
前端模板库实战

第 9 章在介绍 cli 工具时使用了前端模板库 template.js，template.js 是我维护的开源库，可以在 GitHub 上查询到。本章将介绍这个库的实现原理，并实战开发一个简化版前端模板库。

11.1 系统搭建

模板引擎是拼接字符串的最佳实践，在前端三大框架出现之前，模板和 jQuery 结合是常见的模式，一个标准的模板引擎是和 Vue.js 的模板有相似之处的。下面先介绍背景知识。

11.1.1 背景知识

在框架前时代，需要通过操作原生 DOM 来完成页面的交互，典型的操作就是创建 DOM 片段，如当单击某个按钮时，需要显示一个列表的数据。

一般的处理思路是，把要显示的列表先用 CSS 隐藏，再右击按钮改变 CSS 样式，实现让列表显示。但是在动态获取列表数据时，就不能这样处理了。例如，每次单击按钮都会查询接口，列表需要显示接口返回的新数据。

假设列表对应的 HTML 片段的代码如下：

```html
<ul>
  <li>姓名：<span>yan1</span></li>
  <li>姓名：<span>yan2</span></li>
</ul>
```

下面通过 DOM API 来实现这个需求，render 函数是核心代码，示例代码如下：

```javascript
function render(list) {
  const ul = document.createElement('ul');
  for (let item of list) {
    const li = document.createElement('li');
    li.appendChild(document.createTextNode('姓名：'));

    const span = document.createElement('span');
    span.appendChild(document.createTextNode(item.name));
    li.appendChild(span);

    ul.appendChild(li);
  }
}

const list = [{ name: 'yan1' }, { name: 'yan2' }, { name: 'yan3' }];
document.getElementById('#container').appendChild(render(list));
```

通过 DOM API 动态创建 HTML 可以实现这个功能，但存在一个问题，那就是 DOM 提供的 API 太烦琐，导致 JavaScript 版本和 HTML 版本之间的差异很大，当 HTML 变得复杂时，阅读 JavaScript 版本的代码难以快速知道 HTML 结构，从而导致可维护性变差。

DOM API 通过 HTML 接口提供了一个 innerHTML 属性，可以把字符串赋值给这个属性，如果字符串中存在 HTML 语法，则会自动解析。下面的代码可以在 container 元素下面新建一个 ul 元素：

```javascript
document.getElementById('#container').innerHTML = `<ul></ul>`;
```

借助 innerHTML 属性，更好的做法是通过拼接字符串的形式创建 DOM 片段。下面是使用拼接字符串的形式改写后的示例代码：

```
function render(list) {
  const arr = [];
  for (let item of list) {
    arr.push('<li>' + '姓名：' + '<span>' + item.name + '</span>' + '</li>');
  }
  return ['<ul>', ...arr, '</ul>'].join('');
}

const list = [{ name: 'yan1' }, { name: 'yan2' }, { name: 'yan3' }];
document.getElementById('#container').innerHTML = render(list);
```

可以看到使用拼接字符串的形式节省了大量代码，简洁了很多，但由于是在 JavaScript 中创建的 HTML，因此拼接字符串的可读性还是不如 HTML 片段的可读性。那么，如果换一个思路，在 HTML 的基础上加入动态逻辑呢？这就是模板引擎的思路。

模板引擎需要解决两个问题：一个是如何将 HTML 中的值动态插入，如上面的 name；另一个是如何在 HTML 中表达逻辑，如上面的 for 循环。

下面是使用 template.js 模板改写后的代码，可以看到其可读性更好，由于是在 HTML 的基础上添加的逻辑，因此模板看起来和 HTML 片段的相似度更高。

```
const tmpl = `
<ul>
  <%list.map((item) => {%>
    <li>姓名：<span><%=item.name%></span></li>
  <%})%>
</ul>
`;

const list = [{ name: 'yan1' }, { name: 'yan2' }, { name: 'yan3' }];
document.getElementById('#container').innerHTML = template(tmpl, { list });
```

在接下来的章节中，让我们一起来实现这个模板引擎。

11.1.2 搭建项目

首先给模板引擎起一个名字，这里叫作 jtemplate，后面在将包发布到 npm 上时也放在@jtemplate 名字下。

接下来搭建项目，首先使用如下命令创建一个空目录：

```
$ mkdir jtemplate
```

模板引擎中包括许多模块，每个模块都是一个完整的独立项目，如 jtemplate 中包括解析器、预编译器、浏览器模板等模块。

那么如何存储这样的项目呢？有两种思路。传统的做法是将每个项目存储在独立的 Git 仓库中，这样一个项目就存在多个仓库，这种方式被称作 multirepo。对于各个模块之间存在依赖关系的项目，使用 multirepo 来管理存在如下问题：

- A 模块修改了，需要连带修改 B 模块和 C 模块，此时需要多次 Git 操作。
- 为了让模块之间能够直接引用，需要使用 npm link 命令来保持本地引用。

针对 multirepo 存在的问题，最近另一种将多个模块放在一个仓库中管理的方式流行起来，这种方式被称作 monorepo，知名前端项目 Babel、React、Vue.js 等就是使用的这种方式。

monorepo 要求把多个模块放在一个仓库中，通过目录来区分模块，这样就解决了 Git 操作的问题。但另一个问题还没有解决，虽然多个模块被放到一个仓库中了，但是还是需要使用 link，好在社区已经提供了解决方案，借助包管理工具 yarn 的 workspace 可以解决这个问题。

假设有 3 个模块，分别为 A、B、C，使用 workspace 之前的目录结构如下，每个模块都有自己单独的 node_modules。

```
├── A
│   └── node_modules
│
├── B
│   └── node_modules
│
├── C
    └── node_modules
```

yarn workspace 会将依赖安装到根目录，这样各个项目就可以共享依赖了，使用 yarn workspace 后的目录结构如下：

```
├── A
├── B
├── C
└── node_modules
```

yarn workspace 的背后依赖 Node.js 的依赖查找机制，对于一个依赖，Node.js 会先在自己目录下的 node_modules 目录中查找，如果找不到，就会在父目录下的 node_modules 目录中查找，然后递归这个过程直到找到或找不到为止。

yarn workspace 的使用非常简单，修改 package.json 文件，在该文件中添加 private 和 workspaces 字段。其中，private 字段代表私有项目，避免根目录被误发布到 npm 上；在 workspaces 字段中设置项目目录。示例代码如下：

```
{
  "private": true,
  "workspaces": ["project1", "project2"]
}
```

接下来，在项目的根目录下执行 yarn install 命令时，会自动安装每个子项目的依赖。

yarn workspace 还提供了批量执行命令的能力。例如，每个子项目都要执行 build 命令时，可以使用如下命令，其会按照 workspaces 字段中设置的顺序，依次执行每个项目的 build 命令。

```
$ yarn workspaces run build
```

在我们的示例中，上面的命令等同于如下两条命令：

```
# 切换到 project1
$ yarn build

# 切换到 project2
$ yarn build
```

虽然 yarn workspace 解决了本地开发时的开发体验，但是发布包的操作仍需要每个包单独操作，比较烦琐，解决这个问题最简单的思路就是写个脚本批量发布。最简单的批量发布的脚本代码示例如下：

```bash
#!/bin/bash
#
arr=(
"project1"
"project2"
)

for var in ${arr[@]}
do
    echo $var
```

```
cd $var
pwd

# 自动更新第 4 位版本
sed -i "" 's/"version": "[0-9].[0-9].[0-9]/&-5/g' package.json

# 自动重新安装依赖
npm build

# 自动发布新版本
npm run release && npm publish --access public
cd ..
done
```

上面的脚本代码存在一些问题：一个问题是版本的修改是固定的，不能自定义，不太友好；另一个问题是，当项目之间存在依赖时，依赖的更新问题，例如，当 A 项目的版本更新时，B 项目依赖 A 项目，此时 B 项目的 package.json 文件中记录的 A 项目的版本未自动更新。

其实可以通过前面介绍的 Node.js 写一款完善的 cli 工具，但这需要花费很多精力，Lerna 就是一款用 Node.js 写的开源工具，其完美地解决了上面的问题。

首先需要安装 Lerna，这里使用本地安装的方式，由于我们采用了 yarn workspaces，现在向项目的根目录下安装依赖需要添加参数 -W，否则会安装失败。安装命令如下：

```
$ yarn add lerna -W
```

安装好后，使用下面的命令完成 Lerna 的初始化配置：

```
$ npx lerna init
lerna notice cli v4.0.0
lerna info Updating package.json
lerna info Creating lerna.json
lerna info Creating packages directory
lerna success Initialized Lerna files
```

上面的命令执行成功后，会在项目的根目录下创建 Lerna 的配置文件 lerna.json。Lerna 要求将子仓库放在 packages/* 目录中；version 是库的版本，如果指定版本号，则所有包会统一使用这个版本，如果想要不同的包有独立的版本，则可以将 version 的值设置为 independent。lerna.json 文件中的示例代码如下：

```
{
  "packages": ["packages/*"],
  "version": "0.0.0"
}
```

Lerna 和 yarn 配合使用还需要修改 lerna.json 文件，在该文件中添加两个字段 npmClient 和 useWorkspaces，修改后的 lerna.json 文件中的完整代码如下：

```
{
  "npmClient": "yarn",
  "useWorkspaces": true,
  "packages": ["packages/*"],
  "version": "1.0.0"
}
```

下面介绍一下 Lerna 常用的命令。使用 Lerna 后，可以使用 bootstrap 代替 yarn install 命令，命令示例如下：

```
$ lerna bootstrap
```

在根目录下执行上面的命令，会安装所有依赖项，并自动执行 npm link 命令，解决项目的依赖问题，yarn workspace 也支持这个功能，在使用 npm 时，Lerna 的这个功能会非常有用。

monorepo 的多个项目可以共享一些工具，这样就不需要每个子项目单独安装配置了，如 ESLint 等，这里不再展开介绍，可以参考前面的章节，在根目录下配置好下列工具：

- EditorConfig。
- ESLint。
- Prettier。
- husky。

目前，项目的完整目录结构如下：

```
$ tree -L 1 -a
.
├── .editorconfig
├── .eslintrc.js
├── .husky
├── .lintstagedrc.js
```

```
├── .prettierrc.json
├── .vscode
├── README.md
├── lerna.json
├── package.json
├── packages
└── yarn.lock
```

至此，项目就搭建好了，使用的方式是 yarn 和 Lerna 管理的 monorepo，其中 ESLint 等公共依赖安装在根目录中，统一维护。

11.2 解析器

本节将介绍模板解析器的设计和实现。解析器负责解析模板语法，将模板语法转换为 JavaScript 语法，JavaScript 能够识别的是 HTML 字符串片段，字符串片段可以赋值给 innerHTML 属性，从而转换为 DOM 元素，渲染到页面上。示例代码如下：

```
const html = `<div></div>`;

document.getElementById('container').innerHTML = html;
```

但是 innerHTML 属性并不支持模板语法，传给 innerHTML 属性的模板字符串会被当作 HTML 字符串，所以需要解析器来解析模板字符串。

模板语法包括两大类，分别是 HTML 片段和逻辑片段。对于如下的 HTML 片段：

```
<div>
  <span>yan1</span>
  <span>yan2</span>
  <span>yan3</span>
</div>
```

如果使用 JavaScript 拼接字符串的方式，示例代码如下，可以看到 HTML 的处理比较简单，可以逐行扫描，然后将每行都放入数组中即可。

```
const html = [
  '<div>',
  '<span>yan1</span>',
  '<span>yan2</span>',
  '<span>yan3</span>',
```

```
  '</div>',
].join('\n');
```

接下来看一下插值逻辑的处理,如果希望 HTML 中的某一部分是动态的,则可以使用模板插值。模板插值的示例代码如下:

```
<div>
  <span><%=name1%></span>
  <span><%=name2%></span>
  <span><%=name3%></span>
</div>
```

期望的预期是其中的"<%=name1%>"被替换为动态的值,如果使用拼接字符串的方式,那么和上面模板等价的示例代码如下,其处理规则是先扫描"<%=name1%>",然后读取其中的"name1"作为变量的值处理。

```
const html = [
 '<div>',
 '<span>',
 name1,
 '</span>',
 '<span>',
 name2,
 '</span>',
 '<span>',
 name3,
 '</span>',
 '</div>',
].join('\n');
```

最后看一下逻辑片段的处理,如果想循环数组,输出一个"HTML"列表,则模板语法如下:

```
<div>
  <% list.forEach(item => { %>
  <span><%=item%></span>
  <% }) %>
</div>
```

逻辑片段的思路稍微麻烦一些,当发现<%%>语法时,则作为 JavaScript 语法处理,原样转换,其他代码则都调用数组 push 方法,添加到 arr 数组中,逻辑片段对应的字符串拼接写法如下:

```
const arr = [];
arr.push('<div>');
list.forEach((item) => {
  arr.push('<span>');
  arr.push(item);
  arr.push('</span>');
});
arr.push('</div>');
```

思路有了，接下来就是编写实现代码。首先使用我们的 cli 工具在 packages 目录下新建一个 parser 库，由于项目是一个 monorepo，ESLint 等配置都在根目录下安装了，因此初始化时选择不安装 ESLint 等。新建命令和选项如下：

```
# jtemplate/packages
$ jslibbook n

? library name: parser
? npm package name: @jtemplate/parser
? github user name: jtemplate
? use prettier? No
? use eslint? No
? use commitlint:
? use test: mocha
? use husky? No
? use ci: none
? package manager: no install
```

解析器的思路是，首先将代码按分隔符切分成字符串数组，然后遍历数组，总共分为三种情况。

第一种情况是纯 HTML 片段，切分完的数组中只包含一个部分，示例如下：

```
// <div></div>
tokens = ['<div></div>'];
```

第二种情况是逻辑片段后面没有其他 HTML 字符串，切分完，对应的数组包含一项，示例如下：

```
// <%= name%>
tokens = ['= name'];
```

第三种情况是逻辑片段后面存在其他 HTML 字符串，切分完，对应的数组包含两项，示例如下：

```
// <%= name%><div>123</div>
tokens = ['= name', '<div>123</div>'];
```

下面给出代码，解析器的主体代码示例如下：

```
export function parse(tpl) {
  const [sTag, eTag] = ['<%', '%>'];
  let code = '';
  const segments = String(tpl).split(sTag);

  for (const segment of segments) {
    const tokens = segment.split(eTag);
    if (tokens.length === 1) {
      // 第一种情况
      code += parsehtml(tokens[0]);
    } else {
      // 第二种情况
      code += parsejs(tokens[0]);
      if (tokens[1]) {
        // 第三种情况
        code += parsehtml(tokens[1]);
      }
    }
  }
  return code;
}
```

接下来先看一下 parsehtml 函数的设计。parsehtml 函数将 HTML 代码按换行符分隔遍历，结果拼接到 __code__。示例代码如下：

```
export function parsehtml(html) {
  // 单双引号转义
  html = String(html).replace(/('|")/g, '\\$1');
  const lineList = html.split(/\n/);
  let code = '';
  for (const line of lineList) {
    code += ';__code__ += ("' + line + '")\n';
  }
  return code;
}
```

parsehtml 函数的实际输出结果如下：

```
parser.parse(`
<div>
  <span></span>
</div>
`);

// 上面代码的输出如下
// ;__code__ += ("")
// ;__code__ += ("<div>")
// ;__code__ += ("  <span></span>")
// ;__code__ += ("</div>")
// ;__code__ += ("")
```

下面介绍 parsejs 函数的设计，parsejs 函数通过正则表达式来判断代码类型。如果是模板插值，则拼接到 __code__；如果是逻辑片段，则直接作为代码拼接。示例代码如下：

```
export function parsejs(code) {
  code = String(code);
  const reg = /^=(.*)$/;
  let html;
  let arr;
  // =
  // =123 ['=123', '123']
  if ((arr = reg.exec(code))) {
    html = arr[1]; // 输出
    return ';__code__ += (' + html + ')\n';
  }
  //其他 JavaScript 代码
  return ';' + code + '\n';
}
```

模板中包含插入片段的实际输出结果如下：

```
parser.parse(`
  <div><%= name %></div>
`);

// 上面代码的输出如下
// ;__code__ += ("  <div>")
// ;__code__ += ( name )
// ;__code__ += ("</div>")
```

模板中包含逻辑片段的实际输出结果如下：

```
parser.parse(`
<div>
  <% list.forEach(name => { %>
    <%=name%>
  <% }) %>
<div>
`);

// 上面代码的输出如下
// ;__code__ += ("<div>")
// ; list.forEach(name => {
// ;__code__ += (name)
// ; })
// ;__code__ += ("<div>")
```

11.3 即时编译器

解析器生成的代码片段并不能被直接执行，本节将介绍即时编译器，它可以实现将解析器输出的代码变成可以在浏览器中执行的代码。

再来看一下前面的例子，模板代码如下：

```
<div><%= name %></div>
```

解析器输出的是一个字符串片段，内容如下：

```
const str = `
;__code__ += '  <div>';
;__code__ += name;
;__code__ += '</div>';
`;
```

如果上面不是一个字符串，而是一段代码的话，那么想得到最终的结果，还需做些改造。可以用一个函数包裹，在最前面添加初始化代码，在后面添加返回代码。可执行代码示例如下：

```
function render(data) {
  var name = data.name;
  var __code__ = '';
```

```
  __code__ += ' <div>';
  __code__ += name;
  __code__ += '</div>';

  return __code__;
}
render({ name: 'yan1' }); // '<div>yan1</div>'
```

但是字符串并不是函数,不能直接执行。在 JavaScript 中,每个函数实际上都是一个 Function 对象,除了可以使用上面的字面量方式创建函数外,还可以使用 new Function 创建函数,这种方式可以创建动态的函数。如下代码中的两个函数是等价的:

```
function fn1(a) {
   console.log(a)
}

const fn2 = new Function('a', 'console.log(a)')
```

使用 new Function 改造解析器输出的字符串,可以创建动态可执行的函数。示例代码如下:

```
const str = `
var __code__ = '';

;__code__ += ' <div>';
;__code__ += name;
;__code__ += '</div>';

return __code__;
`;

const render = new Function('data', str);
```

但是上面的 render 函数执行会报错,因为变量 name 的值不存在,在真实环境中,不能预先知道变量的名字,这里可以换一个思路,将参数 data 中的每一个属性都初始化为变量。

下面看一下如何实现,可以遍历参数 data 获取所有的属性,将每个属性使用关键字 var 声明为变量,将所有属性声明拼接成的字符串存放在变量__str__中,不过需要特别注意，存放在变量 __str__ 中的字符串并没有被执行。为了让这个字符串能够执行，这里使用另一个特性——eval，eval 会将传入的字符串当作 JavaScript 代码来执行。eval 的示例代码如下：

```
const str = `
var __str__ = '';
for(var key in data) {
    __str__+=('var ' + key + '=__data__[\'' + key + '\'];');\n'
}
'eval(__str__);\n';
`;
```

技术问题都解决后，下面来实现即时编译器。首先搭建项目，使用如下命令新建 jtemplate/packages/template 项目：

```
# jtemplate/packages
$ jslibbook n
? library name: template
? npm package name: @jtemplate/template
? github user name: jtemplate
```

这里要用到上一节的解析器 parser 将模板转换为字符串，compiler 函数在前面代码的基础上添加了一些错误处理逻辑。compiler 函数完整版的示例代码如下：

```
import { parse } from '@jtemplate/parser';

function compiler(tpl) {
  var mainCode = parse(tpl);
  var headerCode =
    '\n' +
    'var __str__ = "";\n' +
    'var __code__ = "";\n' +
    'for(var key in __data__) {\n' +
    '   __str__+=("var " + key + "=__data__[\'" + key + "\'];");\n' +
    '}\n' +
    'eval(__str__);\n\n';
  var footerCode = '\n;return __code__;\n';

  var code = headerCode + mainCode + footerCode;
  try {
    return new Function('__data__', code);
  } catch (e) {
```

```
    e.jtemplate = 'function anonymous(__data__) {' + code + '}';
    throw e;
  }
}
```

compiler 函数返回的是一个函数。还可以提供一个更高层级的 template 函数，其接收字符串和数据，并返回执行后的 HTML 字符串。template 函数的示例代码如下：

```
import { type } from '@jslib-book/type';

function template(tpl, data) {
  try {
    var render = compiler(tpl);
    return render(type(data) === 'Object' ? data : {});
  } catch (e) {
    console.log(e);
    return 'error';
  }
}
```

下面是使用 template 函数的例子：

```
const tpl = `
<ul>
  <% list.forEach(name => { %>
    <li><%=name%></li>
  <% }) %>
</ul>
`;

const html2 = template(tpl, { list: ['yan1', 'yan2', 'yan3'] });
document.getElementById('demo2').innerHTML = html2;
```

在浏览器中运行上面的代码，即可在页面上渲染出列表中的内容，结果如图 11-1 所示。

- yan1
- yan2
- yan3

图 11-1

11.4 预编译器

在 11.3 节中介绍的即时编译器之所以被叫作"即时"编译器,是因为其将模板转换为 HTML 代码的过程是在运行时环境中处理的,在浏览器中执行代码的话,就是在浏览器中处理的。虽然这种方式使用起来简单,但是如果模板比较大的话,则可能存在性能问题。

把编译过程前置的方式被称作预编译,将模板提前编译为可执行的函数,在运行时可以直接调用函数,就省去了编译的时间。本节将介绍预编译器的设计和实现。

首先搭建项目,使用如下命令新建 jtemplate/packages/precompiler 项目:

```
# jtemplate/packages
$ jslibbook n
? library name: precompiler
? npm package name: @jtemplate/precompiler
? github user name: jtemplate
```

预编译器的目标是把模板提前编译为可执行函数,对于如下模板来说:

```
<ul>
  <% list.forEach(name => { %>
  <li><%=name%></li>
  <% }) %>
</ul>
```

预编译器需要生成如下代码:

```
function render(data) {
  // 初始化参数 data 中的属性为本地变量
  var list = data.list;

  var __code__ = '';
  __code__ += '<ul>';
  list.forEach((name) => {
    __code__ += '<li>';
    __code__ += name;
    __code__ += '</li>';
  });
  __code__ += '</ul>';
  return __code__;
}
```

下面先来完成比较简单的部分。预编译函数的逻辑不太复杂，precompile 函数返回拼接好的字符串，比上面的函数额外增加了错误处理逻辑。示例代码如下：

```
export function precompile(tpl) {
  const code = parse(tpl);

  const source = `
function render(__data__) {
    // 初始化参数 data 中的属性为本地变量

    try {
        var __code__ = '';

        ${code}

        return __code__;
    } catch(e) {
        console.log(e);
        return 'error';
    }
}`;

  return source;
}
```

上面初始化参数 data 中的属性为本地变量的代码部分省略了，因为这一部分对预编译器来说最复杂了，下面重点介绍。在上一节的即时编译器中解决这个问题的方式比较取巧，即使用遍历参数 data 中的属性注入为作用域中变量的方式，但这种方式可能存在漏洞。

设想如下的例子，当渲染模板时，参数 data 中未传入 name 属性，此时 name 应该输出 undefined，但是使用即时编译器时会获取全局 window 上的 name 属性。示例代码如下：

```
window.name = '秘密文本';

const tpl = `
<div><%=name%></div>
`;

template(tpl, {}); // name 会获取 window.name
```

下面来介绍预编译器的思路，解析器会返回如下的代码片段，观察下面的代码可以发现，变量 list 是需要从参数 data 的属性中传入的，那么应该如何通过程序自动获取需要注入的变量列表呢？

```
const code = `
var __code__ = '';
__code__ += '<ul>';
list.forEach((name) => {
  __code__ += '<li>';
  __code__ += name;
  __code__ += '</li>';
});
__code__ += '</ul>';
`;
```

前面的章节提到过 AST，可以先将上面的代码片段转换为 AST，然后遍历 AST 获取其用到的变量名字即可。因为这里需要解析的是 JavaScript 代码，所以选择 esprima 作为解析器。esprima 是一款被广泛使用的 JavaScript AST 解析器，支持 ECMAScript 最新语法。esprima 的使用非常简单，但是它只能将字符串解析成 AST，并未提供遍历 AST 的简单方式。

estraverse 被设计为一款通用的 AST 遍历器，极大地简化了 AST 的遍历方式。estraverse 会自顶向下遍历 AST，当子树遍历完会再次回到父节点，对于每一个节点，estraverse 都提供了进入和离开两个钩子函数，当遍历到一个节点时，传给 estraverse 的回调函数的参数可以获取节点数据。

下面使用 esprima 和 estraverse 遍历 AST，detectVar 函数的功能是找到传入代码片段中需要初始化的变量，enter 和 leave 函数是需要完善的部分。示例代码如下：

```
import { parseScript } from 'esprima';
import { traverse } from 'estraverse';

export function detectVar(code) {
  const ast = parseScript(code);

  let unVarList = [];

  traverse(ast, {
    enter(node, parent) {},
    leave(node) {},
```

```
    });

    return unVarList;
}
```

将上面模板解析器生成的模板代码简化，只留下关键部分，如下所示：

```
list.forEach((name) => {
  __code__ += name;
});
```

使用 esprima 将上面的代码片段解析后，可以得到对应的 AST，如图 11-2 所示。

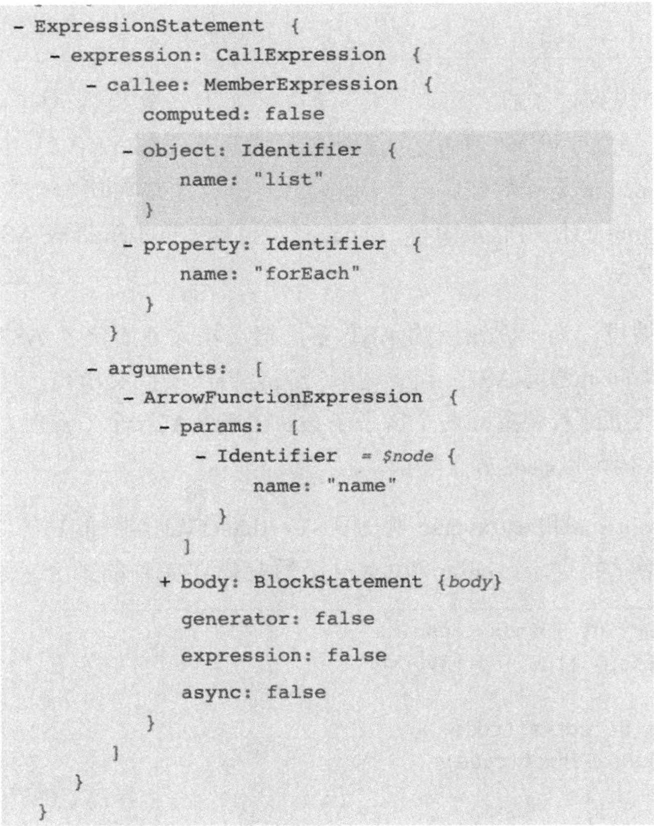

```
- ExpressionStatement  {
  - expression: CallExpression  {
    - callee: MemberExpression  {
        computed: false
      - object: Identifier  {
          name: "list"
        }
      - property: Identifier  {
          name: "forEach"
        }
      }
    - arguments:  [
      - ArrowFunctionExpression  {
        - params:  [
          - Identifier  = $node {
              name: "name"
            }
          ]
        + body: BlockStatement  {body}
          generator: false
          expression: false
          async: false
        }
      ]
    }
  }
```

图 11-2

观察上面的 AST 会发现，可以遍历 Identifier 节点，通过 name 属性可以获取变量 list。获取变量 list 的关键代码示例如下：

```js
function getIdentifierName(node) {
  return node && node.name;
}

export function detectVar(code) {
  const ast = parseScript(code);

  let unVarList = [];

  traverse(ast, {
    enter(node, parent) {
      const type = node.type;

      if (type === Syntax.Identifier) {
        const name = getIdentifierName(node);
        unVarList.push(name);
      }
    },
    leave(node) {},
  });

  return unVarList;
}
```

如果运行上面的代码，会发现 unVarList 数组中存在 3 个变量，即 __code__、list 和 name，其中的变量 __code__ 和 name 是不需要的。

变量 __code__ 是引擎内部变量，不需要注入，这个比较简单，可以维护一个白名单，最后对白名单中的变量过滤即可。

name 是函数的参数，这个比较难处理，需要感知函数作用域。当遍历到一个 Identifier 节点时，需要判断当前节点的祖先节点中所有的函数参数是否包含这个 Identifier 节点，不包含时才放入 unVarList 数组中。

本书使用的思路是，维护一个函数栈，在进入函数和离开函数时更新栈记录，栈中记录当前函数的参数列表，在遍历到 Identifier 节点时添加检查逻辑。

这里只给出关键代码，真实环境还需要考虑各种其他情况，完整代码可以查看随书代码。示例代码如下：

```js
export function detectVar(code) {
  const ast = parseScript(code);
```

```javascript
// 作用域栈，预置白名单变量
const contextStack = [
  {
    type: 'template',
    varList: ['__code__'],
  },
];

let unVarList = [];

traverse(ast, {
  enter(node, parent) {
    const type = node.type;
    let currentContext = contextStack[contextStack.length - 1];
    if (type === Syntax.ArrowFunctionExpression) {
      currentContext = {
        type: type,
        varList: [],
      };
      // 进入函数时入栈，并把函数参数放入列表中
      contextStack.push(currentContext);
      currentContext.varList = currentContext.varList.concat(
        getParamsName(node.params)
      );
    } else if (type === Syntax.Identifier) {
      // 递归检测变量是否是函数参数，是否在白名单中
      if (inContextStack(contextStack, node.name)) {
        return;
      }
      const name = getIdentifierName(node);
      unVarList.push(name);
    }
  },
  leave(node) {
    // 离开时移除函数栈
    if (node.type === Syntax.ArrowFunctionExpression) {
      contextStack.pop();
    }
  },
});

return unVarList;
}
```

获取了需要从参数获取的变量列表，接下来修改 precompile 函数，并添加参数注入逻辑 generateVarCode。示例代码如下：

```javascript
function generateVarCode(nameList) {
  return nameList
    .map(
      (name) =>
        `    var ${name} = __hasOwnProp__.call(__data__, '${name}') ? __data__['${name}'] : undefined;`
    )
    .join('\n');
}

export function precompile(tpl) {
  const code = parse(tpl);
  const unVarList = detectVar(code); // 获取变量列表
  const source = `
function render(__data__) {
    var __hasOwnProp__ = ({}).hasOwnProperty;

    ${generateVarCode(unVarList)}

    try {
        var __code__ = '';

        ${code}

        return __code__;
    } catch(e) {
        console.log(e);
        return 'error';
    }
}`;

  return source;
}
```

接下来看一下如何使用 precompile 函数，这需要用到一点儿 Node.js 的知识。新建一个 demo/build.js 文件，首先读取 render.tmpl 文件中的内容，然后使用上面的 precompile 函数编译后写入 render.js 文件中。示例代码如下：

```javascript
const { precompile } = require('@jtemplate/precompiler');
const fs = require('fs');
```

```js
const tmpl = fs.readFileSync('./render.tmpl', { encoding: 'utf-8' });

const code = precompile(tmpl);

fs.writeFileSync('./render.js', code);
```

接下来，新建 render.tmpl 文件，并在该文件中输入如下的模板内容：

```
<ul>
  <% list.forEach(name => { %>
  <li><%=name%></li>
  <% }) %>
</ul>
```

接下来使用 Node.js 执行 build.js 文件，命令如下：

```
$ node ./build.js
```

命令执行成功后，会在目录下生成 render.js 文件，render.js 文件中包含编译生成的可执行函数 render。render 函数的示例代码如下：

```js
function render(__data__) {
  var __hasOwnProp__ = {}.hasOwnProperty;

  var list = __hasOwnProp__.call(__data__, 'list')
    ? __data__['list']
    : undefined;

  try {
    var __code__ = '';
    __code__ += '<ul>';
    list.forEach((name) => {
      __code__ += '<li>';
      __code__ += name;
      __code__ += '</li>';
    });
    __code__ += '</ul>';

    return __code__;
  } catch (e) {
    console.log(e);
    return 'error';
  }
}
```

观察上面的 render 函数，可以看到模板语法比构建后的拼接字符串语法更精简。下面看一下如何使用这个 render 函数，示例代码如下：

```
const html = render({ list: ['yan1', 'yan2', 'yan3'] });
document.getElementById('demo1').innerHTML = html;
```

在浏览器中运行上面的代码，即可在页面上渲染出列表中的内容，结果如图 11-3 所示。

- yan1
- yan2
- yan3

图 11-3

11.5　webpack 插件

上一节实现了性能更好的预编译器，但是预编译器的使用比较烦琐，还需要自己写转换的代码，并通过 Node.js 转换。之所以这样，是因为预编译器是偏向底层的通用设计，为了降低使用成本，可以在其上层提供更友好的工具。

如今前端工程化工具经过了跨越式发展，可谓百花齐放，如 Gulp、webpack、rollup.js、PARCEL 等。在真实项目中，我们可能使用各种工具，一个好的开源库，更重要的是建设生态，为工程化工具提供适配，提供好的使用体验，可以极大提高开源库的使用人数。

在众多前端打包工具中，webpack 出现的更早，使用人数更多，因此本节以 webpack 为例来介绍如何创建 webpack 插件工具。

在 ECMAScript 2015 带来的模块体系中，一个文件可以通过 import 导入另一个文件中导出的内容，但对于非 JavaScript 文件的依赖就无能为力了，而 webpack 很好地解决了对非 JavaScript 文件的依赖问题。在 webpack 的体系中，一切都是模块，如 CSS、图片等文件都可以被 JavaScript 文件导入。图 11-4 所示为 webpack 官网上表达"一切都是模块"这一思想的图示。

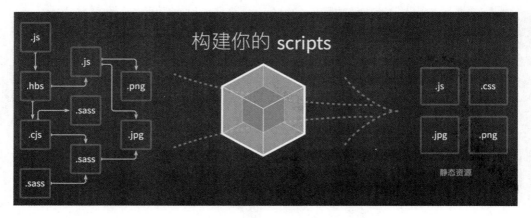

图 11-4

下面搭建一个 webpack-demo 项目，首先创建一个空项目，并使用 npm 初始化，命令如下：

```
$ mkdir webpack-demo
$ cd webpack
$ npm init
```

接下来安装 webpack 依赖，安装命令如下：

```
$ yarn add -D webpack webpack-cli
```

在根目录下新建一个 webpack.config.js 文件作为 webpack 的配置文件，配置内容如下，意思是将 src/index.js 文件打包输出为 dist/bundle.js 文件，为了观察打包后的文件，这里把压缩配置关闭。

```
module.exports = {
  entry: './src/index.js',
  output: {
    path: __dirname + '/dist',
    filename: 'bundle.js',
  },
  optimization: {
    minimize: false,
  },
};
```

新建入口文件 src/index.js，代码内容如下，这里直接使用 import 导入模板文件。

```
import render from './demo.tmpl';

const html = render({ list: ['yan1', 'yan2', 'yan3'] });

document.getElementById('demo1').innerHTML = html;
```

新建模板文件 src/demo.tmpl，模板内容如下：

```
<ul>
  <% list.forEach(name => { %>
  <li><%=name%></li>
  <% }) %>
</ul>
```

接下来使用 webpack 打包，执行"npx webpack"命令，会得到如图 11-5 所示的错误消息，这是因为 webpack 并不支持后缀名为.tmpl 的文件，对于不认识的文件会当成 JavaScript 文件来处理，模板内容不是 JavaScript 合法语法，所以就报错了。

```
➜  webpack git:(master) ✗ npx webpack
assets by status 3.16 KiB [cached] 1 asset
runtime modules 663 bytes 3 modules
cacheable modules 220 bytes
  ./src/index.js 144 bytes [built] [code generated]
  ./src/demo.tmpl 76 bytes [built] [code generated] [1 error]

WARNING in configuration
The 'mode' option has not been set, webpack will fallback to 'production' for this value.
Set 'mode' option to 'development' or 'production' to enable defaults for each environment.
You can also set it to 'none' to disable any default behavior. Learn more: https://webpack.j
s.org/configuration/mode/

ERROR in ./src/demo.tmpl 1:0
Module parse failed: Unexpected token (1:0)
You may need an appropriate loader to handle this file type, currently no loaders are config
ured to process this file. See https://webpack.js.org/concepts#loaders
> <ul>
|   <% list.forEach(name => { %>
|   <li><%=name%></li>
 @ ./src/index.js 1:0-33 3:13-19

webpack 5.72.0 compiled with 1 error and 1 warning in 95 ms
```

图 11-5

webpack 能够辨别 CSS 等资源依靠的是 loader，一般一种资源都对应一个 webpack loader。图 11-6 所示为 webpack 官方提供的与 CSS 相关的 loader 截图。

webpack 官方维护的 loader 只能解决常见需求，如果遇到 webpack 不支持的资源，则可以在社区搜索第三方 loader；如果对于我们的模板文件，社区中也没有 loader 可以使用，当遇到这种情况时，可以尝试自己写一个 webpack loader。

- `style-loader` 将模块导出的内容作为样式并添加到 DOM 中
- `css-loader` 加载 CSS 文件并解析 import 的 CSS 文件，最终返回 CSS 代码
- `less-loader` 加载并编译 LESS 文件
- `sass-loader` 加载并编译 SASS/SCSS 文件
- `postcss-loader` 使用 PostCSS 加载并转换 CSS/SSS 文件
- `stylus-loader` 加载并编译 Stylus 文件

图 11-6

使用我们的 cli 工具新建一个 jtemplate-loader 项目，webpack loader 的名字的默认规范是以 "-loader" 结尾。新建命令如下：

```
# jtemplate/packages
$ jslibbook n
? library name: jtemplate-loader
? npm package name: jtemplate-loader
? github user name: jtemplate
```

webpack loader 需要返回一个函数，其参数是接收到的文件路径，返回值需要是合法的 JavaScript 代码字符串。loader 完整的示例代码如下：

```
import { precompile } from '@jtemplate/precompiler';

export default function (tpl) {
  const source = precompile(tpl);

  return 'module.exports = ' + source;
}
```

loader 写好了，接下来修改 webpack config 文件，对于后缀名为 .tmpl 的文件，会使用 jtemplate-loader 处理。修改后的配置如下：

```
module.exports = {
  entry: './src/index.js',
  output: {
    path: __dirname + '/dist',
    filename: 'bundle.js',
  },
  module: {
    rules: [
      {
        test: /\.tmpl/,
```

```
      use: [
        {
          loader: 'jtemplate-loader',
        },
      ],
    },
  ],
},
optimization: {
  minimize: false,
},
};
```

再次使用 webpack 打包代码,会在 dist 目录下生成 bundle.js 文件,这是 webpack 的打包文件,其中有一些 webpack 的模块代码。153 模块是模板文件被 webpack 处理后的代码,后面的自执行函数是入口文件 index.js 编译后的代码,其中引用了 153 模块导出的 default 属性。简化后的关键代码示例如下:

```
(() => {
  var __webpack_modules__ = {
    153: (module) => {
      module.exports = function render(__data__) {
        var __hasOwnProp__ = {}.hasOwnProperty;

        var list = __hasOwnProp__.call(__data__, 'list')
          ? __data__['list']
          : undefined;

        try {
          var __code__ = '';
          __code__ += '<ul>';
          list.forEach((name) => {
            __code__ += '<li>';
            __code__ += name;
            __code__ += '</li>';
          });
          __code__ += '</ul>';
          return __code__;
        } catch (e) {
          console.log(e);
          return 'error';
        }
      };
    },
```

```
  },
};

(() => {
  'use strict';
  var _demo_tmpl__WEBPACK_IMPORTED_MODULE_0__ = __webpack_require__(153);
  var _demo_tmpl__WEBPACK_IMPORTED_MODULE_0___default = __webpack_require__.n(
    _demo_tmpl__WEBPACK_IMPORTED_MODULE_0__
  );

  const html = _demo_tmpl__WEBPACK_IMPORTED_MODULE_0___default()({
    list: ['yan1', 'yan2', 'yan3'],
  });

  document.getElementById('demo1').innerHTML = html;
})();
})();
```

在 webpack-demo 目录下新建一个 index.html 文件，引用构建的 dist/bundle.js 文件。index.html 文件中的示例代码如下：

```
<!DOCTYPE html>
<html lang="en">
  <head>
    <style>
      #demo1 {
        margin: 10px;
        padding: 10px;
        border: 1px grey dashed;
      }
    </style>
  </head>
  <body>
    <div id="demo1"></div>
    <script src="./dist/bundle.js"></script>
  </body>
</html>
```

在浏览器中运行上面的代码，即可在页面上渲染出列表中的内容，结果如图 11-7 所示。

- yan1
- yan2
- yan3

图 11-7

11.6　VS Code 插件

有了预编译工具，可以将模板内容放到独立的模板文件，模板文件的后缀名推荐使用.tmpl。虽然这样组织模板内容更简洁，但是如果用编辑器打开模板文件，则会发现缺少高亮信息。图 11-8 所示为用 VS Code 打开模板文件后的效果图。

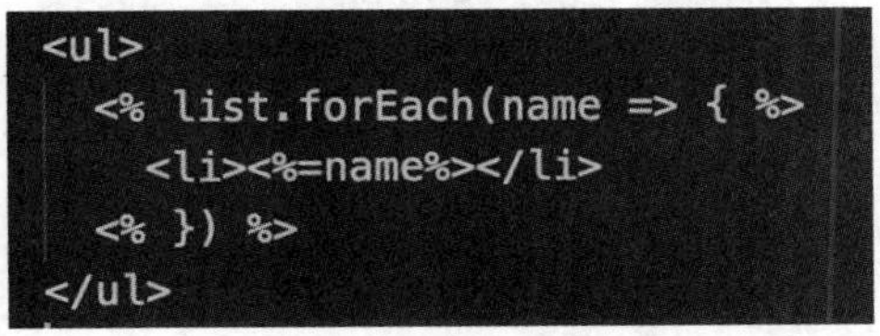

```
<ul>
  <% list.forEach(name => { %>
    <li><%=name%></li>
  <% }) %>
</ul>
```

图 11-8

这是因为 VS Code 并不支持后缀名为.tmpl 的文件，将其识别成了 Plain Text 文件，也就是纯文本文件，文本文件是没有任何显示效果的，其他编辑器也都不认识我们的模板文件。由于模板文件中的大部分内容是 HTML 代码，可以使用 HTML 格式显示，但解析到<%%>时会报错，并标红显示，效果如图 11-9 所示[1]。

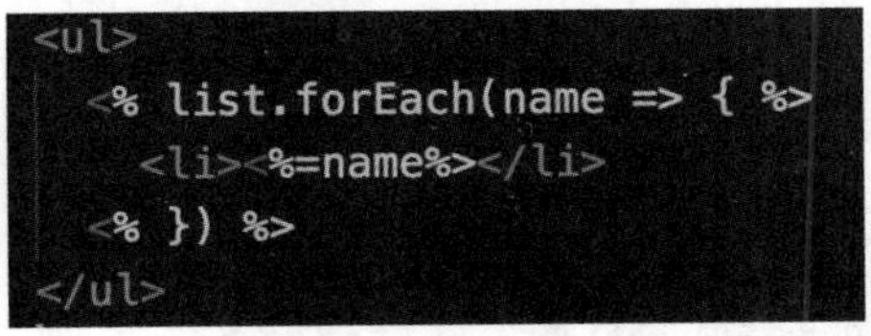

```
<ul>
  <% list.forEach(name => { %>
    <li><%=name%></li>
  <% }) %>
</ul>
```

图 11-9

很多编辑器都可以用来开发前端项目，大体上分为两类：一类是文本编辑器，

---

[1] 本书为单色印刷，无法显示色彩，读者可以注意图片中文本的灰度差异。下面的内容中也会通过灰度差异来展示文本高亮显示。

如 Sublime Text 等；另一类是 IDE，如 VS Code 等。不同团队和个人可能有不同的偏好和选择，所以适配编辑器生态也是开源库生态建设的一部分。

图 11-10 中所示的 4 款编辑器的使用者众多，开源库最好提供适配。本节以 VS Code 为例来介绍编辑器高亮插件的设计和实现。

图 11-10

想要开发 VS Code 的语法插件，官方推荐使用 VS Code 的 Yeoman 模板快速创建，在前面写 ESLint 插件时已经介绍过 Yeoman 了。首先需要安装 Yeoman 和 VS Code 生成器，安装命令如下：

```
$ npm install -g yo
$ npm install -g yo generator-code
```

运行 yo code 命令，然后选择"New Language Support"选项，如图 11-11 所示。

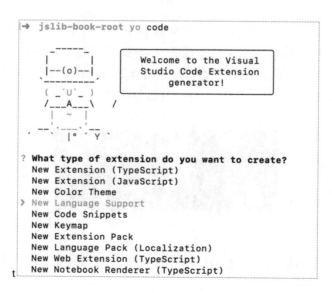

图 11-11

Yeoman 会询问插件的信息，按照如图 11-12 所示的示例回答即可。

```
? What type of extension do you want to create? New Language Support
Enter the URL (http, https) or the file path of the tmLanguage grammar or press ENTER to start with
a new grammar.
? URL or file to import, or none for new:
? What's the name of your extension? jtemplate lang
? What's the identifier of your extension? jtemplate-lang
? What's the description of your extension? Syntax highlighting for jtemplate
Enter the id of the language. The id is an identifier and is single, lower-case name such as 'php',
'javascript'
? Language id: jtemplate
Enter the name of the language. The name will be shown in the VS Code editor mode selector.
? Language name: jtemplate
Enter the file extensions of the language. Use commas to separate multiple entries (e.g. .ruby, .rb)
? File extensions: .tmpl
Enter the root scope name of the grammar (e.g. source.ruby)
? Scope names: source.tmpl
```

图 11-12

执行成功后，会再新建一个 jtemplate-lang 项目，目录结构如下：

```
$ tree -L 2
.
├── CHANGELOG.md
├── README.md
├── language-configuration.json
├── package.json
├── syntaxes
│   └── jtemplate.tmLanguage.json
└── vsc-extension-quickstart.md
```

打开 syntaxes/jtemplate.tmLanguage.json 文件，其中填充了示例版的语法，把无用的内容删掉后，内容如下：

```
{
  "$schema": "https://raw.githubusercontent.com/martinring/tmlanguage/master/tmlanguage.json",
  "name": "jtemplate",
  "patterns": [],
  "repository": {},
  "scopeName": "source.tmpl"
}
```

其中，name 是插件的名字，在菜单栏中选择"Run"→"Start Debugging"命令，或者按 F5 键即可打开一个新的编辑器，并加载新建的插件。此时新建一个模板文件，可以看到已经自动匹配了我们的插件，但没有高亮显示效果，这是因为还没有定义语法。加载自定义插件的效果如图 11-13 所示。

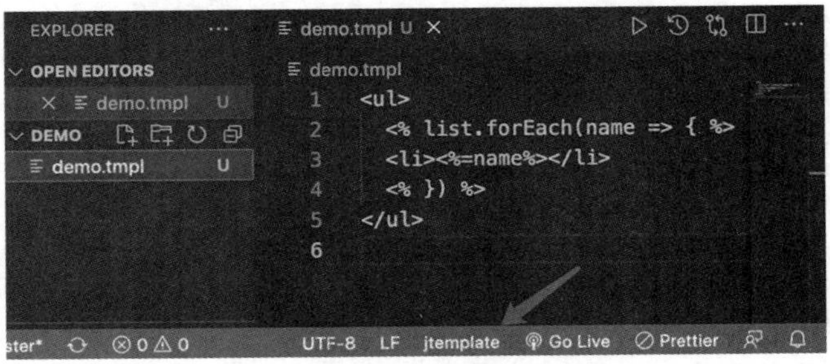

图 11-13

VS Code 进行高亮标注时使用 TextMate 语言，TextMate 是一个通用的高亮标注语法，大部分编辑器都支持，如 Sublime Text 和 Atom 就使用这种语法。TextMate 可以将文本分割成一个个符号，其原理是通过正则表达式匹配符号，然后给每个符号指定语义。

模板中包含 HTML 语法，TextMate 支持在一个语言中引用另一个语言的写法，只需在 patterns 中添加 include 配置即可。示例代码如下：

```
{
  "$schema": "https://raw.githubusercontent.com/martinring/tmlanguage/master/tmlanguage.json",
  "name": "jtemplate",
  "patterns": [
    {
      "include": "text.html.basic"
    }
  ],
  "scopeName": "source.tmpl"
}
```

再次按 F5 键查看效果，可以看到 HTML 代码部分已经有高亮效果了，如图 11-14 所示（由于本书为单色印刷，图中的灰度差异即体现高亮标注）。

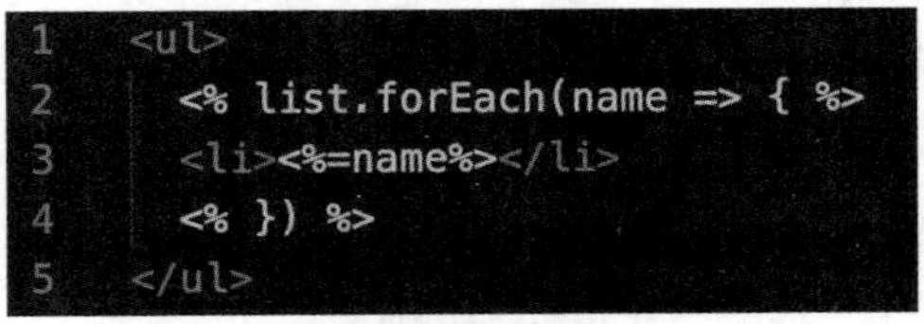

图 11-14

但是图 11-14 中第 2 行、第 3 行和第 4 行代码中的<%%>还是作为文本显示。模板有两种语法，即模板插值和模板逻辑，第 3 行是模板插值，第 2 行和第 4 行是模板逻辑，先来解决模板插值，TextMate 的自定义语法都设置在 repository 属性中，并在 patterns 中使用 include 引用 repository 中的自定义语法属性。

下面直接给出思路，begin 和 end 分别用来匹配开始符号和结束符号，支持正则表达式语法，在 beginCaptures 中可以选择 begin 中正则表达式选中的分组，并通过键/值对的方式给每个分组设置语义符号，VS Code 会自动给每个语义符号设置主题颜色。

TextMate 支持很多语义符号，可以在 TextMate 官网找到，这里用到了以下两个符号：

- support.type：用来表示"<%"和"%>"。
- support.operator：用来表示"="。

支持模板插值的完整配置如下：

```
{
  "patterns": [
    {
      "include": "text.html.basic"
    },
    {
      "include": "#jtemplate"
    }
  ],
  "repository": {
    "jtemplate": {
      "patterns": [
        {
          "begin": "(<%(=))",
          "end": "(%>)",
          "beginCaptures": {
            "1": {
              "name": "support.type.jtemplate"
            },
            "2": {
              "name": "support.operator.jtemplate"
            }
          },
          "endCaptures": {
```

```
        "1": {
          "name": "support.type.jtemplate"
        }
      },
      "name": "interpolation.jtemplate"
    }
  ]
 }
}
```

再次按 F5 键查看效果，即可看到第 3 行代码有了高亮效果，如图 11-15 所示。

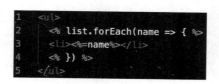

图 11-15

目前，第 2 行和第 4 行代码还没有高亮效果，这两行代码实现高亮效果的原理与第 3 行代码实现高亮效果的原理大同小异，这里不再给出具体代码，插件的完整代码可以查看随书代码，最终效果如图 11-16 所示，注意第 2 行和第 4 行代码中<%%>符号的灰度改变。

图 11-16

插件写好后，需要发布到 VS Code 插件市场，这样才可以被大家使用。首先需要在插件市场注册一个账号，然后使用 vsce 发布。需要先进行安装，安装命令如下：

```
$ npm install -g vsce
```

安装好后，首先需要登录应用商店，然后才能发布，可以使用如下命令登录并发布：

```
vsce login # 首先需要登录
vsce publish # 发布插件
```

发布成功后，即可在应用商店搜索到插件，如图 11-17 所示。

图 11-17

11.7 发布

前端模板库并不仅是一个库，还是一套体系，其包含如图 11-18 所示的内容，其中虚线部分本书并未给出示例讲解。

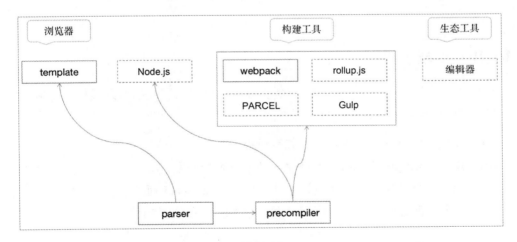

图 11-18

本章前面的章节中写了 4 个 npm 包，分别是：

- @jtemplate/parser。
- @jtemplate/template。
- @jtemplate/precompiler。

- jtemplate-loader。

目前，这些包还都在本地，下面把这些包发布到 npm 上，发布前先把所有包重新构建一下，命令如下：

```
$ yarn workspaces run build
```

接下来，使用 Lerna 统一发布。Lerna 会提示升级版本，选择合适的版本后，会询问是否发布，这里选择是即可，确认后 Lerna 会将每个包分别发布到 npm 上。发布命令和控制台输出分别如下：

```
$ npx lerna publish
? Select a new version (currently 0.0.0) Major (1.0.0)

Changes:
 - jtemplate-loader: 1.0.0 => 1.0.0
 - @jtemplate/parser: 1.0.0 => 1.0.0
 - @jtemplate/precompiler: 1.0.0 => 1.0.0
 - @jtemplate/template: 1.0.0 => 1.0.0

? Are you sure you want to publish these packages? Yes
```

11.8 本章小结

本章通过实例介绍了如何开发一个前端模板引擎，以及如何开发模板引擎周边工具，主要内容如下：

- 模板引擎是什么？为什么要开发模板引擎？
- 模板引擎解析器、即时编译器、预编译器的开发。
- 如何适配前端工程化工具，实战开发一个 webpack 插件。
- 如何适配编辑器生态，实战开发一个 VS Code 高亮插件。

第 12 章 未来之路

到这里本书全部的知识就都介绍完了,我们的冒险之旅也接近尾声,非常感谢读者的阅读,希望前面的知识已经帮读者掌握了如何成为开发一个库的开发者,并了解了开源世界。

12.1 全景图

温故而知新,前面的章节每一章都有独立的主题,本章让我们跳出技术细节,从宏观层面梳理下全书的内容。

12.1.1 知识全景图

本书围绕如何更快、更好地开发一个 JavaScript 开源库介绍了很多知识,每一个知识点都是可以深入研究并展开介绍的,可以独立成为一系列主题文章。

汇总全书涉及的知识点，如图 12-1 所示，文字旁边的序号代表书中的第几章介绍了这个知识点。

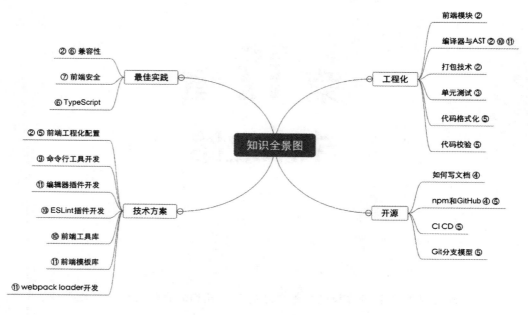

图 12-1

12.1.2 技术全景图

本书虽然介绍的是如何开发 JavaScript 库，但是其中介绍的很多前端技术和业务项目是有共同点的。本书涉及的全部工具和库如图 12-2 所示，其中有些工具的解决场景还有其他工具可以选择，这里是本书的选择，并不代表在其他场景下也是最佳实践。

这里不再展开介绍图 12-2 中的工具和库，实际上每款工具都涉及一系列知识可以介绍，感兴趣的读者可以进一步了解。

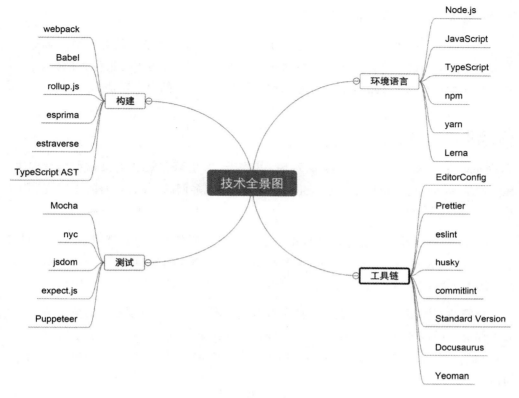

图 12-2

12.2 下一代技术

上一节提到解决同一个问题可能有多款工具可以选择，自从 Node.js 发布以来，前端进入了发展的快车道，各种工具层出不穷，百花齐放，每隔一段时间就会涌现出一大批新技术，本书中使用的很多工具也许在未来就不再是最佳实践了。

在本书的写作期间，前端社区又涌现出了一批新工具，它们可能会成为未来之星，下面介绍一下其中值得关注的项目。

12.2.1 TypeScript

TypeScript 已经非常流行了，很多公司的新项目都在使用它。TypeScript 带来了类型注解，进一步实现了代码智能提示和编译时校验功能，可以极大提高开发效率和项目质量，可谓前端"神器"。

我在工作中基本上都是写 TypeScript 代码，但在编写本书时特意使用 JavaScript 作为主要代码实现语言，主要是考虑到社区整体上还是 JavaScript 占据大部分，而很多读者可能并不熟悉 TypeScript，这样可以避免增加读者的"上手成本"。

12.2.2 Deno

Deno 是一个 TypeScript 运行时环境，其基于 V8 引擎并采用 Rust 编程语言构建，其作者是 Node.js 的构建者之一。Node.js 本身存在很多问题，并且长时间未得到解决，而 Deno 解决了这些问题。

Deno 的整体设计更先进，并且将前端很多问题都在语言层面集成了，如类型问题、代码风格问题等。本书并未提供适配 Deno 的示例，因为 Deno 是通过 URL 来加载资源的，所以只要给我们的库提供可以访问的 URL，就可以在 Deno 中使用了。

我们并不需要自己搭建服务，社区有专门的解决方案。只要是发布到 npm 上的库，都可以通过 Skypack 提供的代理访问，在 Skypack 输入 npm 上的包名，就可以看到 Skypack 提供的访问地址。图 12-3 所示为本书 8.1 节中抽象的库 @jslib-book/type 的访问地址。

图 12-3

12.2.3 SWC

最近，前端基础工具都在经历使用 Rust 语言重写的热潮，SWC 就是其中的佼佼者。SWC 是基于 Rust 语言开发的 JavaScript Compiler，其对应的工具是 Babel。SWC 和 Babel 命令可以相互替换，并且大部分的 Babel 插件在 SWC 中都可以找到对应功能。

SWC 带来了性能上的飞跃，图 12-4 所示为 SWC 官方提供的性能测试数据，和 Babel 等工具相比，SWC 的性能几乎提升了一个量级。

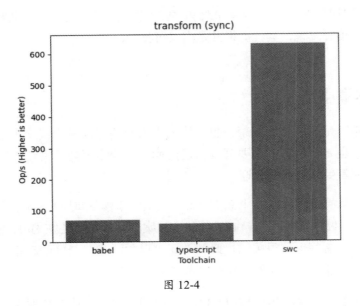

图 12-4

12.2.4　esbuild

esbuild 是基于 Go 语言开发的 JavaScript Bundler，其对应的工具是 webpack 等打包工具，其最大的特点也是性能。图 12-5 所示为 esbuild 官方提供的测试数据，图中显示 esbuild 的性能比 webpack 的性能提升了 100 倍以上，可以预测大型项目将会更倾向于使用 esbuild 和 SWC。

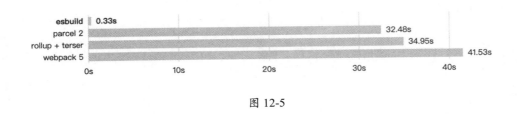

图 12-5

12.2.5　Vite

Vite 是 Vue.js 作者的又一个开源项目，一经发布即得到社区的关注，其定义是面向未来的打包工具，对标的是 webpack。其本地开发使用的是 Bundless 方案，在生产环境使用 rollup.js 打包，在底层使用 esbuild 单文件构建性能提升。

在本地开发时，Vite 可以做到修改文件时不需要重新打包，只重新构建修改的文件。对于大型项目来说，其性能提升是肉眼可见的。

12.3 本章小结

未来之路既是社区会更繁荣，也是我们人人都要参与进来；未来之路既是上面工具的更迭，也是我们人人都要开发自己的库。希望本书能帮助读者在未来开源自己的库，并使其受到大家的欢迎。

一场旅程总有终点，一本书总有终章，受限于篇幅和时间，本书内容尽可能精简，讲解了刚好够用的技术和精心挑选的实战案例。其实我还在 GitHub 上维护了很多其他开源库，这些也值得关注，此外，还可以关注我在社区的动态，我时常在自己的博客、公众号、知乎等平台分享技术文章。

到这里并不意味着结束，恰恰是一个崭新的开始，快快开启属于自己的开源之旅吧！未来之路就在脚下，赶紧和我一起行动起来吧！